# 光致

## ——国网陕西电力
## 职工文学作品集
### （上册）

国网陕西省电力公司工会　编

中国水利水电出版社
www.waterpub.com.cn

·北京·

## 图书在版编目（CIP）数据

光致：国网陕西电力职工文学作品集：上册、下册/
国网陕西省电力公司工会编. -- 北京：中国水利水电出
版社，2019.12
ISBN 978-7-5170-8364-1

Ⅰ．①光… Ⅱ．①国… Ⅲ．①中国文学－当代文学－
作品综合集 Ⅳ．①I217.1

中国版本图书馆CIP数据核字(2019)第296014号

| | | |
|---|---|---|
| 书　　名 | 光致——国网陕西电力职工文学作品集（上册）<br>GUANGZHI——GUOWANG SHANXI DIANLI ZHIGONG<br>WENXUE ZUOPINJI（SHANG CE） | |
| 作　　者 | 国网陕西省电力公司工会　编 | |
| 出版发行 | 中国水利水电出版社<br>（北京市海淀区玉渊潭南路1号D座　100038）<br>网址：www.waterpub.com.cn<br>E-mail：sales@waterpub.com.cn<br>电话：(010) 68367658（营销中心） | |
| 经　　售 | 北京科水图书销售中心（零售）<br>电话：(010) 88383994、63202643、68545874<br>全国各地新华书店和相关出版物销售网点 | |
| 排　　版 | 中国水利水电出版社微机排版中心 | |
| 印　　刷 | 天津嘉恒印务有限公司 | |
| 规　　格 | 170mm×230mm　16开本　47.25印张（总）　570千字（总） | |
| 版　　次 | 2019年12月第1版　2019年12月第1次印刷 | |
| 印　　数 | 0001—2500册 | |
| 总 定 价 | **128.00元（上、下册）** | |

凡购买我社图书，如有缺页、倒页、脱页的，本社营销中心负责调换

# 本书编委会

# 序

"咱们工人有力量！"

这铿锵有力的歌词，虽然久远，却余音袅袅。在我们编辑这本书的日子里，它却不时迸出来，充盈、涌动在我的心间，让我为一群职工朋友们的文字所感动。我忽然发现，在陕西这片厚重的文学沃土上，在国网陕西电力的大家园里，竟有这么多默默无闻、坚守一隅的职工作家。我很高兴，我们的职工朋友们在工作岗位的辛勤奉献、日常生活的柴米油盐之外，内心深处依然有着对精神世界的执着和坚守，对美好生活的向往和追求。

今天，翻看《光致》，深感公司职工文学创作队伍的不断壮大，新人辈出；创作题材丰富多彩，百花盛开；作品质量逐渐纯熟，雅俗共赏。他们的言行犹如一块砺石，磨炼着我们的意志。他们的作品，有对历史文化的探究发现，也有对献身电力的深情礼赞；有对生产现场感人事迹的精彩描述，也有孜孜学习灵光闪现的读书感悟；有驴行天下的美好风光，也有闲情偶寄的情感诉说；有管理干部的工作感言，也有一线员工的生活随想……丰蕴的历史，深厚的文化，瑰丽的风情，真情真性的表达，在平淡的生活中、在平凡的岗位上、在思悟的体会里，浸染的尽是温润、洒脱、奔放与激情，展示的尽是新时代职工对美好生活的感悟，对美丽梦想的追求。

2017年，公司工会结集出版了"陕西电力文学丛书——《光芒》《光影》《光韵》《光环》《光焰》"。今年，我们再次对近两年的优秀职工文学作品结集出版，编印了新一期《光致》，内容包括小说、散文、诗歌、报告文学、影视剧文学、陕西快书等，这是陕西电力职工文学传承的又一次提升，正如它的名字——光致，光泽而精致，晶莹剔透，温暖澄明。我们坚持鼓励职工立足工作实际，围绕生产生活，积极开展文学创作活动，就是要把文学创作的笔触，伸向公司广大职工火热的工作和生活中，反映职工的工作、生活、家庭、理想和情感，繁荣职工文艺创作，繁荣职工文化生活，凝聚共识，汇聚力量，为建设具有中国特色国际领先的能源互联网企业，为实现中华民族伟大复兴的中国梦贡献国家电网人的光和热！

本次职工文学作品征集活动从2019年4月举办以来，在公司各级工会组织和文学创作基地的大力支持下，广大职工积极响应，到10月底截稿时，共收到参赛作品322篇。一篇篇作品，一行行附言，是一股股力量的汇聚，更是一颗颗心灵的珍珠，凝结着作者的心血和汗水，倾注着他们的豪迈激情，让我感动、让我欣慰、让我振奋。我从这些职工作家身上，汲取了前进的力量，我也更加深切地意识到，工会工作肩负的责任和使命。

沐浴着和煦的阳光，散发着油墨清香的《光致》捧在手中，它既是公司企业文化建设结出的硕果，也是对作者们辛苦付出的回馈；它是对近年来公司职工文学作品的总结拾掇，更是对新一年的期盼和祝愿；它是对公司职工文学队伍的一次检阅，更是点燃公司职工心灵的礼花。这些心灵之花，正是绿叶的情谊、思想的结晶、精神的心电图，正是陕西电力职工文学迈向春天的记录、国网陕西省电力公司发展的足音和力量。它的价值，除了盘点，更有延续和传承。它将带着建设者的骄傲、创作者的荣誉永远载入公司职工文学创作的史册。

众人划桨开大船。这是舵手的力量，更是工人的力量、文化的力量。我们工会的责任和使命，就是凝聚力量，吹响号角，携手共进。乘着学习宣传贯彻党的十九大精神的强劲东风，高举习近平新时代中国特色社会主思想的伟大旗帜，齐心开动职工文学创作的大船，乘风破浪，扬帆远航。相信，被点亮的梦想必将在今后的日子里，历久弥新，历久弥坚，映照丰富、宁静、悠远的国网陕西电力文学百花园。

2019 年 12 月

# 目  录

序

## 散  文

## 格 律 诗 词

散文

S
A
N

W
E
N

# 追 梦

## ——七十载历程积淀勃发 再造电力辉煌

### 李 衡

时光荏苒，岁月如梭，

七十载峥嵘坎坷。

千淘万漉，复兴梦远，

乘风破浪勇拼搏。

金秋的银杏点缀首都，丰收的喜悦沐浴九州。2019 年，母亲 70 岁了。

春发芽，夏抽穗；秋天满地华，寒冬银装素裹。日月不淹，春秋代序，天接云涛，斗转星移。70 年，光辉岁月白驹过隙；70 年，中华大地沧桑巨变。2019 年注定是不平凡的一年，从 1949 年的秋天出发，中华大地风雨兼程走进新时代；2019 年是中华人民共和国成立 70 周年纪念，七十载流金岁月，七十载风雨兼程，七十载砥砺前行。70 年来中国人民艰苦奋斗、顽强拼搏，解放、发展生产力；广大劳动者开拓创新、锐意进取，开辟中国特色社会主义道路。时序更替，梦想前行，始终与时俱进，一往无前，充分展示中国力量；始终敞开胸襟、拥抱世界，积极做出中国贡献。

忆往昔峥嵘岁月，70 年的风雨历程，一路艰辛汗水。新时代，在以习近平同志为核心的党中央坚强领导下，乘着新时代的浩瀚东风，全面贯彻落实党的十九大宏伟蓝图。中国特色社会主义进入新时代，中国经济由高速增长阶段转向高质量发展阶段。电力作为经济发展的重要组成部分，也在向高质量发展阶段转变。

海纳百川，有容乃大。中国电力建设披荆斩棘，始终坚持中国特色社会主义市场经济体制改革，一路见证中国经济发展的艰辛历程。神州大地发生天翻地覆的变化。"电力系统飞速发展、电网技术不断突破、资源配置持续增强，电网规模快速扩大，输电能力大幅提升……"五线谱奏响一曲慷慨激昂的电力浪涌潮流。

70年，不忘初心，现代电网飞速发展，已逐步由110kV、220kV、330kV、500kV进入750kV、1000kV的主网架时代，积极推进全国特高压交直流混联电网建设，中国电力人用信念和汗水打破一个个电力障碍。

70年，牢记使命，秉承"人民电业为人民"宗旨，建设营业窗口，规范业务流程，承诺优质服务，坚持以市场为导向、以客户为中心，创新举措，中国电力人用智慧和坚持铸就一个个光明通道。

70年，砥砺前行，在主网架不断升级改造的同时，配电网也实现历史性跨越，供电可靠性大幅提高，以人工智能为载体，推进"三型两网"建设，中国电力人用创新和心血创造一个个电力奇迹。

纵横畅通的电网，诉说电力事业的变迁，它是平淡、孤独的，没有刻骨铭心的感人事迹，也没有热火朝天的浩大场景，只有设备的"吱吱"声，现场亮出的指示灯、光字牌，屏幕上跳动的各项数据，故障时发出的各种信号，故障处理时忙碌的脚步。但它用责任撑起一片蔚蓝的天，洪水、暴雪、灾难来袭，信心如磐经受艰难的考验，不畏艰险，压不垮的脊梁。用血肉之躯捍卫坚强电网，在狂风暴雨冲击中绽放璀璨的火星，在骄阳烈火中迸发滚烫的热血。从人迹罕至的崇山峻岭到万家灯火的宁静乡村再到霓虹闪烁的繁华都市，铸就光明通道。

高山巍峨，雄伟的山峰俯瞰历史的狂风暴雨；山河壮丽，浩瀚的洪流冲刷历史的命运颠簸。中国电力经历几代人的艰辛与汗水，从小型电网到互联大电网再到坚强智能电网，涵盖发电、输电、变电、配电、用电各个环节，集成现代通信、自动控制、决策支持，提高安全可靠性、运行效率的新型现代化电网。中国电力人在建设坚强国家电网中担负重大使命和责任，1000kV 交流、±800kV 直流系统等特高压电网的建设满足未来持续增长的电力需求，实现跨地区、远距离的电能输送及交易，攀登世界电网的技术高峰。

2019 年，继往开来，开拓创新，国家电网有限公司践行新发展理念，创造性地提出建设"三型两网，世界一流"战略目标和"一个引领，三个变革"战略路径，核心是在坚强智能电网的基础上建设泛在电力物联网，应用现代信息通信技术，推动电力系统信息广泛交互、充分共享，实现能源流、业务流、数据流"三流合一"，构建大电网、形成大枢纽、融入大市场、支撑大发展。泛在电力物联网横空出世，充分利用"大云物移智链"，对内实现"数据一个源、电网一张图、业务一条线""一网办通，全程透明"，对外打造能源互联网生态圈，适应社会形态、培育新兴业态，采取需求导向、应用驱动，树立互联网思维，以"交互、共享、数字化管理"催生互联网金融、虚拟电厂、区块链能源服务、智慧能源、智能制造等新兴服务，打造更加开放、高效的能源互联网生态圈，实现全产业链价值的叠加、放大和倍增。

"三型两网"战略，赋予电力人的责任、担当，守正创新，一花独放不是春，引领、带动、促进共同发展，推动整个产业链转型升级，创造更大机遇、空间。建枢纽、搭平台、强应用、促共享，整合电力、气象泛在数据，提取关键特征、信息，开展物联网技术架构的新型配电终端研究及配网运行状态的全面监测分析，实现企业不同层级、不同部门之间的信息互通、数据共享，完成配网故障异常的更精准定位诊断，向能源服务领域主要践行者、深度参与者、重要推动者、示范引领者迈进。

国运兴，则电力兴；电力兴，助国运兴。朝阳，以蓬勃的姿态稳步攀升，激荡辉煌。中国电力 70 年努力超越、追求卓越，70 年厚积薄发，披荆斩棘，砥砺奋进，以铿锵有力的步伐走过不平凡的艰辛历程，取得举世瞩目的辉煌成就。

七十载奋进波澜壮阔，九万里河山雄关漫道。70 年的时光匆匆流过，用艰辛和汗水铸就自己的精神光芒；70 年沧海桑田，经历多少长途跋涉，留下的只是兢兢业业；70 年匆匆逝去，怀揣永不改变的责任心，默默无闻，只有永远不知疲倦的背影。

"士不可以不弘毅，任重而道远。"中国电力从无到有，从小到大，从弱到强，创造历史，矢志不渝，开展综合能源服务，深刻转型，积极适应新形势，主动作为，为经济发展作出积极贡献。

# 我与祖国共奋进
# 与公司共成长

孙文涛

  依稀记得刚参加工作时，大学毕业的我怀揣着美好的梦想进入了国家电网有限责任公司，成为安康供电局线路公司的一名输电线路架设工，一名电力工人。

  报到的第一天，亲切的老师傅们很快消除了我的紧张和局促不安；还有其他几位热情的同事，让一个初来乍到的新人体会到了发自内心的温暖。大家真诚的笑容，亲切的话语，体贴而实际的帮助，都让我深深地感动。我不由自主地被大家所感染，不知不觉地融入这个包容的团队……第一次去工地，看到不计其数的塔材，忙碌施工的同事，便捷简陋的住宿，还有远处连绵起伏的群山时，我感触很深，这一切似乎与我当初走出校园时的梦想相去甚远：没有想象中的高楼耸立、宽敞明亮的办公室，只有矗立在莽莽青山上冰冷的铁塔和架设其上的孤零零的导线；没有想象中的西装革履和轻点鼠标，只有盘曲山路上的朴素工装和汗流浃背；没有周末的阖家欢聚，只有"妈，这周末我又不能回家陪你们了，工程正在赶工期，大家都没有休息，您和爸多注意身体！"

  电力施工工人的生活单调而重复，我曾经听见过一位老师傅这样简单而朴实地描述电力施工工人的工作：一条输电线路就好像一个电力施工工人的孩子，从测绘到设计再到准备开工，好比孩子出生前所进行的各种准备；从地基到组塔再到放线，就好比孩子一步一个脚印的成长。当有一天这条线路通上电时，就好像看到自己辛勤培养的孩子终于长大，成为社会的栋梁，那种喜悦溢于言表的骄傲与自豪。于是乎每当我看到夜半灯火到万家时，总会想起这位老师傅的话，他让我明白，是电力施工工人把光明传到世界的每个角落。

时光如白驹过隙一般，在曾经怀揣的梦想与如今的现实之间，我仿佛醒悟过来，电力施工工人的生活没有想象中的那样光鲜亮丽，万众瞩目，唯有日复一日，年复一年默默无闻地用一座座钢铁脊梁撑起腾飞的中国。而这样的平凡是一种无私的奉献，是一种默默无闻的伟大，也是一个电力施工工人的梦想，一个电力施工工人的中国梦。

对电力施工工人来说，不仅仅是线路要跨越江河湖海，我们也要时刻准备着跨越每一个艰难险阻，我们所付出的也不仅仅是辛勤汗水，有时甚至是生命。2008年南方冻雨冰灾，上千万人民生活在黑暗与寒冷之中，我们没有退却；"5·12"汶川大地震，四川电网遭受重创，我们挺身而出；2008年北京奥运会、2010年上海世界博览会的顺利进行……电力施工工人的身影始终奋战在任何有需要的最前沿，用自己的责任心和耐心进行每一项细致入微的保电工作，也用自己的实际行动书写着国家电网人的社会责任。

2019年公司的"打赢安全翻身仗活动"号召全公司人员心往一处想，劲儿往一处使，行动都朝着"努力超越，追求卓越"的目标而努力，不给自己留遗憾，不为某件事找任何借口。说起来容易，做起来需要心血与汗水的付出：节省一张纸是有形的随手可做的付出；主动工作、提高工作效率和效益是提高自我竞争力的无形的付出……在这个过程中，与其说是个人在为集体付出，不如说是在为自己的人生而付出。因为在成就企业的同时，更重要的是我们自身完善了，提升了，成就了自我。祖国的命运也就是每一个中国人的命运，祖国的发展与富强要靠每一个中华儿女的贡献与奋斗。作为一名电力行业的普通员工，我一定要把爱祖国的满腔热情落实到自己的日常实际工作中，爱岗敬业，求实奉献，为公司的发展添砖加瓦，为公司取得好的经济效益尽心尽力，这就是爱国的具体表现。

如今，我们赶上了这改革开放的年代，赶上了祖国走向富强的时代，就让我们都立足本职工作，为公司的繁荣发展，为我们伟大的社会主义祖国更加美好的明天，辛勤工作、努力奋斗、贡献出自己的全部力量，把一切都献给党和无比壮丽的共产主义事业。我有一个梦想，梦想有一天我们的电网能够真正实现智能与坚强，我们的铁塔坚不可摧，我们的光明可以送到世界各地。我有一个梦，与祖国相连，是中国梦，是每一个中华儿女的共同夙愿。我有一份情，与电网相关，叫国网情，让每一个国家电网人血脉相通。我们用自己的激情与理想，唱响伟大的中国梦，用自己的青春与热血，诠释温暖的国网情。中国梦，是雄鸡高唱，巨龙腾飞，是中华民族屹立于世界民族之林。国网情是诚信、责任、创新、奉献，是经历千辛万苦后的一张张笑脸。让我们带着一份责任，一份自豪，一份铭记，和国网一起成长，推动电力事业，争当排头，为祖国的发展书写更加辉煌壮丽的崭新华章！

# 改革开放四十年
# 国家电网一路陪你温暖前行

常菊叶

企业之志，志在民富国强；企业之念，念念用之民生。国之企业，当作国之利器，心系民之所需，方为国之良辅。电力工业是国民经济发展的支柱产业，是人民生活水平不断提高的基础保障。经济发展，电力先行。国家电网作为国有骨干企业，在40年改革开放的历史进程中，认真履责，积极担当，自主创新，以新电力高效服务于新时代经济发展建设，为人民生活和工农业生产提供了安全经济、清洁可靠的能源保障，在全面建成小康社会的道路上，一路披荆斩棘，为国民经济和人民生活保驾护航。

习近平在博鳌亚洲论坛2018年年会开幕式中讲："1978年，在邓小平先生倡导下，以中共十一届三中全会为标志，中国开启了改革开放历史征程。从农村到城市，从试点到推广，从经济体制改革到全面深化改革，40年众志成城，40年砥砺奋进，40年春风化雨，中国人民用双手书写了国家和民族发展的壮丽史诗。"40年来，国家电网始终肩负着先行重任，为营造良好的国民经济发展氛围，满足国家和老百姓经济发展对电力的需求，充分利用遍布城乡的廊道资源和空间资源，不断壮大电网规模，提升电能质量，将电网从以前的独立、分散、弱小逐步建成全国互联、互通、互供、统一的智能大电网。九州万里，四根导线，一座座杆塔，飞架崇山峻岭，连接大江南北。

那不是一张冰凉的网，它是光明和温暖的使者，从此，有你的地方就有光明，遥远的小山村告别了煤油灯时代，中国不再有无电人口；小镇上也能办加工厂，农民也做了企业家。"十三五"以来，"两年攻坚战"国家电网一路随行。"国网阳光扶贫行动"实现了村村通动力电，完成了贫困地区的电网攻坚工作，同时，对贫困村进行结对共建扶贫与光伏扶贫电站捐赠，并负责投运后的运维管理，解决了大批无劳动能力贫困人口的经济收入来源问题，成为地方部门打赢脱贫攻坚战的重要措施之一。

那不是一张平凡的网，它承载历史使命，肩负改革发展先行重任。它是无声的细雨，随着改革开放的春风潜入东方神州，细细润物。它是民生最基本的需求，关乎你的衣食住行、关乎你的生产生活。40年来电力科技不断创新，电网建设不断升级改造，标志着改革开放带来的国民经济飞跃发展、人民生活水平不断提高，对电力有着越来越高的需求。国民经济的发展与人民生活水平日新月异的改变，同样标志着对国家电网供电质量与服务水平的新要求。这张网，用智慧凝聚汗水、传递梦想，努力超越、追求卓越，用最符合国情企情民情的发展理念，服务于每一个企业和老百姓，充分彰显出国企的卓越品质与准确的政治站位。

那不是一张普通的网，它针对能源安全、生态环境、气候变化等日益突出的问题，将更多的新能源与清洁能源广泛接入，充分发挥电网的基础平台作用，大力实施电能替代、增强清洁能源消纳能力，推动能源绿色转型，合理配置，充分利用，集约化管理，推动美丽乡村建设与智慧城市的发展，助力"一带一路"建设，有效提升营商环境与老百姓的生活品质和幸福感。

那不是一张无言的网，它是国家电网人一颗颗为人民群众跳动着的心。有人民群众的地方就有国家电网，有人民群众的地方就有国家电网人的牵挂。风雨天会惦记用电安全，暑热天会想起用电容量是否足够；春夏秋冬，会有人定期做用电安全检查；创新创业，会有人为企业用电设计一套高效优质的供电方案；遇到电力故障，会有人不顾风霜雪雨，不怕山高路远，第一时间奔赴现场解决故障。多少个宽大的肩膀，扛着抢修保电重任蹚过冰冷的河水，翻过崇山峻岭，奔走在电力一线；多少个炙热的情怀，在佳节时放弃与家人团聚，坚守在保电岗位上；多少次寒风刺骨，他们穿越高原，爬上结满冰凌的铁塔，保线路无碍，保供电安全；多少个平凡的国家电网人，在全国人民奔小康的道路上，用股股真情陪伴一路温暖前行。

40年来，国家电网不断创新，历经多轮改革，当前电网资源配置、电网安全运行水平以及电网技术创新成果、特高压输电技术等均处于世界领先地位。它以卓越的品质，全面服务于国家发展和民生需求，并开启建设具有卓越竞争力的世界一流能源互联网企业新征程。

新时代、新使命呼唤新电力、新服务。在十九大精神的引领下，国家电网牢固树立和贯彻落实创新、协调、绿色、开放、共享的发展理念，不断创新，持续改进，全面推进"互联网＋"的应用，坚持提升电力安全水平，全面构建以客户为中心的现代服务体系，加快建设坚强智能电网，积极服务清洁能源发展，深入推进"两化建设"及改革落地成效，加快推动电网从单一能源供应向综合能源服务的转变，更智能、更高效、更优质地为人民生活用电和经济发展提供电力保障，助力"十三五"期间大众创业、万众创新的蓬勃发展。

国家电网，一张宏阔磅礴的网，一张温暖绿色、安全可控、开放共享的网，从天边到身边，在新时代的新征程中，勇往直前！

# 国网人的诗与远方

熊　鑫

在世界的东方曾经有那么个地方，在过去的一段历史岁月里，他们积弱积贫，饱受奴役；一系列不平等条约的签订，使他们明白一个道理，落后就会挨打！为了活出尊严，活出底气，他们用鲜血洗刷耻辱，用汗水浇灌希望。终于在 1949 年 10 月 1 日迎来了新生，毛泽东主席在天安门城楼上向全世界庄严宣告："中华人民共和国中央人民政府今天成立了！"

## 风霜洗礼　砥砺奋进

70 年的风霜洗礼，70 年的砥砺奋进，70 年的沧桑巨变，中国用 70 年的时间让世人看到了中华民族的发奋图强，励精图治。70 年里，中国在艰苦中探索，在探索中突破，在突破中腾飞。在波谲云诡的国际环境中，中国智慧和汗水留下了辉煌的一笔。1953 年，抗美援朝战争结束，中国人民取得胜利，人们欢呼雀跃，为祖国自豪；1964 年，中国第一颗原子弹爆炸成功，全国人民喜笑颜开；1997 年和 1999 年，中华人民共和国香港特别行政区和澳门特别行政区正式成立，香港和澳门回到祖国的怀抱；2003 年和 2005 年，中国载人飞船"神舟五号""神舟六号"安全着地；2008 年，北京举办奥运会……一桩桩，一件件，世界看到了中国的实力，中国人民的骨气。

## 大国复兴　　强企雄起

祖国今天的成绩是老一辈无产阶级革命家抛头颅、洒热血换来的，是各行各业兄弟姐妹齐心协力奋斗的成果。

大国之复兴，必有国企之雄起。电力是关系国计民生的重要基础产业，保障电力供应是电网建设的根本要求。忆往昔，电力工业的发展史，是一部艰难的创业史，也是中国工业发展的缩影。中国电力工业的每一次变化都与国家变革和经济发展紧密交织，其历程总体可分为五个阶段：第一个阶段，从电力开端到中华人民共和国成立前，部分大城市开始"有电"了；第二个阶段，从中华人民共和国成立到改革开放前夕，全国大多数人都用上了电，但缺电现象仍普遍存在；第三个阶段，从改革开放初期到 21 世纪初，从集资办电到政企分开，电力工业进入发展快车道；第四个阶段，从 21 世纪初到十八大召开前，攻克了大规模、远距离输电的世界级难题，实现"电从远方来"；第五个阶段，党的十八大以来，中国电力持续高质量发展，不断满足经济社会发展和人民美好生活的用电需求。

## 一路风雨　　一路辉煌

为了实现阶段目标，满足国民经济高速增长的需求，缓解电力供需矛盾，国家电网加快了发展步伐。借着改革开放的东风，中国经济建设的伟大成就带动了电力需求的快速增长，电力工业进入了快速发展的新阶段。2018 年中国 GDP 总量位居全球第二。随着经济的飞速发展，电力企业的重要性更加凸显。我国电网规模自 2009

年超过美国，跃居世界第一位，之后，中国全球第一大电网的位置得到进一步巩固。2018年，中国全社会用电量为6.84万亿千瓦时，同比增长8.5%，同比提高1.9个百分点，为2012年以来最高增速。2018年与2009年数值相比，变电容量增加了1.28倍，线路长度增加了0.82倍，稳居第一大电网之位。一路风雨，一路辉煌。近年来，中国电网规模不断扩大，电压等级稳步提升，输电能力不断增强，优化配置能源资源的范围和能力进一步提高，电网科技水平和自主创新能力稳步增强，电网已经成为国家能源安全的重要组成部分。

## 文化滋养　塑造品牌

国家电网的快速发展离不开优秀的企业文化滋养。国家电网作为关系国家能源安全和国民经济命脉的国有重要骨干企业，承担着保障安全、经济、清洁、可持续的电力供应的基本使命，为经济社会发展提供坚强的智能电网保障。多年来，国家电网秉承文化强企战略，明确了以建设统一的优秀企业文化、提升国家电网品牌价值和公司整体形象、促进公司科学发展为目标，以培育基本价值理念体系、践行核心价值观为重点，在提升公司软实力和可持续发展能力方面发挥显著作用。

在这样一个有着深厚企业文化底蕴的中央企业里，服务党和国家工作大局、服务电力客户、服务发电企业、服务经济社会发展是公司宗旨；以人为本、忠诚企业、奉献社会是企业的理念。作为新一代的国家电网人，将由衷地感到自豪，并会通过自身的努力为推动实施"三型两网"的发展战略，为推进公司"一个引领，三个变革"的基本路径，为建设世界一流能源互联网企业贡献一份力量。

## 无名英雄　默默付出

优秀企业文化引领了人才的发展，人才的卓越推动了企业文化的进步。强企的存在，离不开企业人才的倾心付出。在祖国飞速发展的背后，有那么一群人，他们不辞劳碌架起一座座铁塔，为社会稳定、和谐、快速发展提供坚强的动力；他们兢兢业业，将光明送到千家万户，让一个个家庭充满着欢乐祥和；他们坚守岗位守候在值班室，聚精会神地守护着电力设备；他们不厌其烦地穿梭在大街小巷点亮城市之光，为客户排忧解难……

他们默默无闻，通过巍峨的铁塔、长长的导线，把西部的能源输送到东部，再进入千家万户，这项伟大工程饱含着他们的汗水。从智能导诊机器人到 VR 技术体验，从蛟龙号入海到复兴号启程，从"一带一路"建设到全球治理的中国担当，各个领域的发展和建设无不需要他们的支持与配合。他们以勤劳和智慧书写着国网故事，创造着国网速度，展现着国网温度，国网故事汇入宏大的中国故事，构筑起国家发展、经济繁荣的坚强能源支撑。他们就是国家电网人，一群无名英雄。

## 先进典型　学习榜样

空谈误国，实干兴邦。点亮万家灯火的"时代楷模"张黎明，值得每一个国家电网人学习。作为天津滨海供电公司运维检修部配电运检室党支部副书记、配电抢修一班班长兼天津电力心连心共产党员服务队队长，他30多年如一日，从技校毕业生到技能专家，从普通工人到全国劳模，用实际行动诠释了习近平总书记"劳动最光荣、劳动最崇高、劳动最伟大、劳动最美丽"的重要思想。他身上勇于探索、矢志创新的进取意识，深深地打动着每一个中国人。他坚持"服务没有最好，创新就能更好"，把工作场所当作创新阵地，依托"张黎明创新工作室"，实现技术革新400余项，获国家专利150项，20余项成果填补了智能电网建设空白，带动9人获天津市"五一劳动奖章"、210人提升技能等级。

此外，还有行走在特高压线路上的"大国工匠"王进，匠心独运、矢志创新的全国"最美职工"黄金娟……他们如同一面面镜子，折射出新时代的劳模精神、劳动精神、工匠精神，以无私的拼搏奉献、不竭的创造激情，为广大电力职工树立了学习榜样，唱响了"劳动最光荣、劳动最崇高、劳动最伟大、劳动最美丽"的主旋律。他们干事创业、忘我奉献、争当先锋，凝聚起劳动创造的恢宏气势，激励着众人前行。

作为一名国家电网人，我们应该向张黎明同志学习，成为一名集知识型、技能型、创新型为一体的新型人才，只有这样才能不负青春，无愧人民。

## 脚踏实地　勇于承担

对于国家电网人来讲，每个人都有追求"诗和远方"的理想和豪情，但理想再美、热情再高，不实实在在付诸实践，也只不过是水中月、镜中花。只有继续弘扬伟大的奋斗精神，增强责任感和使命感，把个人成长融入企业发展、国家富强、民族复兴的伟大事业之中，以勤学长知识、以苦练精技术、以创新求突破，不断提高技术技能水平，才能答好转型发展的"时代考题"，奏响新时代电力事业的奋斗最强音。作为国家电网的青年人，要立足本职工作，脚踏实地努力工作，找准定位，调整思想，勤奋学习；在工作中要主动创新务实、勇于承担责任，肩负起自身的责任和使命，塑造"国家电网"品牌，树立公司开放、进取、诚信、责任的社会形象。

　　伟大梦想不是等得来、喊得来的，而是拼出来、干出来的。站在新的历史节点上，作为新一代国家电网人，只有踏实肯干，做好本职工作，才能书写无愧于时代嘱托、不负于人民期待的精彩答卷。让我们争做新时代奋力奔跑的追梦人，守正创新，担当作为，在公司新时代发展蓝图上再创佳绩，在祖国发展新时代辉煌画卷上谱写新篇，在亿万人民追求幸福的壮阔进程中续写荣光，以优异成绩迎接全面小康社会的到来！

# 乘时代春风　与祖国同行

毛春红

　　敲响那一排铜质的编钟，浑厚而清亮的音韵由远及近，穿越五千年悠悠岁月，在河之洲、水之湄、山之阳、海之滨，泛起层层涟漪，响起阵阵回声，在亿万中华儿女的心中凝结成一个主题：我的母亲！在地球这个美丽的蓝色星球上，巍然屹立着一个泱泱大国，这就是东方文明古国——中国。古老的黄河，孕育了祖国这片最年轻的土地；辽阔的大海，造就了这荒凉而繁闹的荒原。我的祖国，她从远古的神话中走来，带着盘古开天的气魄，带着女娲补天的风采；我的祖国，她从五千年沧海桑田中走来，带着长江的奔放，带着黄河的激荡；我的祖国，她从历史悠久的文明中走来，带着青铜文化的辉煌，带着四大发明的璀璨；我的祖国，她从古老的东方走来，带着唐诗宋词的华章，带着丝绸之路的灿烂……我的祖国，她有着十四亿勤劳勇敢的人民，有着九百六十万平方公里风光旖旎壮丽的河山，有着五十六个民族汇聚而成的大家庭，有着五千年悠久灿烂文明的历史。

　　走过刀耕火种的历史，走过风雨变幻的岁月，我的祖国曾经历了风霜雨雪的洗礼，曾经历了金戈铁马的动荡，也曾面对列强的谎言、军阀的混战，万里长城记录了一幕幕腥风血雨，滔滔黄河流淌着苍凉悲怆。

然而几千年来，祖国历尽艰难而不衰，屡遭侵略而未亡，今天能够屹立在世界民族之林，是无数民族英雄、爱国志士、革命先烈前赴后继英勇奋斗的结果。他们为了维护疆土的完整，为了维护国家的神圣，为了五千年文明的延续，一片丹心向祖国。他们深怀爱国报国之心，把祖国的独立富强，当作最大的理想；把人民的安宁康乐，看作最大的荣耀，他们心甘情愿为祖国献出了自己的一切。为了她，岳飞豪言壮语："壮志饥餐胡虏肉，笑谈渴饮匈奴血"；为了她，文天祥挥毫明志："人生自古谁无死，留取丹心照汗青"；为了她，林则徐慷慨悲歌："苟利国家生死以，岂因祸福避趋之"；为了她，吉鸿昌视死如归："恨不抗日死，留作今日羞。国破尚如此，我何惜此头"。他们对祖国有着浓烈、深沉、分解不开的爱恋。为了有一个尊严、繁荣、昌盛、强大的祖国，他们愿将血肉之躯献出，化入祖国的大地，用自己的青春、热血和生命去孕育祖国大地的春华。

　　一路坎坷、一路动荡、一路豪情、一路悲壮。送走了黑暗，送走了迷茫，迎来了胜利，迎来了霞光。终于，天安门城楼上升起了第一面五星红旗，终于，有一个声音站在旧制度的废墟上向全世界发出庄严地宣告：中华人民共和国成立了，中国人民从此站起来了！这是来自四万万中国人内心的呼喊，这是回荡在中华大地的气吞山河的壮歌！

　　于是，你舒展起浑身充满秦汉隋唐宋元明清的筋络，再一次雄起你横亘万里的脊梁！你用九百六十万平方公里的博大胸怀，抚育着华夏子孙，你在五千年的文明史上，书写着誉满全球的杰作，你在世界的东方屹立起一个坚韧民族的影子，一个共和国挺拔伟岸的身躯。我们的祖国从没有像今天这样威武强大，我们的人民从没有像今天这样斗志昂扬！

从此，一个崭新的国家，伴随喷薄的旭日，屹立在世界的东方，用一个嘹亮的声音把中国的名字唱响！从此，一面鲜红的旗帜，在阳光下微笑，在和风中飘扬，在雄鹰掠过的高空指引着我们前进的航向！从此，我们的人民扬眉吐气，意气风发，主宰着自己命运的方向！从此，我们在春天耕耘希望，在金秋收获喜悦，我们用智慧创造奇迹，用力量谱写和平的篇章！从此，我们的祖国日新月异、流光溢彩，正快步跨入崭新的时代！

中国梦，我的梦。中国的岁月在这头凝望着我们，寄予我们多少的期许。我们承载着祖国伟大复兴的梦想，我们和祖国是紧密相连的。

新时代的电力职工是乘着时代的春风，翱翔在祖国的万里长空中，放飞自己的梦想。走在祖国的康庄大道上，借着一股时代脉动的气息，一路向前，永不停歇。在祖国的时代脉搏上努力前行，秉承以爱国精神，让自身融入诚信、友善的品质，努力做祖国栋梁。跟随祖国的步伐，为社会的富强、民主、和谐发展尽自己最大的一份力。

时光流逝，岁月蹉跎。祖国依旧是那个东方世界的老者，如老树般枝干遒劲地矗立在世界之上，亚洲东岸。五千年的岁月凝固成了他身上褐色的皮肤，纹理之中刻出一道道智慧的印痕，凝成了多少人向往的中国情。

斗转星移，凝成祖国的一身睿智；风吹雨打，显出祖国的千年旅途；日耀火灼，炼出祖国的一身铁骨；沉默无言，闪耀出文明的光明。文明火炬，薪火相生。

# 我 与 陕 送 共 成 长

孟应山

## （一）

1978年是国家恢复高考的第二年，也是我人生命运抉择关键的一年，在"知识改变命运，学习成就未来"自我加压年代，我走进考场参加高考落选了，眼望着班里唯一一名同学踏入了校门，心里很失落，在那个年代，我们年轻人一心想着"唯有知识改变命运、唯有知识改变社会、唯有知识推动生产力发展"的思想，但自己的理想未能实现，感觉到人生彷徨迷失了方向。当年11月份，我参加了全社会"国营企业"统一招工考试，经过几个月煎熬的等待，第二年春季分配到"陕西送变电工程公司"，成了一名光荣的"国营企业"职工，令许多同学、街坊邻居和没有上山下乡（家里有困难）大几届毕业在家待业的同龄人羡慕，单位是干什么的一点不知道，只是通过自己的父母和左邻右舍老人说送变电公司就是和供电局一样在"野外"立杆子架电线的，因为送变电三个字比较饶舌，说起来就像是"送便店"的，还闹出了很多笑话。

单位在西安市自强西路上，自强西路人行街道两旁种满了排列整齐的梧桐树，将整个街道上方覆盖得严严实实，现在看来给喧嚣的城市也增加了几分美景，更不要说在那个年代了。几十年过去了，现在单位门前经过的公共汽车仍然还是 9 路汽车没有改变，改变的是经过公司门前的公共汽车线路，由一条增到了多条；改变的是汽车，由过去的燃油汽车变化为新能源电动汽车；改变的是以前9 路汽车是两节连起来的大通道，现在变成了全新能源空调车；改变的是车辆外观更加美丽了，乘坐公共汽车的舒适度提高了；改变的是周边企业被快速发展的经济大潮吞噬，改制变成了高楼林立的现代花园住宅；改变的是公司老办公楼已经不复存在，变成现代化的综合办公楼，给社会发展、电网建设增添了不竭动力；改变的是我们的国家高速发展带来的全新生活和物质变化。

单位门口挂着醒目"陕西送变电工程公司"的牌子，办公楼是老式五层灰色楼，楼墙外壁长满了"爬墙虎"植物，就像给办公楼穿上了"绿装"，在当时很有特点。我到单位报到，负责接待我的是一位 50 多岁说着东北话的师傅，他很亲切，客气地给我倒了杯水，问了我一些家庭及上学情况，以及对单位是否了解，我把自己知道的情况给师傅说了，并问负责接待我们的师傅，这工作是什么工种？师傅说："我们是送电工，就是把发电厂发出来的电经过高压输电线路送到城市，再经过变电站变成低压送到千家万户的工作。"尽管这样，我还是云里雾里，对于什么是送电工并不清楚，感觉沾上"电工"心里还乐滋滋的，在那个年代，电工是很吃香的。当我懵懂地知道送电工就是野外架设高压线时，心里有着失落。但也没有过多地想什么，当时还意识不到野外工程单位以后随着年龄大了谈对象的困难，结婚将给家庭生活、子女教育、赡养老人方面带来种种矛盾。后来培训时，我问我们新进厂培训的授课老师牛师傅（工程师）："如果我们把高压线架设完了，以后还干什么呢？"牛师傅笑着说："我们在这个单位已经干了将近 20 年了，变电站、线路越干越多、越干越长，电压等级越干越高，好好干吧年轻人，陕送以后就靠你们了"。

## （二）

我进入单位所干的第一个工程330千伏韩西线（韩城—西高明）在陕西大荔县境内，经过培训学习后的青年人在单位组织下，统一乘坐火车到大荔县韦庄车站下车，在车上大家有说有笑，看着铁路两旁的庄稼地和辛勤劳动的农民兄弟，我的脸上流露出沾沾自喜的表情，心里充满着为国家电力建设做贡献的决心。我们施工班驻地在大荔县红旗公社农技站院内，刚到工地的青年员工经过一个星期现场短暂培训后就分配到各个施工班，我们六名年轻人分配到了一班，我一进单位就赶上当时全国最高电压等级的330千伏电压等级线路施工，对我们年轻人来说是件很荣幸的事情，我们真是开了眼界。以前没有进单位时，老人们说我们单位就是挖个坑"栽杆子"，之后将电线拉起来就行了，说起来工作很轻松、很简单。但是，进了单位到工地后，所看到所见到的远没有那么简单，并不是老人说的那样，才知道什么是工程，工序繁多、工艺复杂，施工场面很庞大、施工工序分了好多步骤。

在杆塔基础施工中，基坑很大、很深，混凝土杆子基础是3480毫米深，铁塔基础要看是直线塔还是耐张塔，大概浅的也要3000毫米以上。基坑开挖时我们施工班与当地生产队联系，由生产队出工用人力进行开挖。基坑浅的，民工直接用铁锹从坑底把土甩上来；基坑深的则像过去在电影《地道战》中看到的，用辘轳把土绞上来。基坑开挖深度达到设计要求后，还要进行修坑工作，主要是检查基坑开挖的方向（是否有扭转）、尺寸大小是否满足地盘支模、底盘下平面是否平整，然后要进行钢筋绑扎，模板找正支撑，保证立柱和底盘混凝土工艺美观，最后是混凝土浇灌、养护、拆模、回填夯实。

刚开始我们进行基础钢筋绑扎工作，师傅的手感很灵活，一会儿就绑扎了好多节点，钢筋间距均匀、节点紧固，端头全部弯到里面，整齐划一，而我们绑扎得不牢固，工艺也不美观、端头随意，就感觉手很笨拙。后来在师傅的手把手指导下，逐渐掌握了其要领。过去的基础模板全部采用木模板，要保证基础成型，模板很大很厚，比我们那个时候的床板还要厚，要几个人抬运。在330千伏西高明变电站外的终端塔基础施工中，我们班里的一位师傅测量基础根开和立柱的中心数据偏移超过了质量验收标准，后来在公司进行的三级验收中检查出属于不合格项，最后我们班长召集大家开了一个现场会，决定将该基础的一个立柱现场用大锤砸掉，按照不合格品对待。真正砸的时候，基础混凝土很结实，师傅们用8磅大锤和錾子砸了好几天，我们现场亲历了该质量事件，在那个物资比较匮乏的年代，我们的班长和师傅们秉承着"百年大计，质量第一"的思想，严格要求，以身作则。这件事情深深烙在我的脑海里，一直影响着我以后的工作标准和人生态度。

330千伏韩西送电线路铁塔高的有近50米，重20多吨，组装起来有十几层楼房高，完全靠我们单位工人自己进行安装施工。我们刚进单位还没有高处作业方面的技能，全部是在师傅的带领和指导下，系好安全带一步一步登高攀行。我们每上一步师傅就紧跟一步，检查我们的安全带是否系牢固，并亲自给我们年轻人系好，担心我们在安全方面出现意外。有次在杨师傅的监护和指导下，我攀登到大概30米高的位置，就不敢继续往上爬了，向下看心里发怵很是害怕，师傅说不要向下看，向上看天又在旋转好像铁塔要倒似的，吓得我头发都立起来了，紧紧抓住塔材不敢松手，后来杨师傅说是云在风的吹动下移动，不要害怕，我们的铁塔在坚固的基础上很牢固，但是我的内心还是怯怯的，班里的师傅们就不厌其烦地给我们讲解注意事项，胆子才一点一点大了起来。我们年轻人就是这样一步一步从害怕、恐惧到适应掌握基本的高处作业技能，在师傅的带领下进行铁塔安装施工。

混凝土杆子下部直径相当于城市的支线下水管道，加上地线支架总高28.5米，立起来近十层楼高。在那个年代，城市这么高的楼房也是不多见的（当时城市一般住宅楼也就是五六层高），要三段地面排直后再焊接起来，地面用铁件、叉梁组装好，形成一个整体。这是一个技术活，老师傅们用眼睛观测的杆子笔直，而我们年轻人观测的杆子不直，误差超过质量标准，排好后工艺不美观，如果再立起来就更难看了，就是师傅说的"三道弯"。

立杆场面很是壮观，各个组准备好各自的工作后，总指挥经过全面检查，确认各个系统已经准备无误后，开始整体立杆，随着指挥人员的口哨声响、红白小旗挥动，机动绞磨"咚、咚、咚"声逐渐加重，排气管黑烟排放量的增加，牵引系统（磨绳）通过组三滑车组往复运动，再通过磨辊上缠绕转动，钢制人字扒杆缓缓地起立，庞大的330千伏双杆一点一点离开地面，当杆子头部离开地面0.8米时，要停止牵引做冲击（振动）试验，总指挥要求各个小组进行检查，尤其是主牵引地锚和制动绳地锚受力是关键部位，要查看其地锚周边地面有无变化，各绑扎点是否可靠，检查无误后继续起立，就像一架巨无霸构件缓缓拔地而起，在地面显不出杆子的雄伟，但是真正立直了才显出其"高耸威武"。

架线施工是所有工序的关键，要调查整个线路，确定线路下方的所有被跨越物，用杉木杆进行搭设跨越架，一个耐张放线区段所有跨越架搭设完成，把直线铁塔的绝缘子串和放线滑车悬挂完毕，再将导地线用人工方法从线盘上转拆下来，一圈一圈在地面顺着导地线的"劲"摆好，然后由生产队组织全大队具备资质的人员按照点工的方式进行人力放线。放线开始场面比较混乱，每根地线安排10个人、基本上前后各展放1000米左右，每根导线则由生产小队安排30人、基本上是两边各展放1200米左右，由于当时还没有张力放线施工工艺（按照当时生产力发展水平，没有机械设备，没有配套的施工机具），导线顺着地面拉动与地面形成了很大的摩擦力，大家开始不约而同地相互间进行着劳动竞赛，看谁先把导线展放完毕，施工场面气氛非常活跃，如果哪个生产小队当日落后了，自然在第二天主动调整力量，不甘落后，可以看出，在那个年代，国家各行各业都在进行着轰轰烈烈的建设。用人力把导地线通过每基杆塔的放线滑车展放完毕，然后采用爆破压接的工艺进行导地线的连接，最后一道工序是检查导地线的展放质量，是否有损伤的部分。但采用人力放线，导地线损伤是不可避免的，按照当年的施工工艺技术，没有张力放线设备、没有现代化的通信手段，一切显得那么落后。

放线就绪后，开始进行紧线施工，紧线时要根据当天的温度变化情况，随时确定导地线弛度（弧垂）数值进行观测，导地线弛度值不能大，也不能小，有一个误差范围，既要考虑导地线机械强度、导地线蠕变、温差变化，也要考虑导地线之间、与杆塔之间、与被跨越物的电气距离，里面蕴含着较多的科学知识，当时深感自己的理论知识不够用。

1980 年年底，我们进入单位一年多的年轻人参加了西北电力职业专科学校的遴选考试，我顺利通过了考试并接到了录取通知书。在那个年代，单位技术力量还是比较薄弱的，公司需要充实有知识、有文化、有责任的年轻人，我经过两年半的专业知识系统学习，从电力系统到电力网构成、电流暂态变化、杆塔受力分析、机械制图、线路测量等各方面都对送电施工专业有了较深刻的认识。

　　1984 年，110 千伏延志吴输变电工程进行施工，我们班就在延安市志丹县，当时的陕北经济发展和我们的工程施工过程的情景现在还在我的脑海中出现。延安是中国共产党的革命根据地，是我们党革命的摇篮，中国共产党在毛泽东主席等老一辈革命者的领导下，艰苦奋斗建立了红色政权。刘志丹陵园坐落在县城北边，他是忠诚的共产主义战士，杰出的无产阶级革命家，西北红军和西北革命根据地的主要创建人之一，他 33 岁为了中国人民的解放事业献出了宝贵的生命。当时我们国家的经济发展整体还比较落后，尤其是西部地区，陕北对于三秦大地来说，地处与毛乌素沙漠接壤地带，经济发展更为落后。当时的志丹县和吴旗县是我们国家油井发现较早的地区，荒芜的穷山沟，地下蕴藏着丰富的石油，在抗战时期为我们的军队提供了支持。但是由于受地理环境、经济发展影响，志丹县整个县没有电力供应，只有一台 100 千瓦功率的柴油发电机，每天下午 5 点钟拉响警报提示开始供电了，到晚上 9 点钟再次拉响警报预示要关闭发电机，这时候整个县城变成了漆黑一片，没有一点灯光，农村就更不要提了（压根就没有电）。如果发电机哪个部位出了问题，没有配件更换，那么连着好几天整个县城街道晚上都是漆黑一片，是名副其实的"鬼城"。在那个年代，老百姓的娱乐生活是很枯燥的，基本上没有什么业余文化生活，大部分家庭天黑自然就休息了，县城里的新时代年轻人偶尔有谈恋爱也只能在晚上9点钟就要"分手"，否则，一片漆黑家长也不放心。

我们施工班就在志丹县变电站进线段，离县城大约4公里，是城关小学的破旧窑洞。由于生源渐渐减少，加之窑洞年久失修部分漏水，城关小学就关闭了。我们施工班就临时租住在此，考虑到安全，当年我们班是在窑洞中间用木杠顶着窑顶中度过的。

1984年是改革开放的初期，国家打开了国门，一些国外电器用品和电子产品进入了国内市场，主要是日本生产的雅马哈发电机，东芝、索尼牌电视机和松下单卡录放机大量进入我们国家，年轻人整天反复听着台湾作曲家侯德健作曲、程琳演唱的《酒干倘卖无》和邓丽君的《小城故事》等歌曲，她们唱响了时代流行音乐潮流，给时代增添了活力。

公司领导非常重视电力建设工人的精神生活，给每个施工班配备了一台东芝牌29寸的彩色电视机和雅马哈发电机，在当时就是奢侈品，我们班专门召开了班会，大家一致同意管理这些电器设备的人员通过选举产生，经过投票和班委会商议，最后决定由我们班的工会小组长韦师傅管理电视的播放工作，由库房管理员祝师傅负责管理发电机的使用、保存工作。在当时，就是西安市这样的大城市，居民家里有12寸、17寸的黑白电视都是凤毛麟角，更不要说是29寸的彩色电视了，所以驻地每天晚上都有十里八乡的老百姓赶过来看"西洋镜"。电视就是仅有的几个台播放节目，要在院子中找一个地方架设接收天线，每天晚上还要对着发射塔方向转换角度，寻找最佳的收视效果。当时电视内容也比较单一，主要是时政新闻，歌颂我们国家各行各业建设方面的新闻纪录片，之后就是电视连续剧，每集中间十分钟插播地方经济建设方面的新闻，当时整个社会也还没有广告经济。但是，职工和乡亲们的热情很高，每天天还没有黑，乡亲们就自带小凳早早落座，我们有时候刚从工地回来，还没有吃饭，就要先给乡亲们打开电视，时间长了就成了习惯了。有一次，我们在现场干完活已经很晚了，电视里播放的是香港电视连续剧《霍元甲》，我们的管理人员正在吃饭，乡亲们等不及了起哄，班长赶快给他们解释，不是不放，等我们工人吃完饭马上播放。但是不知道是哪个人从外面撒进一把土，一下子矛盾激化了，双方还发生了冲突。从这件事情以后，我们就不再定时播放了，决定权完全掌握在我们手中。

那个时候白天从施工现场回来后，晚上电视节目只有几个台供选择，电视内容我喜欢看的话就看一下，如果电视内容不吸引我，我就学习施工技术，阅读人生励志书籍，同时将第二天的工作认真整理一下。我在当时是阅读作家路遥写的《人生》《平凡的世界》中度过的，书中主人公高家林和巧珍的形象一直刻在我的脑子里。路遥的一部《人生》不但给我们展现了主人公高加林曲折、起伏的人生经历，更让我们对人生有了一种更深刻的理解、更透彻的认识、更明确的方向。人生的无数选择，人生的美好爱情，人生理想与现实的差距，如同无数细流汇聚在一起，形成了奇妙的人生海洋。人生的另一个特点在于它充满了无数的选择，人生的道路虽然漫长，但紧要处常常只有几步。《平凡的世界》中以孙少安等人物为代表，刻画了社会各阶层普通人物的形象，人生的自尊、自强与自信，人生的奋斗与拼搏、挫折与追求，勇于与贫穷、落后斗争的气质，痛苦与快乐，纷繁地交织，作品真实反映了广大农民在不同时期的命运变化，读来令人荡气回肠。如果没有到陕北工地施工，可能还不能完全理解书中描述的情节，但是我到过陕北后，真实地感受到了黄土地下人民生活的艰辛，以及当代农村青年人的远大理想，他们在背靠苍天面对黄土地如何与大自然抗争、如何改变人生命运。

当时的通信是比较落后的，工程施工的信息主要是靠长途电话进行联络，工程需要建设材料和工地上出现什么情况时就要到县城打长途电话，我要在公路边上等待过往的长途车到县城，到电信局后先要填写一个单子，具体往什么地方打长途电话，然后，就在大厅内的长条木靠背椅子上等候，工作人员工作的情形就和过去电影中的报务员一样，她们用手摇的发电机先接通你所要打电话的联系人，然后再通知你到几号小亭子里与对方进行通话，一般情况下也就是等待20分钟左右。但是，如果要遇上北京知青给家里打电话，那就要等待好长时间了，我们能感受到当时的知青响应国家号召，到广阔偏远的农村接受贫下中农再教育的艰辛，知青经过几年农村的生活和锻炼，圆满完成了党中央的战略部署，随着返城指示的号令，大多数知青基本上都回去了，有一部分年龄大的、在农村已经成了家的，或表现好提前已经从农村被招工进入县城农械厂、县运输公司、县供销社、县政府部门等单位工作的，按照当时的政策就不能返城了。所以我们也能理解他（她）们的心情，耐心等待吧。好不容易接通了电话，声音特别小，我们双方都听不清楚，说话声音特别大，对话相当于用吼的方式进行，实际上大家都是这样。我们有时候在亭子内能听到隔壁亭子里传来的说话声音，听着他（她）们说起生活中的琐事感觉还很伤感，毕竟和大都市相比，这里的生活条件差得太远了。有时正在打电话时突然掉线了，只能等待接线员重新与对方联系接线。

我们班施工测量用的经纬仪是德国进口的蔡司–010型号，整个陕西电力系统只有 2 台，我们班就有一台，很是珍贵。它的精度很高，也很重，整台仪器带盒子 28 斤，操作复杂，但精度很高，垂直度盘和水平度盘可以直接精确读数到秒。我从白师傅手中接过这台仪器后，白师傅语重心长地说："小孟，这台仪器以后就由你负责使用保管了，一定要保管好，不要让别人乱动，如果把里面的度盘（游丝）搞坏了，没有配件很难修理。"所以，每次上班到工地、下班从工地回来，仪器都是由我亲自背着，即便是上山也是我亲自背着，几次上山我们雇的小工看我满头大汗，想换我我没有答应。那个时候上下班基本上没有交通工具，如果到距离很远的杆位，我们就坐在当地租的手扶拖拉机后面的拖斗上，就是这样我也是背着仪器在上面站着，总怕放在车厢里来回路上颠簸会把仪器搞坏。

陕北工地上是很艰苦的，当时的工程材料完全靠当地乡亲们肩扛和背运，有次到工地将仪器支架好，一道工序测量完成后，仪器暂时不收拾，等待下道工序再进行测量，稍微不留神，我们雇的当地生产队的年轻人总是有好奇心的，就到仪器前通过目镜看看，真是看"西洋镜"一样。有一个年轻人和别人不一样，他好奇地用手将仪器转来转去，惹得我很是不高兴，自己心爱的"宝贝"怎么任由他随意动手动脚的，我将他狠狠地训斥了一顿，想想真是自私。

7 月份，有一天天很热，太阳烤人，山上连一棵树都没有，晒得人皮肤流油，黑亮黑亮的，我每天到工地（上山）要带上装满水的劳保军用水壶，这一壶水基本上要承担我一天的正常饮水需求，中午班里安排给我们送饭，工作忙起来有时就顾不上喝，我忙完后去喝水时，正好看见当地一个年轻人汗流浃背地喝我水壶中的水，我走过去一把将水壶夺过来质问他为什么喝我的水，年轻人好像犯了什么错似的不敢说话，用怯懦的眼光看着他们同伴的其他几个人。我用手摇了摇水壶，里面只能听到一丁点响声——水让他们喝完了，当时我的气更大了，一下子把水壶摔在地上："你们为什么喝我带的水？"真感觉到嗓子在冒烟，年轻人被我的举动吓呆了，一声不吭，实际上这些年轻人是刚从山下背着袋装百十斤重的砂石和50公斤重的一包包水泥上来的，累得汗流浃背，脸上满是被汗水和泥土的囧态，现在想起来，我当时的行为真有点过分。

在陕北高温的夏季，我患热感冒（中暑了），有一个星期没有痊愈，负责给我们工程进行协调的志丹县供电局，是成立不久的新单位（尚处在筹建阶段），包括局长在内一共只有四个人。局长姓吴，关中渭南白水人，得知后派他的专车（实际上也就是仅有的一台老式苏联嘎斯吉普），前后几次接送我到县城看病，可见当时县电力局是多么重视工程建设，迫切希望工程早日建成通电。当时我是班里的技术员，工程正处于架线施工阶段，观测导地线弛度时，是一个4公里多长的耐张段，需要三处进行观测（当时的紧线施工工艺），我必须要带病坚持工作，否则，我们的架线施工就要停下来，影响整个工程施工进度。班长给我安排了一辆"专车"——架子车，给我们打零工的乡亲把我拉上，到了不能再拉的山脚下，乡亲们几个体力壮的人轮换着把我背上山，经纬仪则由我挑选为人老实、做事谨慎的人背上，到达具体的测量塔位后，我架好仪器进行导地线弛度观测工作，山上没有树木可以避开太阳的照晒，给我们打零工的女同志轮换给我撑伞，避免再次受到高温，加重病情。我真正吃上了"病号饭"，享受"病号"待遇。经过五个月的施工，110千伏延志吴送电线路提前架通了，经过线路参数测量、调试、验收，线路投入运行年底带电了，志丹县和吴旗县彻底摆脱了无电的历史，给当地经济发展和革命老区人民的生活送去了光明。通电时当地政府还组织了秧歌队，沿着县城仅有的一条马路欢呼雀跃。

## （三）

1985 年 10 月，我参加 330 千伏秦北庄线路工程施工，施工班当时地处西安北郊变，出线向西到六村堡段，当年的西安北郊虽然离城市中心区距离不远，只有不到 10 公里，但是在那个时候还是很偏僻的，足以看出当时西安的经济发展落后程度。但是，现在则大不一样了，随着西安市政府的北迁，部分大专院校在北郊形成了教育基地，西安市经济开发区和农业产业园建成，加上浐灞世博园区、浐灞国际商务中心、西安北客站，形成了一座现代化的城市，凸显出北郊一派现代都市的生机。当时我们施工班就住在未央区吕小寨村（西安航空发动机公司北面）村民家里的空房子里。记得有一基分歧塔位位于郑家寺村地界内，北郊地处渭河沿岸，地下水水位较高，基础设计为重力式基础，单基基础混凝土方量 245 立方米，在当时没有混凝土搅拌站（商品混凝土）的情况下，几百方砂石、七八十吨水泥运输到塔位周边，像几座"小山"似的，按照当时的混凝土现场搅拌效率，计划分三天进行施工。第一天先进行基础二条下压腿的混凝土浇灌工作，考虑到立柱断面相比较小，立柱高度也短，基础底盘也小，整个下压腿两条腿的混凝土方量也没有一条上拔腿的方量多；第二天进行基础的一条上拔腿混凝土浇灌施工；第三天再进行另外一条上拔腿的混凝土浇灌施工。这样才能保证混凝土施工质量，我们按照拟定的施工计划进行准备。基础施工正值冬天，气温比较低，所以用作混凝土搅拌的水必须要进行加热，砂子要炒热，才能确保混凝土的施工质量。因为是冬季施工，地下水水位处于干枯期，现场就不需要配备大功率的抽水设备，否则在夏季雨水期施工，还要将坑下的水抽完，才能开始进行混凝土浇灌施工。

那个年代，基坑开挖全部是用人工配备架子车施工的，现在采用的是挖掘机、装载机、塔式起重机、大吨位汽车吊、进口大功率张力放线等机械设备，在当时是不可想象的。现场配合我们施工的是乾县的民工队伍。当时基础施工的工具钢模板主要就是200毫米×600毫米、300毫米×600毫米、200毫米×800毫米、300毫米×800毫米、200毫米×1000毫米、300毫米×1000毫米这些规格，根据立柱断面尺寸进行组合拼装，达到基础设计图纸要求。在进行浇灌混凝土的过程中，考虑到基础立柱可能会出现鼓肚现象，采取了一定的支撑和加固，但是还是出现了一点外鼓现象，显得基础立柱工艺不美观。通过分析原因主要是我们采用的钢模板规格小，虽然便于运输，但是对于大体积断面基础模板来说节点多，混凝土在重力作用下，就会发生胀模现象；另外，由于用的杉木杆进行顶撑（在那个年代钢管还是不多的），杉木杆受到基础外力后有一定的挠度，加上下料的小灰斗车不断穿梭来往下料的振动，导致了这一结果。问题找到了就好办了。第三天也是最后一天的工作量是最大的，最大的一条上拔腿混凝土方量接近100立方米，立柱断面是2000毫米，施工难度可想而知。早上一早就安排班里管材料的祝师傅到北郊张家堡租赁钢管，老天也眷顾我们重点工程建设者，不到十点钟拖拉机拉着钢管回来了，现场一切准备就绪，浇灌用的水和砂子已经进行加热了，就等钢管回来后，现场可以施工了。但是，基础底盘混凝土浇灌进行了不到30%，一台搅拌机出现了问题，班里的机械工紧张地进行拆机修理，现场只能用一台搅拌机进行施工了。修理工将搅拌机零件拆了一地，确定是上料的控制箱里的电气元件坏了，只能更换新的。机械工拿着拆下来的电气控制箱到市场购买，由于当时没有车辆，只能给机械工提供一辆自行车满街道寻找，到下午 15 点 30 分左右，村民又要给地里的麦苗进行冬灌浇水，我们现场不同意，已经和村干部说好了，晚上 12 点以后冬灌就可以。但是，任我们怎么跟村民说都不起作用，他们的目的就是要我们整片地进行赔偿，那怎么能行呢？其他村民也要求怎么办，这样一直僵持着，我心里如刀割，这么大的基础如果晚上控制不好出现问题怎么办？于是安排班里负责对外协调的郭师傅联系村干部解决，但是村干部不在家进城了，天快黑时村干部才回家，郭师傅直接把他接到施工现场，最后终于把问题解决了。但是，我们整个施工进度整整耽误了 3 个小时，机械工搅拌机的控制箱还没有买回来，我急得在现场走来走去，眼睛不停向来的路口张望，在这种情况下，我考虑无论如何，今天的工作不会早结束了，如果安排施工人员回去吃饭，再次集中起来，整个现场热火朝天的气氛就会失去，再加上干活就像打仗一样，气可鼓不可泄，于是赶快安排班里和施工队送饭。这时候，机械工也回来了，没有相同的型号，买了一个型号不匹配的，试试看行不行，机械工也顾不上辛苦，立刻进行安装。我的心一下释然了，心情无比激动。不到二十分钟就装好了，机械工按下蓝色开关，没有反应，大家东一句西一句，说可能接线没有接好，开搅拌机的师傅就用手来回动几个接线柱，只见从电动机冒出一股呛人的烟雾，完了，彻底用不成了，这时的我心情一落千丈，马上转阴。我问机械工还有什么办法吗？机械工说没有办法了，搅拌机的电动机烧了就相当于机器的心脏坏了，只能采用一台搅拌机施工了。施工人员全部吃完饭已经夜晚 20 点 30 分了，整个一晚上，我跑前跑后从施工技术和工程质量上进行把关，一会儿检查混凝土的配合比；一会儿又要下到坑下检查混凝土下料是否会不到位出现狗洞、麻面现象；一会儿又要检查立柱的支撑是否到位，不能出现鼓肚现象影响立柱和底盘混凝土工艺；一会儿要检查用杉木杆搭设的作业平台是否安全可靠，施工人员要推着料车来回穿梭于作业平台上面，夜晚稍微有哪一点检查不到位就可能酿成安全质量事故。

基础施工的重点是一定要控制好基础根开和对角线尺寸、立柱中心位移、基础顶面高差，不得有任何问题，同时还要控制立柱断面尺寸、基础钢筋的保护层等，否则，这么大的基础，这么多投入，如果出现问题，损失不小。到了后半夜，我感觉到了身体不舒服，一阵热一阵冷，头昏脑涨的，这时候随着一声"啊"的叫喊，作业平台一侧倾斜了，一名下料的施工人员连人带灰斗车掉到了坑下面，我当时也不知道从哪来的劲儿，先下到坑下，查看施工人员要紧不要紧，施工人员掉在下面立柱的支撑钢管上，钢管阻挡起到了作用，没有发生大的安全事故，只是受到了惊吓和皮外伤。将人从坑下紧急救援上来后，由班里的拖拉机将伤者送到徐家湾的红旗机械厂（西安航空发动机制造公司）职工医院进行检查，值班大夫检查，询问了伤者身体有哪个地方不舒服，受伤的施工人员说感觉肋骨有点疼，大夫只是简单给开点药，安排第二天进行详细检查。大家干得热火朝天，我身为施工班副班长岂能打退堂鼓，咬紧牙关硬是坚持着。这件事发生后，我全然不顾自己的身体状况了，赶快安排人员进行作业平台重新搭设，并将每个立杆节点重新进行绑扎，并安排技术员进行基础相关尺寸校正，重新进行基础立柱断面顶撑加固，不能再出现问题了。一切进行完后，我将大家集中起来给大家强调安全质量的注意事项，并强调了夜晚施工应该注意的方方面面，紧张的施工又开始了，我上上下下、方方面面进行着检查，不漏过一个细小环节。

第二天早上 8 点 30 分，终于完成了最后一盘混凝土的浇灌，我们要快速地进行地脚螺栓的尺寸找正和基础根开的检验工作，一切进行完后，还要用塑料薄膜进行覆盖，在基坑下面生火防止混凝土受冻。

大部分民工脊背上的棉袄都湿透了，可以看到有的还冒着热气，等所有的工作干完，塑料薄膜将基础彻底覆盖好，我病倒了，班里师傅用拖拉机把我又拉到徐家湾的红旗机械厂（西安航空发动机制造公司）职工医院，经医生诊断检查，我得的是伤寒引起的重感冒，在医院住了三天院，打了三天点滴进行调理，病情得到控制就回到施工班驻地了。

## （四）

记得 1989 年，我们施工的贵州省遵义地区 110 千伏桐太线路，是我国西南电气化铁路的配套送电工程，地处贵州与重庆交界，红军长征时著名的娄山关战役就在施工区域内，可谓是山高路陡，险象环生。我们施工的线路就在高山大岭间穿过，施工班驻地就在当地有名的"七十二拐"盘山公路的山上，周围只有三户人家。当地政府在群众的多次呼吁中出了一部分资金，善良的村民自筹一部分资金，在当地电力局的大力支持下终于通电了，因为是用 220 伏低压电从山脚下通到山上，距离过远，电压到了我们的驻地已经很低了，灯泡只能看到里面的红丝，起不到任何作用。我们晚上有时看书或打扑克牌什么的，没有办法只能点蜡烛进行照明，当地人家也基本上都没有电视机，村长家里有台黑白 17 寸电视机，也只能是摆设。山里的景色十分迷人，但是这里是荒蛮之地，在这里的百姓住得相当简陋。西南山区村民依靠山区大量树木的资源，全部都是特有的木板房，工艺很不错，门头上雕着精致的图案，房顶不是过去老百姓住平房的红瓦、灰瓦，而是当地不规则的薄石板，四面透风，太阳光可透过屋顶照进来；隔着木板墙就是猪舍，伴着猪的哼哼声休息，原本美好大自然清新的空气、天然的氧吧，混着猪圈的气味整日飘进我们的鼻腔。我们的生活用品、粮食、蔬菜全部要靠当地人从山下用背篓背进来，工程信息、报纸杂志、家里的信件也一同相互传递，需要什么工器具和工程材料就是靠这种每周两次的定点传递。我每个月下山参加一次月度施工生产例会，职工和农民工自上山后，一直到工程结束，四个多月才下山。出山要走很陡的山间小道，困难的地方要用手抓住树根上下。下山需要两小时多一点，上山则需要3个半小时，每星期二定点在山下等候，如果山上下大雨，便无法派人下山取生活物品，山下管后勤的师傅等半个小时还未看到我们派人下山，这次的"约定"就告结束，只能等到下次，这几天我们就没有蔬菜可吃，只能在山上吃土豆和当地一种半人高的"人和牲畜同吃的绿色青菜"。

我们的生活要比当地人好得多，当时国家正处于由计划经济向市场经济的转型期，尽管粮票还在流通，起码我们工人的基本生活食品——米、面、油、副食已经放开。但是在当地则完全不同，贵州有句谚语："天无三日晴、地无三尺平"，当地的地表大多是裸露的灰质岩石，老百姓基本上就是在宽一点的石头缝隙间和地面稍微有土的地方点种玉米和土豆，他们的主食就是玉米饭和土豆，学生放学回家从锅里盛出一碗水煮土豆，蘸着他们当地特有的蘸料，家里条件好一点的给蘸料中加一点味精、热油就算是奢侈品了，上学的时候每个小孩再给书包里放几个土豆充饥，下午家里会做上一顿把玉米磨成像米粒大小的玉米棒子"干饭"，这就是当地人一般家庭每日的食谱。逢年过节或是家里来客人才能吃上玉米拌大米的"干饭"，而且玉米棒子的比重占主要成分，就相当于我们现在的"粗细"搭配；菜是当地腌制的酸菜和开水煮菜两种。我们每次吃饭时，当地这三户人家的七八个小孩就围着看，起先，我心里感觉很别扭，他们的眼光带着祈求，就给他们个大白热馒头、盛碗米饭，炒肉菜时给他们打上半碗，但是，时间长了，就好像成了理所当然的，如果哪一次我们的菜不多时就产生了矛盾，处处找我们的事。有一次，我们班上的年轻人喝酒过量了，和房东发生了矛盾，青年员工李根说："我们不是救世主，我们也不是民政局，我们也是上有老、下有小、远离家乡、远离亲人，到你们贵州这样偏僻的地方进行国家重点工程建设……"我听着很伤感，但无能为力。

我们施工的工器具和工程材料全部不能走我们生活供给线的道路，因为路太陡，几个人一同联合抬运大件材料根本就无法行走，要走另外运距相当远，但便于人力运输的山间古蜀小路。我们施工的工程材料混凝土杆子是 6 米和 9 米两种，运输到位后要进行排焊，形成高度不等的 18 米、21 米和 24 米长。一根混凝土杆子从卸货点运到我们最远的基位，需要凌晨一点从我们的驻地打着手电出发，到达卸货点进行捆绑，一根 9 米长的杆子需要 12 人抬，乘着夜色，两人相互肩臂相搭，每个人手里再挂着一根木棍，哼着西南山区当地特有的民间小调，给寂静山区中熟睡的山民增添几分音乐，一步一步朝着我们施工的基位迈进，虽然，山里的古蜀道高低不平，但是当地村民为我们工程建设运输材料物资，他们的步伐是那么坚定，每迈出的一步既平稳又安全，最远的基位要中午十一二点才能运输到达。

　　我们工程其他材料也要运输到同混凝土杆子一样的位置，当地老百姓没有什么经济收入，主要靠好一点的地种植烟叶，所以当地人家家都有一个烟叶烤房，以增加家里的经济收入。每次工程材料一来，当地老百姓就要进行"抢占"，然后发动全家老少一起进行运输，我们安排两位同志进行过称和计数，否则，没有办法给当地百姓计算工钱，另外也防工程材料丢失。记得有一家姓陈的人家，家里四口人，当家男人32岁、妻子29岁、儿子10岁、女儿8岁，全部参与运输，男人每次背运180多斤，妻子背运100多斤，他们的儿子背运20多斤，小女儿也背运近10斤，他们每次一样要走五六公里的山路。有一次我看到姓陈的男同志可能是过于劳累，背运的铁件过重，他直接摔倒了，后来一连休息了一个星期，多天没有看到他，他爱人说他腰有伤在家里休息。

　　我们班的施工任务全部是预应力混凝土双杆，所有的材料运输到位后，我们要根据每基杆位地形情况进行规划，决定到底采用什么方式进行混凝土杆子的起立，按照现在的说法就叫作单基策划。由于线路处于深山大岭之中，施工条件和地形很复杂，每基杆位杆子的起立方式都不同，我们在老师傅的带领下，根据地形确定杆子排放位置，进行排杆工作，要将混凝土杆子按照起立方案排放直，然后再焊接起来，最后进行混凝土杆子铁件的组装，使混凝土杆子根据每基地形不同，组装成单杆或是双杆，我们则根据地形的不同采取单搬、单吊和整体立杆的施工工艺方法，顺利地完成了27基杆位立杆任务。

　　终于到架线的时候了，这时候每天的天气云雾缭绕，当地有一种香烟的牌子叫"云雾山"，我们的职工就是抽着"云雾山"牌香烟，欣赏着当地特有的云海景色，那风景如同人间仙境般喜人。那个年代虽然有了张力放线施工技术，但是，公司只有一套从意大利进口的张力架线设备，张力放线设备用在广东省 500 千伏天广线路上。另外，即便是能采用张力架线，当地的运输条件也无法将设备运上去，除非另外修筑道路，那工程量相当大，在当时是不可能进行的，因为当时国家电力线路工程建设概算显然没有这个方面的资金。导线我们就用加工的"线盘支架"将线盘上 2500 多米的导线全部用人工一米一米地转动拉出来在山下地面摆放好，一圈一圈顺着导线自身的"劲"排列绑扎好，需要用几十人按照个子高低站好队同时起落，在崎岖的山路就像一条银色的长龙，运输到杆位山顶上分两边展放，好容易将导地线用人力放通。但是，贵州的天气很怪，一阵一阵的大雾影响无法进行紧线作业，我们必须每天在工地等候，等待云开雾散时抓紧时间紧线，遇到大雾天气一档线要紧好几天。那个时候，我是施工班长，又要兼管技术工作（施工班技术员到浙江温州 110 千伏工地了），紧线要用经纬仪观测导线弛度（就是导地线的松紧弧度，按照山区导地线弛度观测技术，一般要选择在档距大的山上），仪器在山上一架就是一天，我就和仪器相伴一天。当时通信手段比较落后，传递信号靠的是口哨、旗语，虽然哨声清脆，但是在大山里显得那么脆弱无力，一整天连个说话的人都没有，只能等到中午送饭的来了寒暄几句，同时利用纸条传递信息进行下一步的工作调整安排。我们采取雾天先把地线进行抽起腾空，然后再将导线归位到地线的通道，线路上多安排人员看护，以防止导线被山上裸露的岩石和树枝刮伤导线，用机动绞磨慢速将导线一点一点抽起来。有的时候机动绞磨坏了，又没有足够的配件进行现场修理，就要换成人推绞磨进行作业，每八个人一组，一般要准备二个组，围着磨芯推着磨杆转圈，就像农村磨面，驴围着磨盘转圈一样，周而复始地转圈，尽管此方法很古老落后，但是，在那个年代尤其是大山区很实用，否则，一耽误就是几天的时间。我们就是利用风和云雾的间隙，进行紧线作业和导地线弛度调整，五个多月的施工终于完成了我们班的所有施工任务，这个时候再看，经过我们几个月的辛勤努力，银线飞架于高山峻岭之间，给原本美丽的大自然又增添了一道靓丽的光彩。尤其是天气晴朗时，经过太阳光的照射，银线格外明亮，我们的付出是值得的，经过验收、消缺，工程终于竣工了。我们班里的几个年轻人兴高采烈，晚上班里庆功喝的是当地人酿制的"苞谷烧"酒，吃着当地人用土豆片晒干再用油炸的相当于城市年轻人吃的"虾片"，有的年轻人调侃地说，这虾片没有"发"起来，尽管这样，大家还是喝得很高兴。走在山上的古蜀道上，背着个人的行李，虽然需要三个多小时，但是大家的心情是高兴的，古蜀道两边零星地住着为我们工程建设作出贡献的村民，也为我们送行道别，我作为施工班负责人，面对着送我们的当地老乡忍不住流下了泪。

## （五）

2003 年，我们送电第一工程处施工的四川省西昌地区 110 千伏磨锦线路工程，地处四川省西昌市冕宁县磨房沟村，该工程是为雅砻江梯级水电站开发项目配套项目的电源工程，由中铁十一局打隧道施工，110 千伏磨锦线路工程要翻越崇山峻岭从磨房沟变电站的 2035 米海拔，一路爬升翻越 4340.82 米高山到海拔 2476.46 米锦屏一级水电站变电站。该工程走径可以说是荒无人烟的原始地带：海拔 3600 米以下森林茂盛，树木自生自灭，有的树木自然倒地腐朽，满身青苔和绿毛，已看不出树木的生长年代，有的树木直径高达 2 米以上，我们单位施工人员 3 个人手拉手抱不住；海拔 3600 米以上，植被渐渐稀疏，生命力极强的植物还在顽强地自然生长；再往上到海拔 4000 多米处，什么树种也没有了，只有零星的贴覆在地面的小灌木，让人感觉到无比凄凉。

　　由于该工程地处高海拔地区，很多年轻人的身体反应很大，不适应高海拔氧气稀薄的环境，单位在全公司范围内发出了倡议书，响应的年轻人不在少数，但是真正能适应环境的只是少数人。我们在山下雅砻江边设立了工程项目部，公司总部按照职业健康要求给项目部配备了专职大夫，跟踪和管理施工人员的身体健康状况。

　　工程刚开始时，由于项目部对地形不是很熟悉，我们征用当地的马匹进行工程材料运输。四川的马匹不大，每匹马每次可以驮运 150～200 公斤。当地人先后组织了 100 多匹马给工程运输材料，他们每天清晨天刚亮就开始由海拔 2201.35 米的料场运输到 4308.65 米海拔的"手爬梁"，大概距离七八公里，把材料运输到位，简短地休息一下，吃点彝族人自己做的粑粑，喝点自带的水，同时也要给马匹喂点饲料，然后就要下山，否则就要到夜晚九十点才能够回到宿营地。自古就有上山容易下山难的说法，运输几天后，有的马匹脊背上磨破了很大的皮，可以直接看到鲜红的肉，很是可怜。但是面对这么高的山，实在是没有什么好的办法。马匹的主人每天早上要给它的背筐里装料，马匹虽说是动物，但是也很聪明、有灵性，就是不往材料堆去，马匹主人只能硬拉，但是也有倔强的马匹，主人怎么拉也不过去，就只能用鞭子抽打。我在工地看到了马匹运输的整个过程，从内心里有说不出的滋味，当我看到主人抽打马匹时，尤其是鞭子抽打到马匹脊背磨破皮的地方，内心的滋味是雪上加霜，我的心也在随着主人的皮鞭声颤抖。马匹运输到3700米海拔左右的时候，运输小道特别陡，每次到这里它们就不愿意往上走，都是主人用鞭子抽打马匹，往上推着走。下山时头马走在前面，后面跟着一串马匹，完全不用主人领路，这时我真正看到了什么叫"老马识途"。

由于运输道路恶劣，运输道路太陡，运输工效低，马队由刚开始的100多匹，到后来只有几十匹了，不能满足材料运输要求。另外，当地马队不断地给我们提各种各样的条件，项目部决定采用搭设索道的办法来解决工程建设材料运输问题。项目部安排项目总工带领技术人员进行索道走径的勘察工作，由于森林太茂盛，没有卫星定位设备，勘察人员在山上辨不清方向，两天没有任何消息，急得项目经理团团转，如果再没有消息，就准备向当地公安局报案，向当地政府求援。但是在第三天下午5点多，我们的项目总工和技术人员出山了，地点整整偏离了我们施工地点10多公里。据当地放牛的彝族老百姓说，看到你们的人感觉就像"野人"一样，衣衫满身破损，头发乱得像麻还沾着树叶和草，他们精神恍惚，虚脱地站立不稳。

项目部材料站在海拔2321.23米处一个废弃的场地，该场地原来是当地政府修建小型水电站（装机2.5万千瓦）的材料堆放场，场地不大，只有几间破旧的房子，我们项目部进行了收拾整理，放置工程材料。材料站旁边有一个天然的出水洞口，是直径大概有1.2米的不规则洞口，但是常年流水不息，水质清透，当地人说这就是泉水，比你们城市卖的矿泉水都好，从他们懂事再向前翻几辈人就是这样长流不断。据当地人说，国家地质勘测队沿着出水洞径直往上寻找水源进行化验，最后在2000多公里以外5000多米高海拔的青海高原有一处水源的水质和出水洞的水质（矿物质含量）相吻合，我心里很是纳闷，大自然赋予了人类很神奇的自然景象。

　　按照业主指挥部安排，我们同业主建设单位、设计单位一行6人早上7点从雅砻江边的指挥部坐车出发，8点以前到达材料场准备上山。山里早晨8点空气静谧，阳光透过茂密的山林，显得不是那么阴森，偶尔山林中传出鸟的叫声，会打破寂静，也会增添和谐的音符。但是材料场现场显得十分嘈杂，伴随着马匹的嘶叫声、马匹主人的皮鞭声和主人的叫骂声，我们一行和运输马队踏着崎岖不平的运输小道一同前行。项目部给我们每个人安排了一匹小马，我们骑着小马前进，起先我感觉很不舒服，由于原本就没有路，硬是当地人靠着熟悉地形绕来绕去顺着山沟和山梁踏出来的路，高低不平，很是颠簸，加之心里有点胆怯，鼻子里闻着沿路到处都是的马匹粪便混着的气味直发恶心。后来我坚决要求自己下来走，但是一路上山，我的体力有限，跟不上队伍，大家都要等我一个人，我感觉到这种行为影响了整个集体行动，还是硬坚持继续骑马前行。在马匹主人的指点下，这次我有点经验了，随着小马上山走路的步调和节奏起伏，感觉好多了，慢慢地和大家有说有笑，也可以静下来听马匹主人唱的当地少数民族的民族小调。一路上风光秀美，几乎看不到太阳，虽说是白天，但是在大森林里还是光线不好，显得阴森，好在马匹主人的歌声给我们上山静谧的环境增添了平衡。真正考验我们的是到了海拔3600米时，森林渐渐开始变得不茂密了，这时候也可以渐渐看到阳光，但是，路况变得愈加复杂了，山势开始越来越陡了，马匹也开始嘶叫，这是向我们进行"示威""反抗"，马匹主人说，现在路陡了要我们下来自己走，否则，我们就可能摔下马。一般走到这里就开始吃饭喝水、补充食物，我们找到一块相对较平的地方席地而坐，相互交换着带的食物，当地马匹主人（彝族人）身披袈裟，喝着自带的小酒解解乏气。客观地说，这些人很辛苦，整日重复着同样的劳动，他们娱乐的方式就是唱着自己民族特有的歌曲。彝族人、藏族人个个嗓音特别，歌声委婉动听，将自己民族的个性通过歌声展现得特别细腻。

大概休息了半个小时，我们开始进行艰难的登山，如果在城市进行登山，大家你追我赶还充满了乐趣，但是，在海拔3600米以上再继续往上攀登，尤其是氧气开始越来越稀少的情况下是件很艰难的事。但是我们经过了休息还补充了食物，感觉还不错，我在路边找了一根当地人砍材丢弃的树枝当拐杖，大步流星向上攀登，中间我们也休息了几次，这样，一直保持着较好的体力向上攀爬。在下午3点左右，我们到了施工队驻地"手爬梁"。到了"手爬梁"上感觉到自己的体力还可以，大有一览众山小的感觉。我们施工队的驻地是在一个较低的洼洼里，一排搭设了六顶帐篷，其中一顶帐篷是厨房，一顶是工具房，其余四顶是施工人员的帐篷，里面是大通铺。每顶帐篷大概是20平方米，住七十个人。山上风特别大，听施工队员说有一次风特别大，夜晚10点到11点的样子，大风将一顶帐篷直接刮跑了，连厨房的高压锅没有收到帐篷内都被大风吹跑了，所以，山上的帐篷全部用双股8号铁丝打拉线进行固定。晚上休息睡觉，第二天早上被子上面是一层细沙粒灰尘。

施工队晚饭没有固定时间，一般是什么时候施工人员回来，什么时候开始吃饭，施工人员大多都是天黑以后才回到驻地。我们感觉大概还有两三个小时，就慢慢地适应一下，在山上欣赏欣赏大自然的景色。远远看到一个三脚架，我问了厨师，他说那是一处军事观测坐标，打算前去看看，看着地势较为平缓，高差不是特别大。

但是，我走着走着腿就不听使唤了，这时候我明显感觉到体力不支，虽然高差只有 200 米左右，但是，每走几十米就想在路边稍微高出地面的石头上坐下休息，最后感觉到自己的头部发昏，感觉脑袋就像被什么东西箍住了，同行的几个人也同样有这种感觉，眼看就要到跟前了，最后还是失望地往回返，这恐怕也是我比较遗憾的事情之一吧，同时也感受到什么叫举步维艰。

天快黑时山上的人们一一都回来了，我们紧握双手相互问候着，感觉到很亲切。我说快快洗洗先吃饭吧，吃完饭我们座谈座谈。真正感觉难受的是晚饭开始吃饭时，我没有一点胃口，厨师用高压锅蒸的米饭，炒得蒜苗回锅肉和酸辣白菜，因为山上气压低、条件艰苦，米饭虽然是用高压锅蒸的，但是也只有八成熟，吃到嘴里硬得就感觉到还没有蒸熟，吃了几口就不想吃了。头越来越难受，干脆早早躺下休息了。大家吃完饭过来看我，围着说话很是高兴，说我是高原反应了，不要紧的，休息休息就会好点。我说，大家辛苦了，又让小薛从我的包里拿出我从山下带来的报纸和书刊，分给大家学习，并说你们早点休息吧。尽管这样还是难受，开始呕吐了，呕吐后肚子也开始闹"意见"了，赶快又往山上的简易厕所跑——开始拉肚子了。客观地说，不是拉而是"直泄"，那个狼狈相，好在没有外人看到。这样来回折腾了几次，施工队长给我拿了点药吃了，虽然能好一点，但是不舒服的感觉加上头昏（紧箍）一直折磨着我。到了半夜一两点，肚子还是不舒服，又要起来去厕所，这时候真是没有力气了，连坐起来穿外衣的力气都没有了，但是，硬撑也要起床，总不能"拉到床上吧"。我缓步向门外厕所走去，手上拿着电筒照明。帐篷离厕所大概有 50 米的距离，我硬是坚持走了几分钟，真正蹲下时又拉不出来，很是不舒服。这时我抬头向天上看，满天繁星，是我这一生从没有见到的。以前上小学、中学时夜色好的情况下看天上星星感觉也没有这么多，眼前的景象真是太神妙了，这难道就是各国科学家不断探索的宇宙吗？

原本是到山上了解施工人员的生活情况、身体情况，以及工程施工方面还存在什么问题，需要我们项目部怎么支持，后勤供应还存在什么问题。现在看来，年轻人能坚持在山上这么艰苦的条件下工作已经很不容易了，这时候从我心底感受，作为山下的项目部，一定要从方方面面满足前方的需要，尽可能从生活上多满足和改善山上施工人员的条件，同时一定要加大宣传力度，真实地将一线工人的风采及时进行宣传报道，要让每一名参加施工的年轻人有成就感。

索道搭设成功后，施工材料和工程施工工器具经过搭设的三级索道运输到山上，山上的所有生活用品通过三级索道从山下运输到4205.28 米终点站，然后再用马匹运输到施工队驻地，项目部给山上施工人员配备了方便面、火腿肠、医药等，但是如果每天吃这些食物大家也会厌倦。第二天早上，施工人员起床洗漱吃完早餐后，原本就要到塔位进行施工了，但是我们上来一次不容易，如果我的身体不受影响的话，应该在昨天晚上召集大家开个会，鼓舞一下大家的士气，讲一讲公司的形势、建设单位要求和我们的工程质量、安全注意事项、施工计划等，再了解一下工程和生活方面还存在什么问题，家里还有什么困难，与大家沟通交流。现在不行了只能耽误一下工作时间开个短会，时间很短只有 1 个小时左右，我把公司的形势和业主的施工计划讲给大家，也给大家简单地讲了国际形势和国内形势，然后又强调了施工安全和质量方面应该注意的问题，重点强调了基坑开挖爆破物品的使用和管理问题，讲解了如何正确打炮眼、装药、点炮、监炮、处理哑炮等，最后询问大家还有什么问题，生活中存在什么困难，大家说工程再难我们也要干完，不给陕送丢脸，不给一处丢人。我听完发自内心由衷地感觉到我们的施工人员也是"最可爱的人"，虽然，以前小学课文中学过的《谁是最可爱的人》中，我们抗美援朝的解放军战士很可爱，但是眼前的弟兄们同样可爱令我感动。

山上的青年人已经待了2个月了，他们提出了三个要求：一是要求下山洗个澡；二是每星期用卫星电话给家里打电话，他们有的想关心一下老人身体状况；家里媳妇生活、孩子学习情况，有的想与女朋友进行联系沟通，不然几个月不联系女朋友就吹了；三是山上的发电机经常坏，青年人想干完活后晚上看看录像、看看书就没有办法了。当时项目部制定的制度是卫星电话只能用于工程建设，除非家里有什么重大事情，但是，我听到工人的要求后，毫不犹豫就答应了，每位同志每周可以给家里联系一次，每次不要超过5分钟（当时的卫星电话是24元每分钟）；每月下山洗澡一次。大家高兴得蹦了起来。

## （六）

2004年施工的750千伏西北官兰试验示范工程，我担任Ⅰ标段项目经理，工程地处青海和甘肃两省交界处，地质是典型的西北湿陷性黄土，该工程基本上沿黄河流径走线，70%属高山大岭地形，我们的项目部设在甘肃永靖县刘家峡水电站旁边山上的卧龙山庄内，可谓是环境优雅，站在项目部可看见黄河急转弯和刘家峡水库大坝，可以清楚地看到洮河浑浊的黄泥水流入清澈的黄河中。由于洮河水的体量小，不足以对刘家峡水库120亿立方米黄河水质改变，

我与陕送共成长

但仍能看到入口处"泾渭分明"。刘家峡水电站的大坝将清澈的黄河水拦腰截住，有了高峡出平湖的景色，游人在湖面开着游艇非常惬意，我们在山上的项目部是一览无余，尤其是青年人结伴游玩亲热的样子，荡起了我们项目部年轻人对往事的回忆。

由于我们项目部在刘家峡水电站旁，我们利用工歇期间参观了水电站，当时刘家峡水电站设计装机容量是 120 万千瓦，在亚洲排名第一，世界第四。我们在观看刘家峡水电站的建设图片展中，看到了好多党和国家领导人视察的照片。水电站大坝是建设者用当时的独轮小推车一车一车混凝土浇灌出来的，足以看出当时生产力低下，以及我们国家水电建设参与者的辛勤付出。

750 千伏工程当时是国内最高的电压等级，是我们电力施工人员首次建设，没有建设经验可以借鉴。该工程全部走径在少数民族地区，有撒拉族、土族、东乡族、回族、羌族和蒙古族等。我们的材料站就设在山上甘肃临夏州永靖县王台镇的国家粮库内，如果遇到"赶集"，镇上的街道内充满了"膻气"，尽管这样，商家在街道上搭设着各种颜色的棚子，当地人将又小又窄的街道挤得是严严实实，小商小贩的叫卖声络绎不绝，饭店伙计用秦腔语系说："吃啥，羊肚、羊杂、牛肉拉面，二位里面坐……"这也是伊斯兰民族特有的热闹场面。

我们每次到工地检查就要经过王台镇，有时候镇上堵得过不去了，就将车停在镇外徒步走过去。当地老百姓一大早从很远的地方牵着自己精心饲养的牲畜——牛、羊、马、骡子、驴等，来到牲畜交易市场，大家会从牲畜的毛润、色亮、体壮、膘厚等方面进行品头论足。如果哪个买家看上了某头牲畜，就开始讨价还价，虽然，当地的经济不发达，还处于比较落后的状态，但是，他们的交易习惯还是比较文明，买卖双方不直接进行口头上谈价还价、争得脸红脖子粗，而是用少数民族的背搭（粗布大长巾）将买卖双方的手盖住，双方采用手语进行价格交易，如果价格差距不大，经过几个回合的拉锯战，基本上就成交了。交易成功的人牵着买到的"战利品"往回走，再拿着钱到熙攘的人群里购买家里必需品。年轻小伙子给自己心爱的媳妇买件新衣服、擦脸油，再扯上几尺红色或者绿色的花布回去做衣服，在小吃摊上吃点"美味佳肴"换换胃口，然后乐滋滋地回去。

虽然社会已经进入到了21世纪，但是，当地的经济落后状况可以从当地百姓的房屋和穿着打扮上看出来，如果是年轻的夫妻来赶集，情形很特别，年轻媳妇身穿大红大绿的衣服，头上盖着方巾，脚穿着自己一针一线做的大红大绿色的布鞋，骑在马、骡子、毛驴的背上，小伙子牵着走在山间的便道上，年轻媳妇娇美的身段随着马、骡子、毛驴的上下颠动，更显得身材娇美，后面轻轻荡起牲口蹄子扬起的黄土粉尘。有时还能听到小伙子唱起当地小调，可以感觉到他（她）们的生活还是很美满很幸福、和谐的！

有一次，业主单位早上到项目部进行例行工程档案管理资料检查，吃完午饭，我和项目部安全专责到工地进行安全检查，到达工地已是中午2点多钟了。当天是烈日当头，山上和便道没有一棵树，连个休息的地方都没有，原本是例行检查，没有多大问题还要下山再上山到另外正在施工的塔位铁塔安装现场进行检查。但是，到了工地发现施工现场在进行铁塔组装悬浮抱杆提升施工，现场存在严重的违章作业，没有完全按照施工技术方案进行，抱杆提升过程中只使用了一道腰环（按照施工技术方案应该使用两道腰环）。而且，现场指挥人员也未使用红白旗和口哨进行指挥，看守抱杆拉线的

A、D 号拉线人员还不通视。面对此情况我命令进行停工，让塔上的施工人员全部下来开了一个现场会，给施工人员讲解了内悬浮抱杆安装铁塔施工腰环的作用、现场存在的安全风险和控制措施，使大家从内心认识到安全工作的重要性。同时，现场对施工负责人进行了批评，安全工作来不得半点马虎，将现场又重新进行了安排，并重点强调了安全注意事项。在强烈的阳光下开完现场安全教育课，讲得我已是口干舌燥，所拿的一瓶水早已进了肚子，但丝毫没有缓解体内缺水现象。下午 4 点半钟左右，我和安全专责开始下山，走了大约有 30 分钟才走到半山上，口干得简直不行，感觉在冒火，连说话的力气都没有，张开口腔都困难，口腔里的唾液像胶一样在上下嘴唇相互粘连，腿也迈不开了，这是典型的体内脱水表现。这时，半山腰不远处有一户人家，真是雪中送炭、天无绝人之路啊，这时候我们也不知道从哪来的力气，三步并作两步快步走到农户人家，有一位接近 70 岁的老大娘在门道里做鞋，大娘见到我们头戴安全帽，汗流浃背的狼狈样，让我们坐下歇歇，我们连忙说大娘能给我们口水喝吗？大娘说可以，起身到屋里给我们倒水，又说你们这么热的天也不休息，山上很热的，并让我们到她屋里坐，说屋里凉快。我和安全专责跟着大娘进屋里坐下，大娘给我们从暖水瓶里倒水，我们也顾不上了烫了，轻轻喝了一口，把嘴烫得就问大娘要凉水喝，大娘说凉水会闹肚子的，但是，我们已经顾不了这么多了。看到我们执意要喝凉水，大娘就到厨房里用瓢端来了一瓢水，我们两个人愣是一瓢水不够喝，大娘又端来了一瓢，也顾不上水里有一股泥腥味，我们又都喝了，这才解了我们的渴，就好像浑身有了血液，重新开始流通一般。甘肃省是西北经济最落后的省份，在全国排名应该也在倒数几位，当地政府在广大农村推广了

"三个一工程"。起先不知道"三个一工程"具体内容是什么，后来到了750千伏工地和当地政府的工作人员聊了才知道，当地政府人员说是"农户每家养一头牛、建一个水窖、修建一个打谷场"。大娘给我们喝的就是窖水，也就是下雨天经过每家的打谷场将水自然流到地窖里存起来，供全家人日常吃喝的生活用水。

这时，我才注意观察大娘家里的物件和摆设，同时也和大娘拉家常。大娘家里一共有四个儿女，大儿子前几年在当地建设小水电站时，放炮出了安全事故死了，留下了儿媳妇和两个小孩；两个姑娘先后出嫁了，大姑娘嫁到山脚下一户人家；二姑娘嫁到邻村山上一户人家；大娘现在跟着小儿子住，有一个孙子和一个孙女，儿媳妇和儿子给我们750千伏工程用三马子（当地将单缸柴油三轮车称为三马子）运输塔材，孙子放羊去了。这个时候我才留意大娘整个家的"家当"，可以毫不夸张地说，她们整个家没有一件像样的物件。家里面一共有三间房，大娘和孙子、孙女住一间，儿子和儿媳住一间，另外一间是羊圈和堆放着农用杂具，炕上铺的是已经用了很长时间没有弹性的粘片（棉絮），但是，床被叠得很整齐。家里有几个小凳子，凳子面油光发亮；有两个很古老的箱子，装着他们全家人的衣服；进门直对着有一个板柜，是用来盛粮食的，板柜上面还供着祖先仙台；墙面上张贴着伟大领袖毛主席像，虽然画已经很旧了，上面还落了灰尘，但是，毛主席的画像显得十分和蔼可亲、神采奕奕、炯炯有神；主席像旁边有一个镜框，里面有他们全家的照片，有黑白、有彩照，倒也显得一家人其乐融融。这时我又注意到了大娘给我们倒水的暖水瓶，一个是竹皮的，一个是铁皮的，上面还能看到"工业学大庆""农业学大寨"的字，下部已经生锈不是一天两天了；给我们喝水的缸子，上面还印有工农兵手捧红宝书，三面红旗显得也很破旧；在床（炕）上的墙面上张贴着年年有鱼的可爱的小朋友宣传画，给家里增添了几分喜庆。正在拉家常时，大娘的孙女回来了，是到山沟割草去了，看着她小小年龄背着沉重的草已经开始承担家务，我不由得从内心感到酸楚。小女孩进门将草放下后，也是先喝水，看着小女孩被阳光晒得通红的脸颊，就像张艺谋的电影《一个都不能少》里的魏敏芝一样，汗水夹杂着灰尘在脸上涂抹者，能感到女孩还是很质朴的。我就问女孩今年多大了，上几年级？小女孩还很羞怯，还是她奶奶说话了，孙女今年13岁了，上小学五年级。我说要好好上学，唯有知识改变命运，知识可以改变人生。大娘说，哎！不准备让孙女再上学了。我说为什么呢？大娘说女孩总是要嫁人的，家里有几个男孩都要上学，学费太贵了。我说不是孙子和孙女两个子女吗？大娘说还有大儿子的两个男孩，所以说不准备让孙女上学了。这种情况下，孙女是拗不过家里大人的，她只是日复一日重复着家里的农活，不知道家里大人真实想法是把她养大嫁出去，收一定的彩礼再给哥哥娶亲。听到这，我的心很沉重，在城市谁家都有儿女，基本上没有谁家孩子不上学的，难道就是因为他们生活在大山里就应该辍学吗？这时，我用坚定的眼光问小女孩，你愿意上学吗？她肯定地点点头，我说你把你的书和作业本让我看看，我接过女孩递给我的书和作业本，看到了小女孩娟秀的字体和作文，作文题目"我家的羊生病了"，我认真地阅读了一遍，文中将羊的内心和人的内心世界刻画地如此细腻，羊饿的时候和找不到"羊妈妈"的时候才会发出叫声，羊生病了的情感描述细腻，可以看出小女孩在长期的生活中积淀下来的善于观察自然界（动物）现象、认真观察动物内心世界的品质，同时，从小女孩的文笔中也看到了对大自然的描述，她对生活的向往令我心久久不能平静。我问小女孩她们开学要交多少钱？小女孩说书本费、学杂费一共 176 元，我说你 9 月份就要上小学五年级了，你的学费我给你交了，你要认真学习，又给她讲了很多道理，我从女孩坚毅的眼神中，看到了一颗希望之星。临走时，我把 200 元钱交到女孩的手里，她不敢接，转眼看着她奶奶，我说你拿着吧，她奶奶说怎么能让你给我孙女出学费呢？我说没有关系，是我的一点心意，最后我硬是将 200 元钱塞在女孩手里，女孩在奶奶默许的眼神里鼓足勇气接过我给她的钱，深深给我鞠了一躬。我把女孩身体扶起，并用坚定的口气说，我相信你会努力的。客观地说我没有多么伟大的行为，我只是在做一个常人都会做的事情。我们离开大娘家时已经快 6 点了，原本打算到另外塔位进行检查，只能安排到明天了。我们走出了很远，回头看小女孩还立靠在门洞边……我们的工程在 9 月下旬就结束了，我很想再次见到她，不知道女孩现在什么状况。

回到项目部后，我的内心久久不能平静，在项目部开会时，我把在大娘家的事情说了，并说出了我的想法，决定要让更多山里的小孩上学，我们项目部给线路所过的大娘家的那个村捐献 10000 元，并且带领项目部相关管理人员和办公室主任一同到兰州市图书大厦购买了学习用具和书，苏联作家奥斯特洛夫斯基写的《钢铁是怎样炼成的》中保尔·柯察金的形象一直在脑海里出现……9 月份学校开学后，项目部的几位同志一同到青海和甘肃交界的半山腰小学给学校捐赠了书和学习用具，校长为此还专门举行了一个简单的捐书仪式，书本上盖有我们项目部的公章，如果学校保存好的话，现在还会存有项目部给学校捐的书籍。在仪式上，校长和我分别讲了话，看到学生们质朴的红脸蛋和充满对知识渴望的眼神，对美好生活的期盼，我感动地强忍着眼眶的泪水。

（七）

2012年按照公司主管领导安排，我到公司施工的1000千伏特高压淮上送电线路工程进行检查工作，该工程采用双回路钢管塔设计，地处安徽合肥市郊长丰县地区，地形平坦，几乎全部是稻田地，加之南方雨季较多，运输道路湿滑、泥泞，运输车辆无法到达塔位进行混凝土浇灌施工。项目部根据安徽平原的地理特点，考虑基础施工机械设备、商品混凝土运输中存在的问题，借鉴高铁施工地质勘探的经验，采购了大量的钢板进行运输道路铺设，完全解决了运输问题。在基础施工中，大多数基础采用群桩式基础设计型式，每基基础混凝土量平均在200立方米左右。钢管塔安装施工采用塔式平臂起重机进行，为公司第一次使用该工艺，为此项目部专门成立了专业化班组进行培训，提高该施工工艺的适用性，施工人员从起先不适应、不掌握、不习惯，到后来逐渐掌握其要点，既安全，工效又高，施工人员劳动强度也大大降低了。

项目部在张力架线施工中，采用"一牵8"的施工工艺技术（采用德国进口的大型牵引机一次将每相8根截面630平方毫米导线同步展放），张力场场面很庞大，导线线盘呈扇形布置，相互之间不能影响，既要考虑导线进入张力轮槽的夹角满足《1000千伏特高压线路导线张力展放导则》要求，还要相互之间不发生摩擦，保证正常换盘不发生相互影响，这样才能保证张力展放安全顺利进行。为了加快导线换盘速度，提高换盘工作效率，导线支架后面配备了两台25吨的大吊车，配合张力放线换盘工作，这样两台吊车互不影响，大大节省了导线换盘、压接时间，提高了张力放线的速度。

现场扩音喇叭中传出指挥人员"沿线路各旗号请注意，现在开始进行张力放线工作，张牵机准备，大张开机，大牵准备"，牵张机操作手"大张已开，大牵准备完毕"，指挥人员下令"大牵开机"，此时，牵引机机手缓缓操作机械手柄加油，施工现场张牵机器的轰鸣声，带动着盘线机、线盘的转动，每个张牵系统忙而不乱，有序地进行着各自的工作，现场一根牵引绳连着一个专用的张力放线"牵引板"，后面拖动着8根630平方毫米规格截面的导线前进，8个导线线盘有规律地咯吱吱、咯吱吱地转动着，给喧嚣的张牵场增添了和谐的音符。整个施工现场十分繁忙，人员来回穿梭，各个系统忙而不乱，现场总指挥的各种指令通过现场的扩音喇叭在施工现场上空荡漾。

在全线参加施工的全国21家送变电精英施工队伍中，唯有我公司项目部采用了张力放线"一牵8"施工工艺技术，该技术的关键点是计算准确、方案科学，工器具选用合理，现场监控到位。项目部在第一个放线区段展放时，我和公司主管施工的郭经理及公司相关部门的专责在现场验证此工艺的合理性，经现场验证，该方案合理，完全满足此地形条件下的"一牵8"张力放线工艺技术，该张力放线施工工艺为公司节省了大量的施工机械设备和施工工器具费用，也大大缩短了张力架线施工工期，同时，为以后同行业特高压工程张力放线"一牵8"施工工艺起到了很好的典型示范作用。

目前国内特高压电网技术水平已处于世界领先地位，国际电工学会特高压建设标准由我国制定，可以说导线截面的增加，代表着送电线路施工工艺的改变。以往的施工工艺已不能满足1250平方毫米大截面导线的张力展放，现在特高压施工现场对于大截面导线采用的是"4×（一牵2）"张力放线技术，此技术施工工艺要求高，现场布置更为复杂，导引绳和牵引绳来回循环替换，现场管控细节上稍微不注意，就可能造成钢丝绳与钢丝绳之间、钢丝绳与迪尼玛绳之间、钢丝绳与导线之间相互摩擦，严重的可能造成跑断线安全事故。

2015 年我们单位施工的 ±800 千伏高压灵绍直流工程、2016 年施工的 ±800 千伏高压酒胡直流工程中导线均采用六分裂 1250 平方毫米截面；2016 年施工的 ±800 千伏高压上海庙直流工程、2017 年施工的 ±1100 千伏高压昌吉—古泉直流特高压工程中采用八分裂 1250 平方毫米截面。以上工程在当今送电线路施工中，导线截面是最大的，它将强大的清洁能源自西部送向东部经济负荷中心地区，实现了经济优势互补，并实现了习近平总书记在世界环境保护大会上的承诺，不断发展的清洁能源为世界气候变化减少二氧化碳量排放做出了贡献，中国对世界的和平发展、绿色环保是负责任的。

现在的施工工艺可以说是日新月异，基础施工采用机械开挖、机械集中搅拌、混凝土罐车运送、机械振捣，真正体现了绿色环保施工。基础施工混凝土表面如同镜面，基础外露部分采取倒角工艺已成常态化，目前基础施工向典型工艺化迈进。铁塔组装采用内悬浮抱杆、摇臂抱杆、塔式起重机、大吨位汽车吊、工厂化安装直升机吊装等方式，气动（电动）套管扳手紧固螺栓等，减少了施工人员的劳动强度，降低了施工安全风险，大大提高了劳动效率。架线施工采用飞行器展放导引绳，张力放线工艺中，现阶段各电压等级采用的"一牵 2""一牵 4""一牵（4＋2）""一牵（4＋4）""一牵 8""2×（一牵 2）""2×（一牵 4）""4×（一牵 2）"张力放线施工工艺技术，大大提高了导地线架设放线速度，提高了导线的展放质量，减少了对施工环境和地面经济作物的影响。通信使用手持式报话机、大功率电台，视频监控可以完全掌控施工现场作业情况，网络已形成了全覆盖，手机视频通信也已经加入架线工程联络中，多样化的通信网络大大提高了工程管控水平，使工程建设在安全、质量方面得到有效控制。

## （八）

辗转40年过去了，我参加过10千伏低压城网线路改造、110千伏高压线路、220千伏高压线路、330千伏超高压线路、500千伏超高压线路、±500千伏超高压直流线路、750千伏超高压线路、±660千伏超高压直流线路、±800千伏直流特高压直流线路、1000千伏特高压线路的施工，经历了±1100千伏高压直流线路施工建设，亲历了国家电网和公司发展变化的历程，心潮起伏，感慨万千，可以说每个电压等级的出现，都代表着国家的电力发展水平迈向了一个新的高度。现在，我们公司施工的送电线路基础施工多采用商品混凝土，运输条件不满足的情况下，则通过架设货运索道、修路或者泵送技术进行混凝土浇灌，质量上有保证，而且也符合新时代绿色环保要求。铁塔施工大多采用大吨位汽车起重机和抱杆施工技术，降低了施工人员的劳动强度和安全风险，提高了施工工效，降低了施工成本。架线施工均采用张力架线施工工艺，大大提高了导线的展放质量，降低了导线电晕，保证了电网安全运行。

国家电网公司的发展战略定位是建设坚强的智能电网，用特高压电网建设电力高速通道，将我国西部的水利、风电、太阳能和煤炭资源转变成电能远距离地输送到东部负荷中心，为国家经济建设提供电力保证。现在随着特高压电网的加快建设，我们国家已经初步形成了国家电网和南方电网相互独立运行的格局，国家电网公司原董事长刘振亚提出了国际特高压互联网的发展思路，到那时国家与国家之间形成能源优势互补，形成清洁能源国际特高压互联网，真正响应习近平总书记提出的"为人类命运共同体服务，共建地球和平村"的愿景。

# 国 旗 下 的 记 忆

熊 浩

偶翻相片簿，一张照片滑落，捡起来看了看，是我在天安门前的留影，照片中，华表巍巍，城楼庄严。

思绪倏然便回到了二十五年前。

那年弟弟寒窗苦读终有回报，考入北京大学，全家欣喜，结伴相送。彼时，故乡还未全面发展，只是一个小城，发展落后而迟滞，如同一个弱小的孩子，蜷缩在秦岭巴山中，外面的世界在崎岖蜿蜒的路的尽头，难以触及。

我们乘坐的是 T10 次火车，在当时是最快的火车了，几千里的漫长旅程中充满了颠簸，将我一次次从睡梦中摇醒，然后又把我摇得昏昏睡去。摇晃了一天一夜，终于把我们带到了首都北京，哐当哐当的声音仿佛还残留在我的耳朵里，挥之不去，无奈又无趣。

本来以为这只是普通的一次旅行，没想到，却让我今生难以忘怀。

还在梦境，就被父亲母亲喊醒，步出招待所，四周漆黑一片，首都犹在沉睡，静寂无声，这个伟大的城市流动着清凉的空气，在夏日的早晨里，谧人心扉。

路边等了许久，父亲终于拦下了一辆出租车，"师傅，去天安门。"我听着一下子蒙了，这里离天安门好远啊。

"现在去都有点晚了，你们怎么才去，不知道还赶得上不？"的哥开车看着路说了一句，窗外，路灯昏黄的光，终究冲不破一层层的夜幕，悄然退回，龟缩如豆，在半空中亮着，犹显夜色深沉，倦意厚重。我靠着座位，看着树叶的光影来回扫动着计价器不停跳动的数字，窗外飞过陌生的街景。

行至长安街上，就有了车流，路边还有人影，三两成群地走着，出租车靠边停了，"前面没法停了，麻烦你们走几步啦"。正在付钱，后面也是几辆出租车停住，下车的老老少少，神色和我们一样，也是匆匆，有人急急慌慌地奔跑起来，远远望去，天安门方向灯火璀璨，天边已经有了淡淡的白色，如国画中的留白，衬得夜色淡了很多。

到了广场，没有想到如此多的人，层层叠叠，来自祖国四面八方，各种方言在耳边激荡，每个人的脸上倦意全无，都激动地企盼，纷纷望着天安门下紧闭的楼门。楼门朱红铜钉密布，岁月沧桑却没留下丝毫陈旧的模样。

我看着雄伟的城楼，在那里，在一九四九年十月一日，一个声音响彻天际："同胞们！中华人民共和国中央人民政府在今天成立了！"华夏儿女从此有了祖国的呵护，不再受到压迫，不再流离失所。

有了国，就有了家，就有了一切。

时间缓缓流逝，突然国旗的鲜红映入眼帘，人群倏然寂静，所有人的视线紧紧地跟随着这一抹血一样的红色，我突然有了一种错觉，感觉不到护旗的卫队、巍峨的城楼和身边等待着的人们，眼前只剩下这五星红旗熠熠生辉，坚定向前，毫无停滞。

金水桥畔，一声号令响起，护卫队刺刀闪亮正步前行，威严地穿过长安街，直至眼前。

天边那一抹朝霞愈加灿烂，太阳正磅礴升起，随着旗杆下战士的扭身一挥，国旗陡然绽放，黎明的曙光倏然划过天际，撒在国旗上，撒在每个人的脸上。夹杂着孩子们的嗓音，我和周围的人们放声高歌，国歌烘托着国旗在蓝色天空下冉冉升起。

这一幕，我永远不会忘却，周围的人们也永远不会忘却，这一刻，心中所有的阴郁不快都灰飞烟灭，只剩下对于国旗的虔诚和对祖国的爱恋，如同鲜血般充盈脉动，久久不能平息。

前些时候，看了一个故事，主人公一生为了祖国的需要，都在卧底，历尽艰难困苦。他临死之前对组织提的最后一个愿望，仅仅是想看一次天安门，看一次升国旗。当他在天安门前，躺在救护车里，听到国歌，看到国旗升起来的一刹那，用无力的右手，敬了一个不太标准的军礼，永远地闭上了眼睛。

这个故事，叫作"风筝"。

孤苦漂泊的、飘摇不定的风筝，不管线断了没有，只要对祖国的爱不息不灭，灵魂始终就不会迷失，就会永远高高飘扬在天空，无惧风雨。

说不定，我是站在和他当年同一个地方，看国旗傲然飘扬。

只不过，他是用生命记下国旗飘扬的样子，是用生命留住那一抹鲜红。

有一首歌，这样唱道："我和我的祖国，一刻也不能分割。"

我想，这歌中唱的，应该是他这种英雄，心中对祖国的忠诚情怀吧。

# 此生无悔生华夏

## ——观《厉害了，我的国》有感

郭筱睿

观看《厉害了，我的国》已过去许久，心中激荡仍久久不能平静，又欣闻不到一周该片票房突破 1 亿大关，反响热烈、好评如潮，心中更升腾起无以言状的自豪。影片全方位展现了自十八大以来祖国的热血强军与辉煌成果，彰显了强国之姿与大国实力，更是站在更高角度将新时代风貌集中呈现，同时又分层次记录了新时代背景下中国百姓的生活变迁，立意深远，内容广阔。虽然影片中所列的大事记我们已经耳熟能详，但是第一次在放映厅里观看，仍会觉得特别地震撼和感动。时至今日，那振奋的画面、雄浑的解说、激昂的配乐仍在脑海里久久回旋。

忘不了，习近平新时代中国特色社会主义思想的伟大旗帜高高扬起，领跑世界经济，为全世界提供着最高的经济增长贡献率、减贫贡献率，解决了许多别人想解决而没有解决的难题，办成了许多别人想办而没有办成的大事，这是中国人民的自信；忘不了，创业园区实验室中热情洋溢的景象、工程建设工地上彻夜鏖战的身影，珠港澳世界最长的跨海大桥、世界海拔最高特高压交直流电网、人类历史上最大的发射望远镜 FAST、全球最大的海上钻井平台"蓝鲸二号"等科研成果，实现了中国制造、中国创造、中国领跑，

"只要你敢去想，我们的国家都有能力去实现"，这是中国人民的自强；忘不了，朱日和沙场阅兵，"我们的英雄军队有信心、有能力打败一切来犯之敌"，保家卫国，寸土必争，而当同胞们在海外遭遇危险时，祖国总是能第一时间护送人民安全回家，执行撤侨任务的海军舰艇上国歌分外嘹亮，有一种安全叫"我是中国人"，这是中国人民的自豪！

实现中华民族伟大复兴是近代以来中华民族最伟大的梦想，实现这个伟大的梦想是中国共产党自成立以来就肩负的历史使命。观影结束，我不禁想起1921年上海的那座石库门小楼，正是在那里我们的党立下了以马克思主义、共产主义挽救民族危亡的伟大志向，筚路蓝缕，矢志不渝，"为有牺牲多壮志，敢教日月换新天"，才最终挽狂澜扶广厦，解放全中国；我不禁想起1949年的天安门城楼，面对中国满目疮痍、百废待兴，毛泽东主席那一句"中国人民从此站立起来了"拉开了社会主义建设的大幕，中华民族从此迸发出了勃勃生机，当代中国的一切发展进步从此有了根本的政治前提和制度、经济基础；我不禁想起在十八届中央政治局常委同中外记者见面时，习近平总书记那自信清醒的话语"接过历史的接力棒，我们自豪而不自满，决不会躺在过去的功劳簿上"，我们将继续在以习近平同志为核心的党中央坚强领导下，踏上实现中华民族伟大复兴的壮丽征程。透过影片，我看到的是中国共产党人一以贯之、一脉相承的红色精神谱系，从最初的红船精神，到长征精神、延安精神，再到"两弹一星"精神、抗震救灾精神等；透过影片，我看到的是一种坚持为民族大义与人民幸福矢志不渝、永不止步的执着，是一种带领人民敢于斗争、敢于胜利的坚毅，是一种坚持实事求是、知行合一，切切实实为人民谋福祉的笃行；透过影片，我看到的是自党的十八大以来，党和国家事业之所以取得历史性成就、发生历史性变革，最重要也是最关键的在于以习近平同志为核心的党中央的坚强领导，在于有习近平新时代中国特色社会主义思想的科学引领；透过影片，我看到的是全国各族人民循着习近平新时代中国特色社会主义思想引领的方向，万众一心，众志成城，实现了从"赶上时代"到"引领时代"的伟大跨越，中华民族比历史上任何时期都更接近伟大复兴的目标。

新时代意味着新起点、新要求，新时代呼唤着新气象、新作为。改革开放40年的成就，源于每一跬步、每一小流的积累；实现中华民族伟大复兴，需要每一个人的努力。习近平总书记说过"千千万万的普通人最伟大""幸福都是奋斗出来的"，正是普通的你我，才造就了昨天的中国奇迹，也正是普通的你我，已再次出发去拥抱新时代。时代的考题已经列出，作为一名在平凡岗位中的电力工作者，我们的答卷正在进行。

在广袤中国大地上那一座座铁塔、一条条银线就是我们的答题纸，努力超越、追求卓越就是我们书写的笔迹，人民电业为人民，一切为人民、为祖国、为民族创造的实绩：服务社会民生、引领能源革命、民族实现复兴，就是我们志在交出的答卷。

忆往昔，峥嵘岁月，几多风雨。经过长期积累和不懈奋斗，我国综合国力、人民生活水平均迈上了新台阶、提升到了新高度，中华民族伟大复兴展现出前所未有的光明前景。

看今朝，我们正在做的和将要做的都是史无前例的创举，为决胜全面建成小康社会、实现中华民族伟大梦想，我们即将开启建设世界一流能源互联网企业的崭新航程。在这艘船上，没有坐享其成的乘客、事不关己的看客，你、我、他，千千万万国家电网人，都是划桨者、搏击者。大家喊着同一个口号，朝着同一个方向，风雨兼程，同舟共济，奋力驶向梦想的远方。我们遥望彼岸，乘风破浪，自豪而坚定地呐喊："为了实现伟大的中国梦，我们愿披荆斩棘，赴汤蹈火！"

此生无悔生华夏——观《厉害了，我的国》有感

# 同岁相望　薪火相传
# 平凡即是伟大

张雅俊

2019 年，中华人民共和国成立整整 70 年，70 年前的那一年，也是我父亲出生的那一年。正因如此，每每提起年龄，他总是面带微笑地说："我与祖国同岁。"

父亲是一名平凡的电力退休工人，他大半生都从事线路工作，他为此一生感到荣耀，照他所说，他是在为祖国的光明做奉献。

"没有祖国就没有现在幸福的生活，所以我们一定要为祖国做出应有的贡献！"看似是一句大话，又是极其简单的一句话，他用一生在为之努力。不仅如此，他也一直用这句话教育我们，将我和姐姐都培养成了新一代的电力工人。你可以说我们是子承父业，但我要说的是父亲对我们的嘱托和希望！

记得在我要实习上班的前一天下午，父亲突然回家说他请了半天假要带我转转。我甚是欣喜，在我的印象中，父亲很敬业，从来都是忙忙碌碌，起早贪黑地工作，很少请假；加上父亲对我十分严厉，他和我很少交流，更别说请假单独带我出去玩，我当然欣喜若狂！只是临行前，妈妈帮我装了瓶水，姐姐叮嘱我换了双舒服的旅游鞋，然后诡异地笑了。我不知所以，在父亲的催促下，急匆匆地出了门。

这天下午，父亲一直都默默地走在我前边，看着他没有停歇的背影，我一直充满幻想，幻想他会带我去哪里玩？可是一个下午就是一直在走，绕着偌大的宝鸡市周边转了大半圈！除了中间问我了几句："累吗？"再没有说过别的话。问完仍然继续前行，一丝要停歇的意思也没有，我也根本没有回答的机会。我很不理解，他问我累不累，这是父亲的关心，可是一直不停不是等于没问吗？

　　直至黄昏，我们转到了当时的河堤，现在的河堤公园。他突然停住了脚步，回头向我招手。此时我早已筋疲力尽，与父亲落下了半截路，满心抱怨，但我还是咬牙跑到他的身边。

　　等我跑到他跟前，父亲突然提问："你现在能看见什么？"

　　我一边用袖子擦着汗，一边看了看，并不解地回答："什么？不就是河堤吗？"

　　父亲笑着说"往远处的四周看！"

　　我环顾一周，便回答"没啥呀？就是夕阳、垂柳、过往散步的行人，还有就是河水，以及一些楼房，除这些应该再没有什么。"

　　父亲指了指高楼说："你看楼上千家万户的灯亮了，你看河堤边的路灯也亮了，你看到这些能想到什么？"

　　"什么想到什么？不就是灯亮了吗？很平常啊！"我更是不解！

　　父亲摇摇头说了一席话，当时的场景和他所说的话，至今都印在我的脑海里，他说："看来你还是没有理解啊！明天你就要去上班了，上班和上学不一样，需要你担起责任，秉承耐心、细心、认真、执着。所谓干一行爱一行，你和你姐姐都选择了电力，我很欣慰。但工作不可马虎大意，你必须收起你那份毛毛躁躁的性格，动不动就撂挑子的脾气。今天之所以陪你走了半天，就是让你知道，工作的道路上需要坚持，工作不能动不动就放弃，那样你什么工作都干不长，只有不断给自己加油打气，跟着领路人，才能干成功！电力工作是个危险的工作，电，看不见，所以你要细心、认真！刚才让你看看环境，就是考验你的细心程度，上班，特别是干电力，没有那么简单！稍不注意，就会发生危险，造成无法弥补的损失，甚至会要了你命！这绝不是危言耸听，我和你妈说的你不一定会听，等你上班了，你的师傅们会好好教你，一定要虚心学习！你所学到的技术就是你的能力，也就是你将来吃饭的饭碗！"

说到这，我插嘴说："这么危险，你不还是和妈妈一直干电力工作，您还期盼我和姐姐都干这个？"

说完父亲看向西边即将落下的夕阳，轻轻叹了口气继续说："你是男人就得有担当啊，不能因为危险就害怕不前，什么工作都要有人去干！中华人民共和国成立的时候，多少事业都是摸石头过河，没有路就不走了？上天难不难？我们国家不是造就了飞机、火箭！将来还会走向太空！不能动不动就退缩，没有路，只要走得多了就会变成路！知道危险，就想办法去克服、解决！对了，这是你上班保安全的法宝，只要用好它，你以后就会安安全全地干好工作。"

说着，他从背包里取出了现在我再熟悉不过的《国家电网公司电力安全工作规程》，可在当时我就只认为它是一本书，父亲居然说什么法宝，接过书我撇了撇嘴。

父亲看出了我的不屑，说："这是电力前辈的心血，是用血泪换来的，希望你认真地学习好它，等你工作了，就知道它的作用了。"

"现在是中华人民共和国成 50 周年，我也 50 岁了，我和你母亲为电力事业工作了大半生，我们希望你接过我们的接力棒，继续努力！我们不奢望你能有多大的成就，只希望你踏实干好本职工作，记住，你能安全干好自己的工作，再平凡也是伟大！祖国的强大就是我们的幸福，只有我们一代一代的努力，才能让他继续强大下去，不走外敌抢夺的老路！我和祖国同岁，我们同岁相望！"

说着指着夕阳说："我和你母亲就像这夕阳，终将落下，你和你姐姐就是明天太阳，终将升起。我们薪火相传，电力事业才能继续发展，我们的希望就寄托在你和你姐姐的身上了！"一边说着，一边在我肩头轻轻拍着。

看着父亲严肃的表情，看着他眼里坚定又激动地泪花，我终于理解父亲那天为什么带我走了一下午，以及说的那份话的含义。更明白妈妈那天为什么给我带了水，姐姐叮嘱我换旅游鞋，可见父母的关爱，也可见他们对姐姐也有同样的嘱托！

当年初夏，父亲光荣退休了。

多年过去，我也从业 20 年了，现在回想当时父亲的叮嘱，字字真理，句句都是关心和爱护，我相信父亲的期望不会落空，我们这代年轻人一定会秉承他们老一辈的精神，不负期望，接过他的接力棒，继续努力！

这就是我的父亲，他和祖国同岁相望，他让我们薪火相传，使我们知道平凡即是伟大！

# 大山之子"铁腿"电工

刘军峰

宁启水，第十三届全国人民代表大会代表，陕西省山阳县供电公司宽坪供电所农电工。

宁启水服务的宽坪镇万佛山、裙子沟等村交通不便，上山全靠步行。每月他上山维护线路、服务群众用电，徒步的路程超过 300 公里。19 年来，双腿走过的距离约 7 万公里，被群众称为"铁腿"电工、"背篓"电工。工作中，他摔伤过，被马蜂蜇过，被深山上的野猪、毒蛇惊吓过，被猎人的兽夹夹伤过。作为自小在山里长大的他，与群众结下了深厚的感情。

宁启水先后荣获全国五一劳动奖章、陕西省道德模范、陕西好人、陕西省岗位学雷锋标兵、国家电网公司"为民服务典范"、最美国网人、国网陕西省电力公司"客户满意服务标兵"等荣誉称号，其事迹参加陕西省宣讲团进行全省巡回宣讲。

## 有电就有希望！

——坚守大山 19 年，历尽千辛万苦，为群众守护"光明"

壮实的身躯，宽阔的肩膀，黝黑的面庞，质朴的微笑，常年在大山中行走，宁启水和典型的山区普通群众看不出来什么区别。

春节前夕，宁启水在崎岖的山路上跋涉一个多小时，来到裙子沟的配电室例行巡查。以配电室为中心，多条高低压线路，从林海中穿行，辐射到远处几个山头，连接起沟沟峁峁、星星点点的用户。

"这是商洛海拔最高的一座配电室，每月我都要来这里看看。树木太密，不随时检查和清理容易出现安全问题，影响群众用电。"宁启水一边说一边开始用镰刀清理通道。

当年，为了让大伙早日用上电，宁启水带领群众修建了这座配电室，每一块砖、每一粒沙、每一件设备，都是靠肩扛手抬上来的。在山下建这样的配电室，一个礼拜就差不多，而他们用了超过一个月的时间。这样的配电室在他服务的 4 个村里，一共有 6 座，全都凝结着他和当地群众的心血。"所以，我必须保证它发挥作用，让群众用上电、用好电。"

住在万佛寺悬崖边上的盛庆全老人记得，2010 年 3 月，一场罕见的雪灾，使全村 80% 以上的电杆被雪压断，生活一下子陷入了困境。宁启水知道情况后，自己背着抢修材料，摸天黑赶到这里，组织群众连夜开展抢修。在此后 10 多天的时间里，他带领群众更换木杆 80 余根，及时恢复了全村供电。这期间，他踏着一尺余厚的积雪多次下山，背送所需要的抢修材料。

在户户通电的时候，为了能让王尊德老人用上电，宁启水冒着高温酷暑，背着 30 多公斤材料，整整走了 6 个多小时。在路过门前山坡树林时，被大马蜂蜇了，一时浑身红肿，疼痛难忍，他把材料藏在路边的草窝里，找了一个人连夜送他到山下的板崖卫生院治疗，病痛减轻后立即返回山上，整整干了 2 天，终于接通了电。让老人在有生之年享受到了"光明"。所以，王尊德老人逢人便说："我的电是启水给背上来的！"

19 年来，宁启水曾被路边的马蜂蜇过，被深山的野猪、毒蛇惊吓过，被猎人的兽夹夹伤过。但他坚守了下来。他说："有了电就有了光明，群众脱贫致富也有了希望。所以，我没有理由不为他们做好供电服务！"

## 把群众当亲人！

### ——情系百姓，为乡亲背送生活必需品，奉献赤诚爱心

宁启水每次上山，都要为困难群众和孤寡老人顺路捎带些油盐酱醋等生活必需品。这些东西连同电工工具包一起，装在背篓里。"背篓是山里人常用的工具，能装东西，走山路方便。"宁启水解释。

由于山上群众居住分散，又没有商店，给生产生活造成了严重的不便。一些孤寡老人常年下不了山，粮油和生活用品无从购买，生活非常贫困，几乎陷入困境。宁启水看在眼里，念在心上。他想，自己每月至少要上山一次，给他们背送些东西，能帮一下是一下。

这个朴素的想法从心里萌生后，一坚持就是十余年，从此，他的背篓里就多了他为孤寡老人和困难家庭免费捎带的油盐酱醋等生活必需品。有时候，他也会为乡亲背大米、面粉，农忙时节，还背过化肥等。

盛庆全老人的生活用品基本都是宁启水给背上来的。每月10号一过，他就往对门的山头望，看见那熟悉的身影，就提前到崖下的小路迎接，送上一杯晾好的开水。

年届花甲的段显银老人也深有感触地说："这些年多亏了他，地里栽的菜秧子、生活用的油盐酱醋，都是他免费给背上来的。他

给我们这些山上的留守老人帮了大忙。山上的群众没有不念叨他好的，他就是我们生活的贴心人。"

有一年冬天，宁启水在途经万佛山村吕家坡时，看见张帮春老人的房门半掩着，门前落下了厚厚一层雪，上面没有一个脚印。他心中突发一种不祥的预感，赶紧推开了老人的房门。发现老人静静地躺在床上，嘴角干裂，说不出话来。原来张帮春病了几天，全身动弹不得，三四天都没进过食了。家里的水桶中一滴水也没有。看到此情景，启水立即提着木桶跑到半里路远的山沟里取水，然后开始洗锅烧火，给张帮春下了一碗面，端到床前，搀扶着老人慢慢吃下。待老人病情有好转后，趁着天还未黑上到吕家坡下院子给张帮春老人的亲戚捎了口信，让亲戚前去照看。年后，宁启水再次上门时，老人激动地拉着宁启水的手说："要不是遇见了你，我这把老骨头早都没有了。"

宁启水将群众当亲人，群众也把他不当外人。有一次在上山抢修过程中，宁启水不慎摔倒，扭伤了左脚。他用冰雪敷了敷脚踝，强忍疼痛继续前行。途中遇到一个外出打工回家过年的小伙，看他一瘸一拐的样子，一定要送他下山治疗，他仍然坚持先把电修好再说。在小伙的搀扶下，他们赶到故障现场，很快接好了断线，恢复了供电。但他的脚已经红肿得不能下地了。现场的左邻右舍非常感动，大伙找来木棍做成简易担架，8 个人轮换着在天明前把他抬到了山下板岩镇医院。

## 群众满意就是最大安慰！

——赤子情怀，无怨无悔，最美电工美名传扬

"虽然自己很苦，每次下山到所上，都要睡上 1 天才能缓过来，

但再苦，也没有群众用电的事情大。群众满意就是我最大的安慰!"这是宁启水的心里话。

19年来，宁启水与山区群众建立起了血浓于水的情感。他见证了通电对这些处于高寒边远山区群众带来的好处与便利，始终忘记不了月月抄表收费时间一到，群众那种期盼的眼神，忘记不了自然灾害过后群众积极参与抢修的感人场面。近年来，年轻人陆续外出打工，山里平时基本上都是留守老人和孩子，很多老人至今没见过汽车啥样，很想知道外面的信息。每次上山，虽然收回的电费不多，但留下的是外界的信息、更多温暖和无声的慰藉。

历年来，所长换了一茬又一茬，但宁启水从不言苦，他也曾有过动摇，但他依然坚持了下来。他说："这些群众谁家有几双筷子几只碗，我都非常清楚，换个人对用户情况不明，对山路不熟，甚至会迷路。再说了，所上人手不够，人均管理范围都很大，都有难处，谁来都得这样干。"

"现在情况有所好转，万佛山村修通了简易公路，虽然上山还靠步行，但路好走多了。政府号召移民搬迁，但在我退休前肯定搬不完，就是山上只有一户人家，我都要坚持。"他语气坚定。

宁启水的事迹先后引起各方媒体的广泛关注，中省市媒体记者深入大山之中，对宁启水服务群众的事迹进行深度采访。"铁腿"电工、"背篓"电工的名声不胫而走。读者和网友赞其为"最美电工""新时期最可爱的人"。

一位记者在采访宁启水时曾感慨道："人们都称宁大哥为'铁腿'电工，但是没有人是铁做的，其实他靠的是责任心和爱心，他把生活在这儿的人当成了他的家人。"

# 华彩弥章　神州腾飞

艾格帆

　　党的十九大报告深刻指出："经过九十多年的艰苦奋斗，我们党团结带领全国各族人民，把贫穷落后的旧中国变成日益走向繁荣富强的新中国，中华民族伟大复兴展现出光明前景。""只要我们胸怀理想、坚定信念，不动摇、不懈怠、不折腾、顽强奋斗、艰苦奋斗、不懈奋斗，就一定能在中国共产党成立一百年时全面建成小康社会，就一定能在新中国成立一百年时建成富强民主文明和谐的社会主义现代化国家。"人类因为梦想而伟大，而中国人因为中国梦而共同奋进。中国梦需要我们全体中国人的奋进，这个梦是全体中国人对创造未来美好生活的向往，是对国家民族未来愿景的深切期待，是顺应时代发展、民族复兴的选择。

　　实现中华民族的伟大复兴就是中华民族近代最伟大的中国梦，因为这个梦想凝聚和寄托了几代中国人的宿愿，它体现了中华民族和中国人民的整体利益，是每一个中华儿女共同的期盼。

　　中国人的奋进之路从中国的历史长卷中就可见一斑，中国有五千年的文明史，自秦汉开始就进入盛世，历经两千多年的封建社会发展史；古代中国有广阔的版图、灿烂的文明、丰富多彩的文化、举世闻名的四大发明及其他重大科技成果，是东方文化的源头与中心。亘古的历史长河中，留在中华五千多年印迹上的，有太多辉煌的过往：位列四大文明古国，四大悠久的发明，众多珍贵的历史字画遗迹……但在这些辉煌的背后，也有一幕幕的屈辱如鲠在喉，历历在目：八国联军火烧圆明园，烧杀抢掠无所不在；日本占据我国东三省长达 8 年之久，我们的人民生活在水深火热之中，我们的中华大地遍体鳞伤，我们的尊严被践踏。"不在沉默中爆发，就在沉默中灭亡。"1921 年的那一天，在 13 个人的小会议上，一个在当时看来弱小无力的政党却用他们最质朴的宣言——实现共产主义，消灭剥削，消除两极分化，早日达到共同富裕——拉开了一个新时代的序幕。从上海的小洋楼到江苏嘉湖上的游船，一个刚成立不久的党为了自己的信仰辗转反侧，四处奔走呼告，质朴的华语，有力的行动，这个党终于在神州大地上脱颖而出，他用他的政绩向世人宣告：中国人民站起来了。这个党带领人民建立了中华人民共和国，带领人民加入了世界贸易组织，带领人民举办了奥运会，这个党从50 人发展到有 8000 多万人，这个党终于可以扬眉吐气地向世界宣告：我们是中国共产党！回顾党史，我们看到的是对信念的追求，是对民族大义、对中国人奋进梦想的执着追求。

"国家富强、民族振兴、人民幸福"，这不仅是习近平总书记阐释的中国梦内涵，更是我们党和人民对明天、对未来的美好期待。总有太多动人的事迹让我们潸然泪下，总有一种持久的感动在心田酝酿，当我们回首往昔，为那些骄傲而自豪时，我们更应该脚踏实地，用自己有力的行动筑墙国防，开创一个更好的时代。

"落后就要挨打"，血淋淋的历史教训在一遍遍地提醒我们，没有强大的国防根基，就不会有强大的国家。我们有做梦的权利，但更要有行动的速度和决心。成就梦想，从我做起，用知识和科技武装最坚固的国防战线，为我们的梦坚实后盾。

"明天"，一个充满期待的字眼，我深深地相信，我们中国人将书写更加辉煌的明天。看神州腾飞，邀嫦娥共舞，我们有"上天入地"的高科技；我们有养活亿万人的杂交水稻；我们有积极进取的政党；我们有各种扶贫助残的政策；我们有足以保护自己的尖端武器设备。70年奋斗我们已是世界第二大经济体，远交近攻，跻身世界大国。神州大地为了这样的腾飞已经等了太久太久，从1840的鸦片战争战败的屈辱条约，到1931年东三省沦陷，我们早该站起来，我们早该振臂一呼，用我们跳跃的心脏，用我们年轻的血液注入祖国母亲的脉搏中。为了这一天，为了这一刻，我们等得太久，为了那一份骄傲，为了那一种自豪，我们需要做得太多太多。

华彩弥章，书写明天的辉煌；神州腾飞，跃出历史的交响。时间的齿轮带我们走到了时代交接的今天，我们在翘首以盼中迎来了中华人民共和国成立70周年。从1949年到2019年，这70年是新时代中华的篇章序曲的70年，是亿万中国人奋进努力的70年，他也是承载着历史的厚重使命的70年。这是我们的中国新时代，这是让世界心动的中国新时代，这个新时代将在我们的努力奋进中开创一个更美好的未来。

"我们的人民热爱生活，期盼有更好的教育、更稳定的工作、更满意的收入、更可靠的社会保障、更高水平的医疗卫生服务、更舒适的居住条件、更优美的环境，期盼着孩子们能成长得更好、工作得更好、生活得更好。"这是我们的未来、我们的奋进时代，是我们亿万在这挚爱的中华土地上生活过的人民的热切愿望，我们期待的明天是用自己的汗水和执着在这片流过汗水和泪水的土地上奋进出祖国美好的未来。

华彩弥章，神州腾飞；脚踏实地，仰望星空。青年当有梦，且高且辉煌；大可言富强，小可言奋进；紧随前辈路，为国齐奋进；辉煌中国人，青年铸造矣。我与祖国共奋进，我与祖国共圆梦！

# 长 安 路 灯

吴志新

　　我们这一辈，和共和国同年岁，生活的酸甜苦辣，尝尽了人生百味。小小的路灯，演绎了历史的变迁，见证了国家的强盛，更令吾辈沉醉。

　　出生于农家。环境的凄凉，家庭的贫困，生活的艰辛，让我们学会了忍耐。二十世纪五十年代上学，下午放学回家不是干农活就是做家务。晚上在煤油灯下做作业，燃油灰熏黑了鼻孔，小脸蛋变成了小"花猫"，谁也未曾有过怨言。那时的奢望很简单，渴望能在家里装上电灯，让光明照亮我们的书本，让我们在电灯的光照下习题练字。后来村子附近新建了工厂，也给我们这些农户拉上了电，于是每家每户便有了一盏照明的电灯了。电灯照亮家里的那刻，我们这些小学生甭提多高兴了。

　　长大了，进了城，参加了工作，就职于西安的电力部门，而专职又是撰写西安电力志，对电的认识就更加深入和宽泛，对西安电力事业的发展又多了些了解和认识。

　　我居住的西安，古称长安，十三朝帝王在此建都立业，工作、生活在古城令我欣慰、惬意。这座四四方方的城池中有讲不完的故事看不完的古迹，然而最让我感兴趣的是古城道路两旁那串串珍珠一般为人们带来光明的路灯。

路灯，是古城电力工业发展的真实写照，路灯的变迁折射出历史前进的轨迹，聚焦了漫长曲折的历史和人类社会的文明。

西安有电的时代始于 1917 年，当时西安警备区司令张丹屏以私人名义，在西安开元寺创办了一家小型电灯厂，使用一台 75 马力的旧柴油机发电，供达官贵人和少数商户照明。但直到 1949 年 5 月 20 日西安解放前，电带给人们的光明似乎少之又少，城里少部分用户用上了电灯，但多数贫民还在使用最原始的油灯作为照明工具。那时"点灯用油，磨面靠牛"是西安市民的真实写照。

西安解放当日，国民党军队溃逃时炸毁了第一个公办西京电厂的三台发电机组。第二天，西京电厂职工在"修复机组，恢复供电，支援大军西进"口号的感召下，全厂大动员集中力量先行修复了破坏较轻的二号机组，于 5 月 22 日傍晚，机组恢复供电，城区部分路灯复明，市民为之欢呼。

二十世纪五六十年代，由于发电厂建设的滞后，工业用电急剧增长，城市生活用电占比不多。每到夜幕降临，城区路灯限时开关，环城路少有的几盏路灯，显得那么月落星沉。"路灯不明，停电发愁"，是当时电力工业的写照。

七十年代，电力工业同样遭受了损失和破坏，城市建设停滞不前，渴求路灯明亮更成为市民的奢望。记得有次我从老家返西安，火车到站的时间是晚上 9 点。当时牵着年幼儿女的手行走在北环路上，路过距火车站不足三百米的太华路十字路口，爬上土坡，跨过十字路。周围万籁俱寂，咫尺不辨，几盏萤火虫般的路灯和几丝残月的灰线照出这寒夜路面的凄清落寞。突然，路旁荒草丛中影影绰绰蹿出一只狗，吓得女儿哇哇直哭，我急忙去抱女儿，慌乱之中，装满鸡蛋的提篮被我扔在了地上，稀里哗啦碎了一半。这时儿子紧紧抱着我的腿，月黑风高昏昏蒙蒙的路灯下，捡起流着蛋液的提篮，哄着儿女匆匆回到家……那时，我不由得默默祈祷有朝一日能在明亮的路灯下行走散步，那该多好！

40年前的改革开放，四海升平，万物复苏，三秦大地上的电力工业如日中天、蒸蒸日上，以前所未有的发展速度建厂发电。装机容量达几十万直至百余万千瓦的灞桥、户县、渭河、秦岭、宝鸡、略阳、韩城、蒲城火电厂以及安康、石泉水电站，和西北大电网联为一体，向古丝绸之路的发源地、世界历史文化名城西安输送着强大的电流，路灯光芒四射，将西安装扮得五彩缤纷、璀璨夺目。

无论是桃红柳绿的春天，还是金风送爽的秋日，每当饭后华灯初上时，人们总喜欢在夜明如昼的路灯下散散步，一种怡情悦性的感觉油然而生。我家旁的太华路土坡十字路，30年前已建设改造为立交桥。每到夏夜，一盏盏明亮的路灯下，人行道上三五成群的邻居们携儿揽孙，歇息纳凉，谈天说地，别有一番情趣。立交桥头不远处闪烁的霓虹灯让人叹为观止。远远望去，环东路的两排路灯，活像蜿蜒飞奔的火龙，精彩绝伦，美不胜收，这一切组成了五彩斑斓的长安夜景。

西安是一座誉满海内外的旅游城市。进入二十一世纪，为了提升西安的知名度，吸引游人，促进消费，增强活力，拉动经济，西安市政府赋予路灯新的内涵和作用，实施了景区亮化、楼体亮化、节日亮化、广场亮化工程，将西安市打扮得分外妖娆，同时又提升了城市品位，拉动了旅游消费，推动了经济发展，改善了人民生活。每到掌灯时节，标志性建筑钟楼、鼓楼被新型的 LED 新光源、景观灯照耀得金光灿灿、光彩绚烂、富丽堂皇，让人留连忘返，驻足不移。明城墙的亮化工程，犹如置身于古城城郭，庄重的感觉十分享受。西安大雁塔的音乐喷泉，为城市的人们在夜间增添一份美轮美奂的视觉和听觉的盛宴，是快节奏的城市生活夜间一项颇为浪漫闲适的娱乐项目。举世闻名的大雁塔脚下，是大唐不夜城。置身其中，仿佛进入了光的世界，五光十色、美仑美奂、光怪陆离、别树一帜。西安的路灯更延深了其新的内涵。

路灯照亮了风雨剥蚀的古城墙，照出了城城东北角西京电厂的旧址，它似乎在诉说自从1917年西安有电以来的沧海桑田……让历史印证，只有新中国和改革开放，才是谱写电力工业腾飞猛进的真正实践者。

路灯，装扮着古城，使古城更加繁华似锦；路灯，烘托着古城，使古城更加欣欣向荣；路灯，点缀着古城，让古城更加魅力无穷，成为西北地区一颗璀璨明珠。

有时我在想，城市的路灯犹如人的眼睛，明亮有神，表明一个人有气质；路灯明亮，不正标志一个城市的文明程度吗？望着盏盏路灯，我仿佛看到了西安逾万平方公里的热土上，从临潼到咸阳，从渭河之滨到秦岭北麓，纵横古城东西南北数千公里长街，处处都是火树银花不夜城。所有的村野僻壤都是一片光明……是啊，西安市供电局直供（县）区，已在1996年实现了村村通电，节能型太阳能路灯遍及千家万户农家的房前屋后，为村民生活增添了不尽的欢乐和方便。据统计，西安市去年的用电量已达创纪录的350亿千瓦时，而包括路灯在内的市政和居民生活用电量就达到了76亿千瓦时。仅市政居民生活用电量就是解放初期全年用电量的1270倍。是改革开放前市政和城市居民生活用电量的26倍。

望着凌空而架的条条银线，我仿佛看到了电力职工70年来顽强拼搏和艰辛劳作的身影，这正是他们为古城电力事业倾注的一片深情，为古城人民献出的一份爱心！

路灯的变迁，演绎了人类社会的文明程度。让我们这一代人真正尝到了幸福生活的滋味——此生无悔！

# 三十六年的电力情缘

晁　佳

三十六年前，我出生于陕西铜川的一个小县城，父亲当时是县城电力局一名普通工人，我一出生就和父母居住在电力局的职工公寓里，8平方米的房间承载着一家三口的欢声笑语和无限回忆。我从小就在电力局大院里长大，被父亲的同事们抱着、逗着，吃百家饭长大，也就此与电力结下了一生的不解之缘。

## 曾　　经

记忆中，父辈们最先是徒步去维护线路和收缴电费，每天要步行几十公里，穿梭在荒郊野外。家里至今还留存着一个米灰色的单肩工具包和一个墨绿色的铝制水壶。那时，每天早上，爸爸总是背着他心爱的工具包，拿两个白馒头，背一整壶的水精神抖擞地出门，傍晚时刻，我总是坐在院子的小石凳上等他回家，那时幼小的我，并不知道爸爸的工作是做什么的，对我来说，爸爸回来后，他的工具包总会像变魔术一般，时不时会变出桃子、杏子、酸枣等好吃的，有时，还会有蝴蝶或者漂亮的野花。

后来，院子里的叔叔们都骑上了摩托车，嘉陵牌的，几乎每家都有一辆，他们每天都会衣冠整齐地骑着摩托车出去工作，晚上也比以前早回来一些。他们格外爱惜自己的"坐骑"，每天晚上吃完晚饭，一帮男人们把摩托车停在一起，擦擦洗洗，谈笑风生，兴致高时，还会载着我们这些小崽子们兜上几圈。坐在摩托车后座上，把父辈们的衣服拽得紧紧的，任耳旁的风呼呼作响，成为我每天晚上最期盼的一件事儿。

那时，家里唯一的电器就是一盏光线并不怎么亮的电灯，当然，停电也是很普遍的事儿，家里会常备蜡烛。小时候，我特别喜欢停电的夜晚，因为可以几个小朋友一起趴在蜡烛前，玩蜡烛流下来的蜡油、猜墙上的手影。第一次感觉到电的神奇，是大院里突然有了一台叫电视机的黑箱子，这个家伙一插上电，就会有人走出来说说讲讲、唱唱跳跳，电视机让我开始渐渐了解到外面的世界竟然如此精彩。我不再期盼停电玩蜡烛的夜晚，我迷上了这个家伙，暗暗发誓，等我长大了，也要买一台比这台更大更清晰的电视机，我还要去电视机里讲的那些地方去看看，是不是真的跟它描述得一样迷人。

后来，我们从大院搬进楼房，家里不仅有了电视机，还有了洗衣机、冰箱。再后来，爸爸给家里买了一台小烤箱，小县城比较穷，买好吃的不方便，妈妈就用它给我们烤油酥饼、烤鸡蛋糕、烤米锅巴，想方设法改善我们家的小饭桌。电对我们日常生活的影响越来越大，也越来越重要，爸爸也因此常常值班、加班、抢修。从他嘴里，我知道了"户户通电"、知道了"一、二期农网改造"、知道了"县城电网改造"……可那时，我万万没想到的是，长大后的我会女承父业，不仅成为一名电力员工，并且也扛起了"农网改造"这个担子，与电力结下不解之缘，只不过我所经历的是新时代下的"新一轮农村电网改造升级"建设。

## 传　承

大学毕业后，我毅然回到铜川市，应聘进入市里的供电局。爸爸还在县城的电力局工作，他在那干了一辈子，那就是他的根。但是我能感觉到，他为此感到很骄傲，见人就说女儿工作了，干电力的，在市局。当然，我也很高兴，意气风发，满脑子都是我要接好父亲这一棒，决不能给父辈丢脸，在电力大院里摸爬滚打出来的孩子，一定要为电力事业做些什么！

刚开始，我在基层班组积累现场经验，搞过远动、画过图纸、钻过电缆沟、上过变压器……几年的历练，逐渐将我培养成一名熟练的老技术工。2012年，因工作变动，我开始从事农网改造升级工作。经过父辈们两轮"农村电网改造"建设，这时的农村电网已具备一定的规模，县城里所有的居民家中都能确保用上放心电。冬天，可以住在热烘烘的房间里，品着热茶；夏天，空调让我们不再备受炎热的煎熬；春天，随着机井变压器的阵阵轰鸣，田地里麦苗在欢唱；秋天，电动脱皮机，让深藏在大山多年的山核桃轻松脱衣，走出大山，远销海外。

木头电杆被水泥杆代替，高耗能配电变压器逐步退出舞台，配电线路的绝缘化让供电更加安全可靠……电网架构的不断完善，让农村电网日益坚强，贴心的紧修和上门服务，一个电话可以让群众足不出户就能快速解决用电问题，用上放心电、安心电。这时，电已经扎根千家万户，与老百姓的日常生活息息相关，没有电，几乎寸步难行。

电让我们生活品质提升，电拉近了人与人之间的距离，电让社会文明突飞猛进，电让许多的不可能变为平常……可这些发展的背后埋藏着多少人的艰辛与汗水，这其中的苦与难，也许只有我们几代电力人才懂。但是，这其中收获的成就与喜悦、发展与进步，却是广大老百姓有目共睹的，一代代的传承与见证！

# 期　　许

2015 年，国家加大农村电网投资力度，国家电网公司积极响应政府号召，在全国范围内开展为期五年的"新一轮农村电网改造升级"建设。这时，年迈的父亲已经退休了，他在农村电网改造一线一干就是三十年，如今他老了，眼也花了，背也驼了，干不动了，是该歇歇了。可是，农网改造的事儿得有人干，新鲜的血液得不断涌入，铁打的营盘、流水的兵，这一轮，就由我来见证！

开始接触到农网改造升级工作以后，才真正深深体会到做一名电力人，特别是电力工程人员是多么的艰辛与不易。

他们以大山为家，与虫鸟为友，翻山越岭，披荆斩棘，日出而作，日落而归。每一根杆塔、每一条电线，都烙下他们的印记。

车到不了的地方，他们能到；没有路的地方，有他们的足迹；三伏天，顶着 40 摄氏度的高温，迎着烈日站在杆塔上，汗水顺着袖子直往下淌；三九天，刺骨的寒风向刀子一样一刀刀划着他们的皮肤，眉毛、睫毛上结下厚厚的冰霜，双手冻得无法弯曲……

他们被狗追过、被虫叮过、被蜂蜇过、被蛇咬过；他们因青苗赔偿问题被误解、被追骂；他们因工期问题被责怪、被考核；他们因停电原因被委屈、被投诉……

可是，这一切的困难和艰辛，并没有动摇电力人对电网建设、改造的决心与步伐，多少年来支撑他们的不是简单的重复性工作，而是肩负着的服务社会经济、文化发展的神圣的社会责任，肩负着"点亮万家灯火""你用电、我用心"的庄严承诺……

大山听得见他们的呼唤、小河看得懂他们的柔情，当一基基杆塔拔地而起，一根根银线南北纵横，移民搬迁电网改造让深山里的孩子住上亮堂的大房子，当看到朴素的农民那一张张淳朴的笑脸，电动公交车取代常规能源公交车，电动汽车逐渐走进千家万户。他们的辛苦没有白费，他们的汗水没有白流。透过诸多艰辛与不易，看到的是电力人为了电网建设、改造所倾注的无限期望与努力，他们收获了喜悦和骄傲，他们无愧于自己的理想与信念，他们活得踏实、活得有价值。

时间不允许我们懈怠，社会文明正大踏步向前，电力人带着亿万人民的期许，带着神圣的社会职责，五年、十年、二十年……将一如既往地做好电网建设、改造，守护那盏回家的灯……

# 中国梦　电网情

孙　瑜

　　"李家河水库线路带电，投运正常。"凌晨三点半，大客户经理工作群里收到了客户经理从现场发回来的消息，线路终于投运成功了。这则来自凌晨三点的消息并非偶然，这就是国家电网人的日常工作。

## 春——营商环境建设年

　　2018 年西安被评为国家中心城市，这一年也是陕西省"营商环境建设年"，国网陕西省电力公司西安供电公司开展了营商环境推进会，明确了优化营商环境的内容及相关要求并对下阶段重点工作进行安排部署，为陕西的大发展大建设做贡献。

　　在会议中提出：党中央、国务院对优化营商环境工作高度重视，优化营商环境是提高人民群众获得感的客观要求，优化电力营商环境是公司可持续发展的内在需要。

　　市场及大客户服务室是接触大客户的重要窗口，公司要在优化营商环境过程中，组织窗口人员每周召开优质服务工作例会，对上周工作进行总结通报，对出现的问题进行分析讨论，查找根源并有效解决，对业扩报装和优质服务工作进行重点监督。同时，还组织稽查队对基层班所的营业窗口进行明察暗访，加大后台视频监控力度，切实增强人员服务意识，规范人员服务行为，规避服务投诉隐患，促进服务水平全面提升。

在全面做好服务的同时，各班所要全力以赴抓好优化电力营商环境的重点工作：一是提高政治站位，加强组织领导；二是规范人员行为，切实优化营商环境；三是想方设法缩短办理业务时间，提升工作效率；四是要有高度的敏感性，做到内转外不转；五是高度重视优化营商环境工作，做到优质服务无小事；六是强化人员责任担当，抓好工作落实；七是主动服务客户，提升办电体验；八是加强内外宣传，营造良好氛围。

营商环境推进会的召开为市场及大客户服务室的每一位员工指明了前进的方向，接下来就要"撸起袖子加油干"！

## 夏——送服务，送政策

西安供电公司环城东路营业厅电话响起："你好，我是西安市热力总公司的客户，现在想要增加变压器容量。""好的，请您告诉我们您详细的用电地址和联系人的电话，我们会尽快让客户经理联系您，并会在现场直接向您收取资料一并完成现场勘查工作，就不需要您跑啦。"电话报装工作的开通，正式开启了市场及大客户服务室从"被动"服务转向"主动"服务，我跑你不跑更是为客户进一步提供了优质的服务。

营业厅接到电话报装的消息，将报装信息分给客户经理，客户经理尽快到达报装地址，进行收集资料以及现场勘查工作。勘查完毕后完成供电答复，为客户提供最优化的供电方案，并将供电方案送至客户。之后就可以进行方案施工了。

在上门服务的同时，主动倾听西安市热力总公司对供电企业的建议和意见，并为企业送上用电新政、企业网上营业厅等与企业息息相关的利好消息。

西安供电公司每一位员工将以最饱满的热情为客户提供更好的服务，以"简单业务不用跑，复杂业务跑一次"的要求为目标，不断提升优质服务。

## 秋——互联网＋智能化营销服务助力企业发展

互联网＋智能化营销服务是在信息化时代背景下，以互联网为平台产生的一种全新服务模式。智能设备的加入让这种新的营销服务模式得到客户的一致好评，是国家电网公司基于网络平台进一步优化营商环境的又一妙招。

在实际工作中，西安供电公司注重推进"互联网＋智能化营销服务"，2017年就如何提高客户利用智能终端进行线上业扩报装进行研究分析，申报西安市40届质量管理会议，取得了优异的成绩。在宣传过程中，营销专业人员走访多家企业，介绍"95598"客户服务网站企业版和掌上电力企业版，通过手把手演示讲解，将用户注册、绑定以及线上业务办理向客户阐明，并向客户传授了各项注意细节及注意事项，指导客户如何足不出户便可完成业务办理并查询业务办理进度。

同时，市场及大客户服务室通过建立微信群，实现点对点、一对一的客户服务，大量减少客户往返供电公司与企业之间的次数。

"这些可以在手机上、电脑上完成的功能实在太方便了，业务就可以用智能终端完成申请，省去了往返营业厅的时间，这样一来我们要办的业务时间也就缩短了。"走访的企业用户高兴地对我们说。看到客户能积极使用智能终端办理业务并给予这么高的评价，专业人员也是由衷地高兴。

## 冬——你用电，我用心

"你用电，我用心"，这是国家电网人的服务理念，更是国家电网人的一项使命。在开展营商环境建设以来，大力开展各项便民措施和惠企业务，将用心服务与优化营商环境形成融合。

供电营商环境的好与坏，用电主体最有发言权，西安市热力总公司主任评价道："感谢西安供电公司为我们企业提供了有力的用电保障，使我们企业对扩大创收有了更大的信心！"

广大的国家电网人深知，优化营商环境是一项永不竣工的工程，只有起点，没有终点，我们会在服务客户这条路上越走越远。

中国梦，国网情。国家电网人用自己的行动书写着一首首赞歌。

你是一个平凡的人，爱岗敬业，无私奉献，用微笑温暖客户的心田，用青春为城市点灯，面对工作尽心尽力，面对困难毫不犹豫挺身而出，用坚实的步伐在卓越之路上行走，用平凡的双手抒写出一曲曲电力赞歌，这就是国家电网人！

你是一个坚韧不拔的人，当骄阳炙烤着大地，当冰雪覆盖了古城，当星斗挂满天空，当寒风肆意凛冽，你依然奋战在最前线，磨难怎会压垮你的脊梁，站起来，你就是巍峨的泰山，岁月在前，光明在后，额头上悄悄爬上的皱纹写满了忠诚和无悔，这就是国家电网人！

今天，站在这里，穿上这身工装，扛起电力人肩上沉甸甸的责任，披荆斩棘，诠释电力人的担当，誓守电力先行的誓言永不退缩！

永葆中国梦，誓守电网情！

# 抄 表 工 的 变 迁

潘世策

　　有这么一群人，他们每月都会扛着梯子走街串巷，这个小区的
李大爷、那个小区的王大妈，似乎全是他们的熟人。但他们却像是
忙着采蜜的勤劳蜜蜂，总与自己的熟人们擦肩而过，这便是一群穿
梭在城市里的电业抄表工。无论是天寒地冻，还是三伏酷暑，只要
到了抄表的日子，他们都要扛着梯子走街串巷去抄表。

　　抄表工经历了从手工抄表卡到红外抄表机，从单机运行的计算
机到国家电网 SG186 营销业务应用系统，采集器的安装投运远程费
控抄表的发展，工具和技术的变迁、升级，给抄表工的工作带来绚
丽的春天。抄表工从最初的机械表，到后来的电子表，再到现在智
能磁卡插卡表，电表的制造技术在短短十多年间发生了质的飞跃。
现在又推广安装"集抄数据采集器系统"，更加方便抄表工作。据
说电表功能强大，不但能够计算分时电价、阶梯电价、历史示数冻
结，还能够实现远程停送电和电量预警，甚至连断电次数和开盖次
数都能记录。数据采集器的投运，可以实现抄数后自动发给服务
器，省去了电表和服务器之间的数据采集终端层级。不但方便抄表
工的工作，也见证了国家电力事业不断发展的里程碑。

　　过去的抄表工，不管春夏秋冬，每月都要进行一次抄表。一个
用户一张卡，一个变台串起来就是一个本。一个月里半个月抄表收

费，半个月维护线路。抄完表后，把表卡交给营业厅里的营销员开发票，然后再拿着发票上门收费。抄表工作必须赶在每个月的 12 日全部结束，还得找时间核算电费，再挨家挨户发电费通知单，还要给上个月没有缴电费的居民派发催交单，抄表工每天早上都要 6 点多赶到现场，晚上到家还要整理数据，天天忙得脚不沾地。早出晚归，披星戴月，用"两眼一睁忙到熄灯"来形容过去的抄表工，毫不夸张。

随着社会的发展，历史的变迁，以及居民群众生活条件的提高，家用电器的普及，过去"电老虎""电霸"的格局已成历史。现在一户一表，一批又一批老式的电表已退出历史舞台，服务型企业、服务型社会已悄然走进千家万户。与表卡相比，抄表机更为简便：到农户家抄表时，在抄表机里输入用户号，客户的用电信息都会显示在屏幕上，回到单位之后跟终端电脑一连接，数据就全部拷贝出来了。有了抄表机，效率高多了。减少了电力抄表工的工作强度，提质增效工作又向前推进了一大步。

自从采集系统数据采集推广实施后，结合 SG186 营销业务应用系统，实现了从远程抄表、核算发行、银行收费、欠费提醒的全过程自动化控制，实现了中低压线损统计分析、抄表收费、用电检查、业扩报装的精益化管理，重构了营销业务内容和业务流程，客户服务能力和优质服务水平显著提高，实现了服务品质的飞跃。远程集抄，只需坐在电脑前轻点鼠标，就可以通过远程集抄系统完成批量抄表、数据录入工作，而且还可以对客户的用电情况进行数据分析，工作的强度大大降低。现在客户可以在手机上实时查询欠费预警、停电信息等免费用电服务信息，可以下载 APP 客户端，坐在家里在手机上轻松完成电费缴纳，便捷安全，减少客户路上时间，一切尽在掌握中。今后，抄表工的重心工作会偏向催收电费、线损计算等方面，偶尔对用电信息采集系统漏采的信息进行一次补抄补录。随着用电采集系统的完善，这种补抄表的概率也会越来越小。

抄表工还要有思想觉悟，耐得住清贫和灯红酒绿的诱惑，经得起炎炎烈日烘烤的夏季，经得起大雪纷飞寒风凛冽的冬日，经得起沙尘暴的袭扰，经得起大雨过后的泥泞小道，耐得住看家狗的追击，耐得住蜂群的叮咬、树虫的蜇刺……

抄表工人们多年的抄表工作让他们养成了一种"职业病"，一看见带电表的线杆就想爬上去看一下，一看到屋檐下的电表箱也想看一下，如果经过后不查看就感觉心里有点事。几乎所有的抄表工人都表示，虽然常常奔波在外，但是沿途一路走来却收获了与居民、乡亲们的友情，尤其是每到夜晚看到万户千家灯火通明时，内心更是有一种满足感和自豪感。他们感慨道："不论多么平凡的人，多么平凡的工作，只要有一种认真负责的态度，你总能在平凡中散发出光和热。"

当我们每晚聚在灯光下看电视、玩电脑和手机时，可曾想过是供电工人为我们搭建起这一座座光明的桥梁，而在这群平凡而又高尚的队伍中，抄表工人更是维系电力持续供应的先锋。抄表工们任劳任怨，每个人都会对这一特殊行业有新的认识，在枯燥的工作中主动找寻工作中的乐趣。

如今的抄表工，只是在采集系统或电表发生异常时，对不能上传数据的个别户表进行补抄，而且抄表方式也有了本质的区别，没有了厚厚的抄表卡，也用不着再核算电费，一切都由一个 POS 机大小的抄表器来完成。智能电能磁卡表的推广投运，抄表工坐在办公室里抄表，真正实现电是商品，先付费后用电。有效减轻电费回收风险，减轻员工工作强度，实现了企业和用电客户的互惠互利关系，解决了很多工作人员缴电费不便的问题，真正实现供电企业和用电客户的双赢。

眨眼间，几十年的光阴抛在脑后。电力抄表工的工作发生了翻天覆地的变化，过去那种原始抄表的方法已经成为昨天，渐行渐远。

# 汗水点亮万家灯火

## 潘世策

　　有那样一个职业，每天清晨当人们才刚刚睁开惺忪的睡眼，懒懒地舒展着筋骨时，他们背影却已行色匆匆地消失在刚刚破晓的晨曦中。在朝霞的映衬下，留给人们那褪色的工作服上熠熠生辉的几个大字"国家电网"。

　　"只需客户一个电话，剩下的事我们来做。"这是供电部门对用电客户的承诺。不管春夏秋冬、寒来暑往，不管骄阳似火或风霜雪雨，只要接到客户的故障报修电话，供电员工就会按规定的时间提前赶到故障现场，及时排查故障隐患，恢复供电，为客户送去光明。

　　每年最热和最冷的时候都是用电高峰期。部分供电设备一时承受不了供电负荷压力，发生跳闸、断路、短路、隔离开关丝具烧坏，甚至变压器着火等故障。不管是大故障、小故障还是客户下户线以内的故障，甚至客户更换灯泡等用电问题都成了供电部门的事。供电员工用一个"忙"字来形容毫不夸张，农村供电半径大、线路远、布点少，几年前一个员工要管一两千客户，就每月抄表一项工作就要马不停蹄地跑好几天，抄表资料卡片上传，电脑数据核对，都是忙忙碌碌。现在好了，现在都是集抄系统，在电脑上就能完成远程抄表任务，减少了工作强度，提高了工作效率。

随着社会的进步，农村经济发展逐步好转，农民群众的生活水平逐步提高，用电负荷不断上升，供电设备周期性轮换时间长，造成一些供电设备严重老化，故障不断发生。每逢节假日，还有很多供电员工坚守在自己的岗位上，不能和家人一起共享天伦之乐，不知牺牲掉多少个节假日不能和家人团聚。他们为了肩上那份责任，为了心中曾经说过的那句承诺，为了满足客户用电需求，选择了放弃和家人团聚的机会，振奋精神接收客户电话、传递的抢修命令。

夏天高温炎烤，一次次考验了供电员工的优质服务和敬业精神。哪里有供电故障，哪里就有供电员工忙碌的身影。三伏酷暑高温天气，就是坐在家里也是大汗淋漓，更不用说供电员工在滚烫的电杆上工作。只有亲身体验的供电员工才知个中滋味，他们是在认真履行国家电网公司对社会的责任，履行着肩上的那份承诺。

严寒冬天，气温零下几十摄氏度，人在室内都冻得瑟瑟发颤，高空电杆上更是冷若冰霜。在那些滴水成冰的日子里，供电员工没有怨言。在迎风雪、战严寒、斗酷暑中涌现出了一个个时代楷模。草根英雄，时代先锋吕清森；奋战高原，打造精品王晓兵；巡检线路，尽职尽责许启金；背篓电工宁启水，再苦再累无怨言；秦岭深山巡线工周红亮；扎根一线勤奋钻研，三十年如一日的张黎明……这些劳模事迹，是每一位电力员工认真学习的榜样。他们在平凡的岗位上兢兢业业、任劳任怨，为的就是把光明洒满大地，照亮人间，让用电客户享受着电能送给他们的清凉与温暖。

"诚信、责任、创新、奉献"八个字的精髓，就是电力员工前进的脚步，也是优质服务工作中良好形象的缩影，体现了每一名电力员工的自身价值，他们无私奉献，舍小家团圆，保大家光明，用诚信的服务在百姓心中赢得良好口碑，赢得了客户的支持和理解；

一次次及时的抢修服务，为民排忧解难，赢得了社会各界的赞扬。每当看到客户家里电灯重新亮起来的刹那，心中一**丝丝**甜蜜的感觉荡漾在电力员工疲惫的脸上。

"你用电、我用心"是国家电网公司对社会责任的诠释。每当五彩缤纷的礼花在夜空中升起时，他们却坚守在保供电的岗位上，有时一个故障接着一个故障地排除，不管是逢年过节，还是平时用电，只要客户有需求，电力员工都在第一时间上门服务，不管天气有多恶劣，不管环境有多艰苦，都要及时恢复供电。那电流声里有供电员工一份辛勤汗水，那灯火辉煌里有他们一份梦想，城市里一直延伸的火龙就是电力人输送的亮丽血液。

当人们看见蓝天下"电力五线谱"勾勒出的一幅幅美丽图案时，当大家漫步在灯火闪烁的大街小巷时，这美好的一切，都凝聚了电力员工辛勤的汗水，倾注了电力员工无私奉献的爱。他们用神奇的妙手，将每一束电流，引进了遍布大江南北的电网，流进了大地的每一根血管；他们用爱的力量，擦亮了黑夜的眼，让光明穿透了世界上每一个人的眼；他们让音乐飞扬天空，让舞蹈旋转大地，让笑容更加明媚，让阳光无比灿烂。

"人民电业为人民"诠释了电力行业的社会责任担当，电流传输的方向，就是电力人奋斗的轨迹，广阔电网就是他们的人生舞台。不论酷暑寒冬、白天黑夜，为完成一次又一次设备检修任务，晴天一身汗，雨天一身泥；冬天吹裂嘴，夏天晒掉皮。他们用辛勤的汗水，挥洒出宁静乡村的万家灯火；用诚挚的感情，编织出繁华都市的七彩霓裳。傲骨铮铮，挺起铁塔入云；柔情无限，织就银线烁空；光明递送，情召风雨彩虹；平凡奉献，唯我电力职工。

仰望远方，在湛蓝的天空下有一道靓丽的风景，那就是山崄上的电力铁塔直冲云霄，条条银线穿越在云海之间，被阳光沐浴后发出熠熠生辉的光芒，一直延伸到远方，为人们送去光明。屏住呼吸聆听大地的声音，似乎听见了巡线人的脚步声，正从远方的电力铁塔线下一步步走来。他们用汗水浇灌的电力之花，开遍祖国大江南北。

回头看看，农电体制改革后，三新农电发展战略、户户通电、新一轮农网改造升级、一户一表、青藏联网工程、村村收费点、智能卡表……这些惠民工程，一桩桩一件件，处处都洒满了电力人的汗水情结。在祖国的大江南北、山川平原、沟壑纵横的地方，那一座座铁塔、一根根电杆，都是电力人挺起的不屈的脊梁。那一条条银线、一串串绝缘子，都是电力人用汗水连接起来的结晶和闪烁明珠。走在城市乡间的输电线路上，条条银线就像是音乐五线谱，正在弹奏着和谐、敬业、诚信、责任的光明音符。

每当华灯初上，电力人心中的苦、心中的累都在依稀可见的霓虹灯光中荡然无存。他们几十年如一日，甘于寂寞、甘于奉献，日复一日、年复一年，任青春在平凡的岗位中悄悄消逝。电是人们的眼睛，电是人们幸福生活的源泉，电是城市崛起的助推器，电是工农业生产生活的基础保障。社会的进步、经济的腾飞、人们生活水平的提高，都是电力服务的推动作用带来的广阔前景。

写到这里，我想起了一首歌——《为了谁》："泥巴裹满裤腿，汗水湿透衣背……你是谁，为了谁……"我说，为了客户的光明，为了社会的和谐；为了祖国的安宁，为了人民的幸福，电力人用汗水和责任构筑了坚强电网，织就了光明和谐的梦想。

# 情人怨遥夜　竟夕起相思

周　昕

亲爱的老公：

　　纸短情长，见字如面！

　　夜已深，窗外的月光倾泻而下，手捧一杯香茗，氤氲的茶香似乎勾起了过往的点点滴滴。"从前的日色变得慢，车、马、邮件都慢，一生只够爱一个人……"耳机里一遍又一遍的单曲循环着，思绪仿佛又回到了几年前……

　　老公，你可知道，刚认识你的时候，你就穿着帅气的军装，我承认，让我着迷的，也是穿着军装的你。你带我走在周末的校园里，穿过操场，路过食堂，滔滔不绝地讲述着你军校的故事，而我却沉浸在别人"羡慕"的眼光中。就这样，我们慢慢地坠入爱河，无法自拔。转眼间，我毕业的日子到了，安康，一个在地图上似乎并不起眼的地方，让我们开始了长达5年的爱情长跑。思君如明烛，煎心且衔泪。对你的思念并没有因为遥远的距离而减少半点，反而与日俱增，每时每刻都想见到你的脸庞，夜里经常梦到你，梦醒了却扑了个空，那一刻，我才懂得什么是"玲珑骰子安红豆，入骨相思知不知"。

　　老公，你可知道，2016年，我们终于结束了爱情的长跑，在亲友的祝福下步入了婚姻的殿堂，爱情的长跑到了终点，分居的生活也就从这个时候开始。我羡慕那些下班有爱人陪伴的同事们，也幻想着自己下班能够看到你在不远处向我挥手。理想很丰满，而现实却很骨感，我依旧是一个人上班、下班、买菜、吃饭。总是打电话问你什么时候回来，而你却说，快了快了，最近忙，忙完这段时间就好了。印象中你总是很忙，一年似乎要忙两次，上半年一次、下半年一次，每次回来都不超过一周，就匆匆返回了单位。你更像是一位虚拟的老公，只存在于电话那头，"问君归期未有期"，只能在电话里与君共话巴山夜雨时！

老公，你可知道，军嫂的生活多不容易！2016年12月，怀着身孕的我去做产检，挂号、排队，都是我一个人。护士说："你别动了，让你老公去，你老公没来吗？""没事，我自己可以。"转身后，眼中强忍的泪水流了下来，老公，你知道那一刻我有多么委屈吗？我多想靠在你的肩膀上，多想让你在我身边。回到家后，我们第一次发生了争吵。你说现在正是单位飞行训练旺季，保障力量有限，所有人员都坚守在工作一线，作为中队长的你，又怎能回去？可是我想不明白，你的工作真的比我和孩子还重要吗？我是一名军嫂，可我也是一名普通人，简单的陪伴，却成了我最大的奢望。

老公，你可知道，思念是一种幸福的忧伤，是一种甜蜜的惆怅，也是一种温馨的痛苦。既然你回不来，那我就过去！第一次去你的单位，情况比我想的要糟糕，家属来队住的地方也没有，我们只能暂借别人的房子栖身，天不亮你就出去工作，夜深了你才拖着疲惫的身躯回来。终于迎来了周末，你带着我和女儿去"参观"你的宿舍，你的办公室，还有外场你维护过的一架又一架飞机。就像我刚认识你一样，你依旧滔滔不绝地讲着，眼中闪烁着骄傲的目光。不同的是你的怀里抱着我们的女儿，年轻的战士们热情地叫着嫂子，而我也是第一次感觉到作为一名军嫂很光荣。虽然当年你没有踩着七彩祥云来娶我，但现在的你，就是我心中的盖世英雄！

老公，你常说，你选择了军营，我选择了你，我也就选择了军营，我要姓"军"，女儿也要姓"军"，我知道，无论你身在何处，对军装的感情都难以割舍。

老公，你常说，你的军功章也有我的一半，你把三等功的奖章戴在了我的脖子上，沉甸甸的，我知道，这枚奖章，除了奉献还有浓浓的爱。

老公，你常说，你亏欠我和女儿太多太多，陪伴、关心、父爱，只能以后慢慢地弥补，我知道，你的心中要装着国家，心里要想着人民，因为你是一名军人。

老公，相识9年来，我体会过"天涯地角有穷时，只有相思无尽处"的思念，理解了"衣带渐宽终不悔，为伊消得人憔悴"的执着，终于懂得了"两情若是久长时，又岂在朝朝暮暮"的真正含义。

老公，你是共和国的军人，嫁给你成为一名军嫂后，我委屈过，但我从未后悔过，你和千千万万的中国军人一样，守卫一方安宁，我也会像千千万万的军嫂一样，在远方默默守候你，做你最坚强的后盾。

夜更深了，茶香也渐渐散去，不知此时的你是否还在忙碌，老公，无论你在哪儿，无论你干什么，我和女儿会一直在你的左手边，永远支持你，因为你敬礼的右手，永远属于祖国！

妻：周昕

己亥年五月十一日夜于家中

情人怨遥夜 竟夕起相思

# 致悠悠宝贝的一封信

李芊芊

亲爱的悠悠宝贝：

　　你好呀！我是你的妈妈，怀你已七月有余，虽然我们还未曾谋面，但我已无时不刻感觉到了你的活力。最开始，你在妈妈的子宫里，像一条小鱼，游呀游。到后来，我能很清楚地感觉到你那健壮的小腿肚，在妈妈的肚皮上蹬出一个大包。那是妈妈最幸福的时刻。

　　亲爱的悠悠宝贝，在妈妈还不是妈妈以前，很难体会到母亲的不易。自从成为你的妈妈，一根纽带联结了我和你的心跳，使我们血脉相通，心灵相连，也让我回想起和自己的母亲也曾如此亲密地联结。我不大记得小时候的事情，但旧相册里母亲那青春俊俏的面庞，少女感十足的衬衫和格子裙打扮，让我意识到母亲原来也年轻过。为了家人她默默付出了许多，岁月的纹路不觉间已爬上了她的眼角。她一定是最想见到你的人。等你出生后，我还要让你见见我的外婆，你的太太。她已是位八旬老人，她也一定非常希望见到亲爱的你，我能想象到她枯柴般瘦弱的手抚摸你光滑幼嫩的肌肤时，饱经风霜的脸上绽放出孩童般的笑容。外婆和妈妈和我和你，都曾紧紧地心血相连，我们的体内都流淌着相同的血脉，多么神奇啊！

　　亲爱的悠悠宝贝，还有两个月我们就要见面了。我迫不及待地想要见到你呀，希望陪你遍历整个世界。我要带你领略祖国的壮丽山河，带你追寻历史的文化脚步，带你品尝世间的珍馐美味，带你探索自然的春夏秋冬……

春天，我们去幽静的山谷中，听鸟儿婉转地歌唱；在潺潺的溪水边，感受鱼儿亲吻脚趾的酥痒；趁春风沉醉，去赏花，去爬山，与对面山顶上高高伫立的铁塔遥遥相望，看那如五线谱般的电线翻山越岭，在联结大江南北的土地上，激昂地奏响能源之乐章。

夏天的傍晚，我们在汉江边乘凉，欣赏喷泉婀娜多姿的舞蹈，用相机记录下五彩斑斓的霓虹夜景；或者坐在河畔的大柳树下，静静地听蝉孜孜不倦地奏响那首单调的曲目；又或者在宽阔的广场上，爸爸教你骑脚踏车、放风筝、打篮球……等你们俩玩累了，妈妈为你拭去头上的热汗，再递上解暑的饮品。三个人手拉手，哼着欢快的歌儿踏上回家的路。

秋天，等待一个下雨天，我们去看燕子低飞，蚂蚁搬家；打上彩虹色的雨伞，穿上崭新的雨靴，在水坑里踩水，看水花飞溅；驱车去瀛湖，看大坝泄洪，感受那犹如万马奔腾的壮观景象。

冬天，我只想窝在温暖明亮的家里，煮一锅香气四溢的肉汤，再配上优美的音乐，蜷坐在沙发上，同你一起在书海中遨游，分享各自的心得与收获，驻守这美好的亲子时光。

亲爱的悠悠宝贝，你犹如初升的太阳，萌芽的种子，在岁月的洗礼中，你也将成长为参天的大树，祖国的栋梁。中华民族一代又一代，将优良的传统文化传承发扬，文明思想的种子早已埋藏在每个中华儿女的脊梁。我们的国家克服了种种艰难险阻，正一天天变得越来越强大；我们的企业也蒸蒸日上，面对新的挑战，迎面出击，攻克一座座技术堡垒，将命运掌握在自己手中。妈妈所在的单位，世界 500 强之一的国家电网，正如火如荼地建设着"三型两网、世界一流"的全球能源互联网，把一流的技术和清洁高效的能源输送到世界各地。妈妈希望有朝一日，你也将加入这支队伍，去建设祖国，去担负起你应有的职责。

　　亲爱的悠悠宝贝，未来可期，我愿与你携手共进！

你的妈妈

二零一九年五月二十日

# 监 控 365

陈亚杰

"事故跳闸，事故跳闸，事故跳闸，恒口变开关变位……"

反复的报警声在安静的大厅里翻滚，疲惫的大脑一下子清醒了许多，已是凌晨三点钟，仔细查看告警信息确定是"恒口变129李家坝过流Ⅱ段保护动作，开关跳闸，且重合不成功"，于是快速汇报调度，通知运维单位检查设备。

"叮铃铃，叮铃铃……"没等电话再响，"你好，我是监控班陈亚杰。"

"你好，我是高新支公司线路运维人员，129李家坝线路故障已隔离，人员已撤离，申请试送。"

"好的，请稍等。"在汇报调度并获得批准后，将开关转运行。编辑完监控运行日志，再看看表将近四点钟。之前的疲倦消失不见，窗外星点灯光。今天是担任监控值班员的第476天。

最近在看《梁家河》这本书，对其中的片段感触颇深，习近平总书记在一次专访中也讲到，当年在梁家河农村插队，是过了"五关"的历练：跳蚤关、饮食关、生活关、劳动关、思想关。出人意料的是，第一关不是劳动、思想，而是小小的跳蚤。看似简单的跳蚤，却是他融入乡村生活的最为艰难的第一步也是最重要的一步。这让我想起了自己在监控班一年多的学习和成长。

### 监控工作第一关——疲劳关

夜晚的调度大厅空荡安静，监控机时不时发出告警信息，虽然自己是资深夜猫子，但过了凌晨，困意还是禁不住席卷而来，和瞌睡虫打了几百个回合。可当班值长唐凯却异常清醒，丝毫不受生物钟的影响，他说道："监控工作就是很基础却又很重要的工作，如果马虎大意，电网就像人失去了眼睛，安全无法保证。"于是为了保持头脑清醒，咖啡、茶和闹钟便陪伴了我每一个夜晚。

### 监控工作第二关——技能关

如果说夜班是监控工作的敲门砖，那监控信息处置就是监控工作的基石。监控信息主要反映变电站一、二次设备的运行情况，目前安康供电公司集中监控的变电站有 61 座，每天仅异常告警就上万条，数据庞大，监控员不仅要做到"零遗漏"，还要快速甄别、准确判断。记得 2018 年 7 月 25 日下午，电闪雷鸣、狂风大作，监控机接连发出白河变、旬阳变、瀛湖变线路接地和茨沟变、神河变开关跳闸报警，告警窗开始刷屏，很多信息被覆盖，自己顿时手忙脚乱慌了神。值长立即查看了变电站一次接线图和监控告警历史，依次记录了异常发生时间和重要信息，并通知相关单位。扎实过硬的业务素质，使得每一次电网异常都能有条不紊地解决。当值发生的异常，值长都会再耐心讲解一遍，下一个异常处理就是现场考试，千锤百炼，技能这一关没有终点。

### 监控工作第三关——安全关

安全是电力生产工作的重中之重，每一位电力生产员工都要接受《国家电网公司电力安全工作规程》的"洗礼",我也不例外。在监控工作的第二个月,我参加了公司举办的安规培训和调考,培训和考试异常严格,安全事故案例是一次次真实的血的教训,使我真切了解到工作现场安全管控的重要性,而监控员也更应该熟知安全工作规定,并落实到工作行为中。安全无小事,勤监控,勤汇报,不放过任何安全隐患是监控工作的安全准则。

朋友总说我会"隐身术",因为我们总是在错过。每天早晨和来公司上班的同事"告别",他们上班,我们下班;经常和饭后散步的人们在夜晚九点色彩斑斓的安康大桥上、在热闹非凡的金州路上、在恬静悠闲的小区步道上,他们回家,我们上班,我就是这样完美地和大家"擦肩而过"。

"异常告警,异常告警,异常告警……"告警窗口弹出"双龙变直流绝缘异常"。杂乱的思绪立即集中起来。

"你好,我是监控值班员陈亚杰,双龙变发出直流绝缘异常告警,经查看直流屏电压遥测异常,怀疑直流接地,请迅速到变电站检查设备。"

我是地区监控员,调控大军中的一支力量,见证着一个城市365天发展、24小时变化、昼夜交替。每当灿烂灯光点亮黑夜,我为自己是一名监控员而感到自豪。

# 爱在左　责任在右

沈　童

我们每个人都生活在过去、现在和未来三个时空之间。过去的时空，保存在记忆和想念中。无论是亲历还是听说，都已成为生命的一部分。那些曾经震撼和感动的日日夜夜，也许会被时间掩埋，可是一旦拥有想念的契机，便会引燃，再次冲击我们的情感和灵魂。

在我的身边有这样一群头戴安全帽的师傅，他们脚踩铁塔，大山为伴；他们白天黑夜，电话为令；他们风里雨里，坚守岗位，用实际行动守护着千家万户的灯火通明。他们就是可亲可敬的国家电网人。今天的安康电网，在一代又一代国家电网人的努力下，焕发着蓬勃生机，绘画着美好蓝图。

还记得 2017 年的夏天，我刚刚走出校园加入国网安康供电公司，怀揣着一腔热情，带着几分稚嫩投身到变电工作中，初入变电站的我可以说是又蠢又笨，拉隔离开关的声音也会把自己吓一跳。傻乎乎地分不清互感器、断路器。好在安全员焦斌师傅不厌其烦地教导我。通过他的言传身教，我看到了安康供电公司变电职工身上最为普遍的敬业精神和责任意识。

那是 3 月的一个清晨，因为家养小狗的骤然离去，我的心情十分低落，满脸都写着伤心难过，在上班路上，焦师傅就看出了我状态有些不对，悄悄地问我怎么了，我当时笑着勉强地回了句："我没事。"当天有一个操作任务，需要我来配合，他再三询问我有没有问题，我都回答了不碍事，但是他并没有将这件事就这样带过，而是对我说："你的精神状态太差了，我来安排其他人进行此次操作。"在完成操作之后，他语重心长地说道："小沈，并不是我不相信你，而是咱们有规定的，这种情况下，身为安全员，我一定要对你的行为负责啊。"

我想在我们的工作生活中，还有很多像焦斌同志这样的人，立足岗位，坚持对每一项操作都认真监护、严格把关，他们把对岗位的担当摆在最重要的位置，把对生命的尊重表现得平淡又深刻。

2008年春节前后，一场罕见的暴风雪席卷大半个中国，连续几周的冰雪灾害，严重堵塞十多个省区的交通、电力等动脉。临近大年三十，还有上百万旅客滞留在各大车站，有的重灾区还处于断水、断电、断路的状态。令人不可思议的是，短短几天，上百万滞留旅客奇迹般被疏通，重灾电力设施恢复60％以上，中国人民又度过了一个欢乐祥和的春节。

寒风中那一个个忙碌的身影深深地印在每一位中华儿女的心中，是他们使塌方道路变得畅通无阻，使被困同胞感到温暖，使一片片黑暗重现光明。

那么，是什么支撑他们不顾疲惫，坚持在抗灾救灾的前线？常言道，无穷的远方，无数的人们都与我有关。是爱与责任让我们拥有面对一切的勇气，从而也有了战胜困难的壮举。

作为一名国家电网人，我想对我身边的每一位同事说："担当，是生命的灯塔，更是企业的发展和保障。所以，当我们仰望蓝天下电力五线谱勾勒的一幅幅美妙图案时，当我们注视着变电站里各种设备安静平稳正常运行时，当我们欣赏着'江水南流夜有声，万家灯火夹江明'的幸福画面时，请牢牢记住，爱在左，责任在右。"

# 幸福像花儿一样绽放

张　静

　　我出生于 1979 年，那是我们伟大的祖国实行改革开放的第二个年头。那时候年纪很小没什么印象，只感觉到父母为了工作经常不能陪伴我，物质资源奇缺匮乏，更别谈什么"精神食粮"；交通极其不便利，我在家乡一待就是好几年，连火车站都没去过；像我们这样普通家庭的孩子也没有上过兴趣班，每当在学校看到音乐老师唱歌跳舞就会瞪大了眼睛，专注向往；没有通往外界的窗口，只是偶尔聚在有电视机的小伙伴家里看个十几分钟动画片就很满足了。

　　光阴似箭，日月如梭。2018 年我们迎来了改革开放四十周年，祖国发展日新月异，人民生活欣欣向荣，中国人的生活发生了天翻地覆的变化，从四十年前吃不饱到如今的健康生活、节食减脂，从四十年前中国人服装款式颜色单一到现在网店实体店、国内国外尽情挑选，从四十年前的出行困难到现如今私家车、高铁、飞机随意乘坐，改革的春风吹遍神州大地，老百姓的衣食住行大有改观，日子就像芝麻开花节节高，这是我们做梦都没有想到的幸福生活，这是伟大祖国再次开创的新时代。

　　当习近平总书记倡导社会主义核心价值观，提出"撸起袖子加油干""幸福都是奋斗出来的""我们都是追梦人"，听到这实实在在、温暖人心又非常励志的话语时，不禁让人壮志满怀、热泪盈睚，因为我们看到了一个崭新的中国，一个朝气蓬勃、充满希望的中国。

记得很小的时候，爸妈工作繁忙、两地分居，我逮住机会总会对妈妈说："妈妈，给我生个哥哥姐姐吧！"这种让大人捧腹大笑的想法对于七零后或八零后来说恐怕不止我一个人。对兄弟姐妹的渴望与依恋，使我与表哥表姐们一到暑假就打成一片、开心满怀。但是仍旧觉得如果是自己的亲哥哥或亲姐姐，那才是世界上最幸福、最值得炫耀的事情。有福可以同享，有忧可以分担，那种甜蜜滋味让你睡梦中都能一直嘴角上扬。这个心心念念的想法从未被搁置。

现在，国家积极开展应对人口老龄化行动，实施全面二孩政策，中国从 1980 年开始推行了多年的城镇人口独生子女政策真正宣告结束。这是一个令人欣喜若狂的好消息！作为 1979 年出生又是独生子女的我来说，心中满是激动，终于可以圆这个多子女的梦啦，于是积极响应国家号召，迎接二宝的出生。我羡慕女儿有一个亲弟弟，长大了可以保护她，我羡慕儿子以后有姐姐的照顾与陪伴，我的父母除了拥有子女的悉心照料，更有两个孙子孙女膝前绕，享受天伦。虽然在养育女儿的基础上，又多了一个孩子需要家人付出更多的时间与精力去照顾、去呵护他们的成长，但是他们带给我们更多的是希望与传承、欢笑与欣慰。

相对于二宝的教育，我们秉承传统文化与现代理论教育相结合的方法，让他在玩乐中学习成长。注重诗词歌赋的文化熏陶，在不断地听、看、讲、读中加深记忆，循循善诱，不仅让孩子在不知不觉中会读了、能说了，避免了那种"填鸭式教学"的不快乐，还能让他简明清晰地领略出诗词的意境。在学习诗词这一点上，孩子姥爷功不可没！姥爷年轻时就是文学爱好者，四大名著、唐诗宋词、论语诗经、中外长篇短篇小说都爱不释手、津津乐道，老人在教孩子学习时比我们年轻人更富有耐心和包容心，不急不躁，字句斟酌。孩子也在姥爷的潜移默化里沐浴着千年灿烂的国学文化，朗朗上口地说着三字经、百家姓，吸取着传统文化的精华与智慧，耳濡目染着敬老尊贤、温良谦卑、感恩他人的优良品质。同时在待人接物、和小朋友玩耍的过程中，刻意引导、教会他爱国、诚信、友善、关爱等良好品格和行为习惯。反复加深、不断重复好习惯的训练，让孩子明白没有规矩、不成方圆。虽然只是一个两岁半的孩子，姥爷为他创设这种文化氛围浓厚的家庭环境，让他更早地接触到中国博大精深的历史文化。

我的大女儿和小儿子相差整整 12 岁，按 5 年一个代沟的话，他俩起码相隔两条"无法逾越的鸿沟"。但事实上，在我们家庭教育遵守"公平公正、团结友爱"的大原则下，不娇宠、不偏心，谁有问题批评谁，发现问题及时解决。因此两个孩子在正能量、爱意满满的舒适家庭环境里相处极为融洽，没有出现彼此妒忌、看不顺眼的现象，健康快乐地生活在一起，从而更加懂得了互相谦让、互相包容，对孩子的三观、性格培养都起到很好的促进作用。

新时代的女性不再是整天围着锅台转、家务活缠身的传统家庭妇女，现在的我们不仅在工作上独当一面，而且把生活也安排得井井有条，闲余时间可以根据自己的兴趣爱好参加各种专业培训，如瑜伽、花艺、茶艺等。国家给现代中国女性提供了更为广阔的发展空间和施展才华的平台，令我们精神饱满，自信自强，身心愉悦。

习近平总书记说："让人民生活更加幸福美满。""人民对美好生活的向往，就是我们奋斗的目标。"他的不忘初心，让亿万龙的传人寄托着美好的梦想；他的大爱无疆，让亿万中华儿女的心聚合

幸福像花儿一样绽放

在一起；他的风雨兼程，让亿万中国人民的幸福指数急剧提升。

　　老百姓的幸福生活与祖国的稳步发展息息相关，作为一名普通的中国公民，我早已真真切切地体会到幸福像花儿一般绽放着，那些越来越好的日子、滋润心田的幸福故事，已经隽永地留在我们的心间。

# 追 日 的 脚 步

## ——铜川供电公司运维检修部带电作业班之奉献篇

邱罗莹

太阳从东方冉冉升起，这是京兆华原新的一天。

半个世纪，绿色能源，永恒动力。铜川业已形成由三座330千伏变电站，以柳湾智能变为代表的30座110千伏变电站和10座35千伏变电站构成的三角环形供电网络，服务铜川86万城乡居民。

安全可靠、结构合理，坚强智能的品质，铜川电网成为转型提速的铜川经济社会发展的强劲引擎，国民经济和发展"十二五"规划，特别是"十三五"以来，铜川电网销售电量，连年翻番创建局40多年历史奇迹；从卫星上看不见的城市，到全国宜居城市榜上有名，铜川正在由黑转绿破茧与涅槃。

时针指向7点15分，距上班时间还有一个多小时，带电一班安全员王根社，保持军人的作风，20多年来坚持提前一个小时上班。

晨曦在铜川供电公司匆匆上班者的身上泛着金色的暖光。

王根社13年志愿兵，转业供电公司16年，好钻研，善学习。带电操作的技能很快掌握，成为带电班得力干将。他看到铁塔接地网安装，每次都要电焊工配合，当焊工忙不过来时，施工班组还要等。他于是干起兼职电焊，而且技术日渐精进。参加国网陕西省电力公司系统焊工比武时，选手们都在练，护具短缺，要等别人练完才能练。他抢时间磨剑，胳膊被飞溅的焊花灼伤，自己都能闻到烧焦的煳味，也不停手，竟然在高手如云中勇夺第一。

电焊可以将思维构图和构件催化成实物。头脑风暴之后或者灵光乍现时的人们，不分上班下班、白天黑夜地将愿景、创意、蓝图等奇思妙想和他交流、沟通。在全班 40 多项成果中，尽管他署名不多，但大家知道这每一项里面都有他独到的诀窍和鲜招。

安全重于泰山。他是班上的安全员，加上他自己也爱琢磨，不光每天提前上班，下班后收拾摆放工器具入库归位，星期天基本上都泡在班上。安全知识题多难记，他发明"一周一卡，每天一题"，制成一张一张小卡片进行安全知识培训，班员随即抽答，一视同仁，形式喜闻乐见。带电一班连续安全运行 15 年至今，闯过多少生死关口、经过多少带电作业高难考验，每一个安全答题所起的保障作用，自有一同走过来的人知道他的重要。

副班长陈全利走进门来，王根社说："快！你给他说班上的事。我也不会说！"

陈全利和劳模班长陈炳勤在带电作业班待的时间最长。铁打的营盘流水的兵，但作为兵头将尾的班长和他应该算是元老级别人物，快 30 年了。

陈全利是典型的只爱干活不爱说话的人。也许劳模班长选他担任自己的副手，就看重他这一点。

他说："没有啥好说的。我就觉得劳模这人人好，对人心诚，当班长 20 年来对谁都一个样。我有时，事后明知道自己做错了，虽然心服，但就是口上不认错。班长也不多说，仍然把最重的任务压过来。"

带电作业班又一名元老级人物刘成堂，一纸调令，离开带电班，充实到保线。但不能不说他。刘成堂属虎，个高精瘦，干活永不服输，工作交给他再难，你不用管，他保证拿下。干活不吭声，干完活冷幽默。在带电作业班干了26年，与和王根社、陈炳勤在国网陕西省电力公司实施"12333"人才工程中，他们三个旗鼓相当，同时聘为公司技术能手，多年来一直被津津乐道。

劳模班长陈炳勤是带电作业班担任班长时间最长的班长，自从20年前当班长，现在还是班长。年近不惑的他，熟悉的人都愿意叫他劳模班长。因为这人，对事、对人、对工作都有一个"诚"字。

年轻的李文群说："年轻力壮时，外出干活，班长一个人扛起四五十斤重的飞车就上山，这几年腰不好，就招呼人和他抬飞车上山。因为在所有工器具中飞车不是最重的，但它是最不好拿的，加上山路崎岖掌握不住平衡，有力使不上，更费劲。班长话不多，但做得多，做得让你心服口服。全班不管谁过生日都集体过，家中的大事要情，都招呼一齐上手，都去帮忙，有力出力、有智出智，或帮个人场。工作咋办？当然是不能耽误工作。他要求班员不迟到，从自己开始。"

参加工作这么多年来没见过、也没听过劳模班长用过一个脏字，始终是细心平和、自谦稳重、不紧不慢、微笑着向前的工作节奏。当有人说，班长带的徒弟都到了国家电网公司总部工作，多亏你的培养。"那都是人家自己个人努力的，与咱关系不大。"劳模班长平静地说。

春天，铜川市委宣传部长参观带电作业班，听到好多的感人事迹，特别是一个班组获得"全国职工模范职工之家"，就要铜川日报组稿宣传，为全市树典型；一月后地方党报以《"小家"好才有"大家"好》头版深度刊出，又一月后陕西日报头版以同题加编者按刊出。

铜川市市委发出关于《"小家"好才有"大家"好》报道的批示:"希望全市各级各部门和广大干部职工群众认真学习他们的先进事迹,团结拼搏,开拓创新,勇创一流,为铜川提速转型发展做出新贡献。也希望他们珍惜荣誉,发扬成绩,再接再厉,努力创造出新的更大成绩。"

铜川市总工会印发《铜川市总工会关于开展向铜川供电局送电工区带电一班学习的决定》:"他们在平凡而又十分艰苦的工作岗位上做出了不平凡的业绩,这是对市'创特色、比速度、争一流'总要求的具体实践""学习他们的学习精神、爱家精神、创新精神和奉献精神……""在全市工会系统和企事业单位中促进崇尚先进、学习先进、争当先进的良好风气。进一步弘扬工人阶级伟大品格,用工人阶级的先进思想和模范行为影响带动社会,为我市提速发展、加快转型、富民强市,构建社会主义和谐社会做出更大的贡献"。

劳模班长的班长,现任运维检修部专责的张长安说:"带电班自从首任班长屈怀玺起,就养成了良好的工作习惯,当天工作没完不能走。班长的活没完,大家等着;班员外出没安全返回,班长等着。在条件艰苦的情况下,班长和骨干先上,炳勤就是这骨干中的骨干。"

处处是创造之地,天天是创造之时,人人是创造之人。送电工区的QC活动和创新成果日渐增多,特别是带电作业班的创新成果,以其现场性最强,频频夺冠,荣誉不断,多项获奖。《处理330kV双分裂导线翻绞装置》《330kV带电作业工具压力轴承》被国家知识产权局正式批复,并颁发实用新型专利证书。

运维检修部输电人，在铜川供电公司的印象是"人合群、马合套"，能打硬仗、敢打硬仗和善打硬仗。

连夜请战参加南方抗冰抢险送光明、中华园世纪梦的奥运保电、国殇之时的抗震救灾、举国欢腾的 60 年华诞北京守岁、中国孙思邈中医药文化节……遇有急难险重特殊保电任务，局领导第一个想到的就是送电工区，特别是铜川新老区繁华地段、重要客户、重要时段的带电抢修，各项紧急艰巨的任务，非送电工区出手不可。

# 记忆深处的符号

李 霞

在我的记忆里，延安城昏黄的灯火一直陪伴着我的学习生涯。

记忆中，延安的灯火，从土窑洞那贴满寓意幸福的红剪纸中细细蔓延，演变成平房玻璃窗那昏黄的灯光。那时候，一到黄昏，我总是借着红遍了山头的晚霞和渐渐清亮的月光，奋笔疾书，母亲为了防止停电，在家中总是存放着大量的蜡烛以备使用。上学的教室里，电灯从最初的昏黄灯泡，变成了白得刺眼的电棒。上学的我，着迷于当时的金庸小说，一到晚自习以后，小说中那畅快淋漓、惊心动魄的武打场面一次次地让我陶醉，一到熄灯休息时间，宿舍里一片漆黑，我这金庸迷，哪里能放得过那剑光闪闪、扣人心弦的动作情节，点着手电筒藏在被窝里，直到自己的眼睛再也睁不开、胳膊再也撑不住、手电筒的光亮再也没有先前亮的状况下，才会罢休，真盼望我是一名电力使者。远离家乡求学的我，喜欢回家的路上那流光溢彩的车灯和路灯，当远远看到延安城渐渐清晰的灯火时，就会产生一种温暖的感觉。

总是能想起那些青涩的年纪与高耸的水塔，整日嗡嗡响个不停的发电机组，一大堆不规则的铁球摊在那里等人整理出规则的圆球再利用，还有细细的灰渣总往鼻子里钻……时间过得太快了，不经意间我已变成了孩子的母亲，我曾为之挥洒青春的地方化为灰烬，一片狼藉，命运真是捉弄人，只有记忆让一座座水塔重新矗立……

随着年龄的增长，时代的变迁，一栋栋高楼拔地而起，"楼上楼下电灯电话"的传说，再不是一种神话，而是真真切切的存在，人们的生活与电产生了息息相关的联系，越来越离不开电，在每一个普通人家里，各式各样的照明灯"竞相开放"，有针对孩子们学习的护眼台灯，有床头上可以调解光亮的床头灯，有洗澡用的浴室灯，有各种型号的节能灯、壁灯、夜灯、吊灯，还有电脑、手机、空调、电子灶、微波炉、组合厨具等，家用电器现代化走进了普通人的家中。黑漆漆的延安城、稀少的人群，还有，为了取暖做饭，烧火熏成一个个的大花脸和黑鼻头，以及被烟熏得脏兮兮的锅底，已经沉淀在人们的记忆里。

来延安参观过的游客们，都清楚宝塔山在白天和晚上是截然不同的，白天适宜爬上山顶与宝塔近距离接触，晚上则适合远距离观赏巍巍宝塔山的壮观景象。夜晚华灯初上时节，观夜景的人群，熙熙攘攘、谈笑风生，久久沉浸在星星点点般灯火璀璨的延安城。

电告诉我，在经济的大潮中，电除了逐渐恢复延安的青春容颜外，还要再付出更稳定、更充足的电力网络和快捷、便利的优质服务，让延安城更加璀璨，让延安人民更加富裕。

# 四种人生　一种光明

## 白　银　王怡君

所有的故事都要从那盏灯说起。1882 年的外滩，神州大地的第一盏灯光亮起，照亮了 960 万平方公里的土地，也照亮了几亿同胞的心。100 多年来，这种光明始终驱使着我们奋勇向前、砥砺前行。历史已经过去，我们无法见证那段追求光明的奋斗史，但有幸的是，我们可以用文字记录下这点点滴滴的电力人生……

### 那 曲，远 方 的 家

"我一定会把公司好的精神和过硬的技术带过去，带到需要建设的地方去。"韩康在欢送会上如是说。说话间，他顿了顿，想起家中 7 个月大的女儿和妻子，不禁有些哽咽，微红的双眼却坚定地望着大家，看不出太多离别的愁绪。

自"援藏帮扶"的通知下达到国网陕西省电力公司检修公司，柞水变的韩康就坐不住了。三十岁出头的他突然就想起了学生时代的梦想：到祖国最需要的地方去！那时稚嫩，满心怀揣着热血报国的梦想，和千千万万的有志青年一样，恨不得将自己扎根到最边远困苦的地方去，却迟迟没有等到今日这般好的机会。参加工作的这些年，日复一日地守护着柞水变，他有时觉得，站内的设备也是有生命的，每日走到开关前的那个拐角，就像遇见老友一般，他的心一瞬间就充实而快乐起来。几年前，他组建了自己幸福的小家，每当爱人陪伴在侧，女儿温软的小手触到他的脸颊，他就觉得别无他求。

但这平凡而幸福的日子里却萌出一棵不停蹿动的新芽，那是一颗想去支援西藏电力事业的拳拳之心，那是一腔倾尽所有建设边疆电力事业的赤城热血。他仿佛看到湛蓝的天空下电力风车在悠悠转动，灿烂的阳光里他扬起黝黑的脸庞；可回到家中，看到女儿那可爱的笑脸，一想到自己要去那几千公里外的地方，他的心就如同被人握住，紧紧地缩在一起。韩康的内心不是没有过挣扎，向往再向往，不舍又不舍，他最终还是狠下心来，踏上了为期一年半的去西藏那曲供电公司支边的旅程。

那曲，地处西藏自治区北部，位于青藏高原腹地，平均海拔4500 米以上，除东部少量半农半牧区外，基本上为纯放牧区，在这片广袤的土地上，彩色经幡随着烈烈寒风飞扬，数百公里也难见一人的牧区里似乎回荡着转经筒嗡嗡的声响。

还没来得及看清这里的风貌，高原反应就向韩康袭来。头痛，那种持续的撕裂般的痛，睁开双眼，眩晕感使得天和地都转了一个角度，阳光的光晕在眼前飞速旋转，呼吸，再呼吸，却依然喘不上气，胸口的钝痛一直蔓延，似乎没有消弭的时刻。一天、两天、三天……他终于从缺氧的桎梏中挣扎出来，慢慢才看清这片湛蓝天空下的世界。黄色泥土夹杂着干草的土地一直蔓延到天际，远处高耸的雪山顶覆盖着皑皑白雪，一条电力线路从草原上横亘而过，突兀又骄傲地，化作这片土地存在现代文明的唯一标志。

没有预兆的，一种强烈的情感猛烈地冲撞着韩康的心，他觉得眼前的这个地方在梦里曾经来过，或许是这空无一人的草原和放眼望去唯一的电力线路让他变得笃定，在零下 20 摄氏度的寒风中，他突然油然而生一种使命感，那种留下来建设那曲电网的热望灼烧着韩康全身，他从没有像今天这般渴望看到夜晚的那曲因他的付出而明亮，就连哈出的热气他都觉得在空气中凝结成守护和责任的形状。

他突然觉得，家并没有离他远去，他不远万里地奔赴这里，只是回到了另一个远方的家。想到这里，这一年在那曲工作和生活的时光顿时变得充满眷恋和珍贵起来，在那曲，没有了妻女的陪伴，韩康却为内心深处"去最需要的地方投身电力事业"的愿望找到了停靠的港湾。

## 繁　　星

再次见到李晓军，是在陕南初秋时节一个明媚的晌午，颇有些"落花时节又逢君"的意境。沿着蜿蜒流转的汉江，曲曲折折的山路，330 千伏香溪变电站便与他一起映入眼帘。

"就在山上老百姓家里吃饭，这样也挺好，吃了接着干，还是绿色健康食物……"一碗干面加两个馍下肚，喝着面汤的他，趁着难得的休息时间，用衣袖揩了揩嘴角，朝我咧嘴一笑。

卸掉油黑发亮的纱线手套，他往后靠了靠，把腰放在了舒服些的位置上。"来回一趟要 600 多公里，山路走完走县道，县道走完上国道，从单位过来单趟也要六七个小时"，和我聊着天，他习惯性地摩挲着双手，那些皲裂的手指，似乎像是保护柜里散乱的线头，洗得发白的工作服上衣兜里，那根不知用了多少年的钢笔仿佛也在倾听着他的话语。

一碗面汤还未喝完，他看看手表，连忙起身，提起茶水杯又走向了工作现场。在此次香溪变验检工作中，他主要负责一次设备及回路验收工作。这是个技巧活，更是个辛苦活，不是在偌大的设备区里来来回回，便是要蹲在机构箱旁埋首苦干，几番超负荷的"车轮战"下来，豆大的汗珠流过眼角，蜇得他睁不开眼，身体的每一个关节都在叫嚣着，酸痛难忍，当然这些都不是最可怕的，有时候为了赶工作进度，加班加点、挑灯夜战都是家常便饭，入夜后，山风瑟瑟，手指头被冻的像个小萝卜，吃饭连筷子都抓不住，热饭都送不到嘴跟前……

晚上9点半，和他一起回当地农户家。这是个用菜窖子改造的"卧室里"到处散发着腌咸菜的味道，窗户也在随着山风吱吱作响，他慢慢话多了起来："这也没什么，有时候看着这些设备吧，就像看着自己孩子一样，只要他安安全全的就打心眼里高兴"，说到了孩子，他的声音又低沉了起来："就算再苦再累，也要对得起肩上的责任啊"。

看着黑暗中的他，我突然在一刹那看到了世间繁星，那些总是起早贪黑、沉默不语，只知埋首苦干、任劳任怨的人们，总会让我感到一种震天撼地的力量，正是如他一样的千千万万的电力工作者，用汗水和辛勤点燃万家灯火，照亮这个时代。

## 心 的 旅 程

火车出发的汽笛声打断何萍的思绪，她已经不是第一次踏上开往南京的列车了。2016年年底，国内首座新一代智能变电站富平变将建成投运，站在能源互联及智能电网飞速发展的时代大背景下，此次富平变的投运备受瞩目，业内的目光更如聚光灯般聚集于此，而何萍作为此次富平智能变电站投运的二次联调负责人，她深知自己身上担子很重。

火车缓缓开动起来，随着车轮触碰铁轨有节奏的撞击声，何萍的思绪又飘向远方。她仍记得大学毕业刚进单位时，被分到二次检修专业，学电气出身的她才发现，即使有如此多理论知识铺垫，却仍连最基本的二次图纸看起来都困难，现场生产和理论知识完全是两回事，真正的课堂即是生产现场，自那以后，她便开始了不断学习和充电的过程。

眨眼到现在已经工作12年了，她早已不再是那个生涩的刚走出象牙塔的大学生，数十年的磨砺早已让她能沉稳应对继电保护专业遇到的各类问题。这些年，伴随着在工作上收获的成绩，是她不断付出的努力。三伏天的检修现场，她蹲在端子箱前检查回路，暴烈的日头照射着没有一丝阴凉的设备区，烘烤的炽热夹杂着汗水掉落在端子箱旁的水泥地上，眨眼间就挥发不见。线路投运的夜晚，她抵抗着袭来的困意，等待着操作中核相、定相的步骤，直到黎明到来操作结束时，她抬起头就会看到镜中自己熬红的双眼。她早已习惯这样的生活，一有抢修任务，无论何时何地她都第一时间整装待发奔赴抢修现场，忙起来常常忘记吃饭，饿了也就是附近镇上一碗面条果腹。这么多年，她早已不记得在保护屏前流下了多少汗水，又在等待操作的过程中度过了多少漫漫长夜。

再多的奔波和压力她都可以承担，最让她牵挂的还是3岁大的儿子，春秋检一忙起来她就无暇照顾孩子，爱人工作也忙，两人经过激烈的思想斗争后，把孩子送到了外婆家，有时忙起来甚至一个月才能回去看儿子一次，每每在视频电话中见到儿子天真可爱的笑脸，她就觉得亏欠儿子的太多太多。

这次去南京联调 330 千伏富平智能变电站，她又有 20 多天见不到孩子了，何萍心中牵挂万分，却也深知此次联调工作责任重大，容不得半点马虎。作为全国首座新一代智能变电站，这次联调的成员都是技术革新后联调的"第一人"，没有相关技术资料，缺乏智能变联调经验，何萍知道，在这条"前无古人"的道路上，只能靠不停的学习和摸索来开辟向前奋进的道路。无论再苦再难，只要能看到富平变顺利投运，一切都是值得的。

入夜已深，火车铁轨的撞击声让何萍感到莫名安心，从毕业到如今，她觉得自己的心一直在进行一趟又一趟的旅程，在这些旅程中，她收获了事业，赢得了尊重；她收获了爱情，组建了家庭。而现在的这趟旅程，将再次载着她对事业和生活的美好的希冀之心，向着幸福不断前行。

## 走 路 的 人

接到电话的那一刻，王育魁刚躺下身子，眼睛闭上还不到 2 分钟，作为一名线路工，年复一年的巡线工作使他满身疲惫，但是听到电话那头传来的消息，他还是噌地坐了起来。

"老王，赶紧走了，商洛那边山体滑坡了，在你家小区门口等着。"

"放心，马上到。"

2015 年夏天，商洛市山阳县山体滑坡事件造成山体塌方 130 余万方，造成 66 人被困。现场就是战场，险情就是命令，职责在肩，责无旁贷，他看了看指向零点 30 分的指针，用冷水抹了把脸就出了门。

从渭南到商洛山阳县，将近 200 公里的山路，3 个多小时的行程，王育魁眉宇间那个深刻的"川"字始终没有消失过，车上十几号人没有一个能睡着的，灾区范围、涉及线路、保电方式、蹲守人员……整个一个依维柯俨然变成了"输电线路保电指挥部"。

到达现场后，检修公司相关领导已到位，任务明确后，王育魁和他的同事们负责张鹿Ⅰ、Ⅱ线的保电工作。

看着朝阳初升，他打趣地说道："12个小时前，我们还在韩城呢，也算是昨日华山论剑，今日决战京城了"。

玩笑归玩笑，王育魁干起活来可是没有一丝含糊。盛夏的商洛山区，一座山连着一座山，巡起线来，起血泡、划口子、蚊虫叮咬、烈日曝晒都是家常便饭，最可怕的是，有的塔基根本连路都没有，虽不到"黄鹤之飞尚不得过，猿猱欲度愁攀援"的程度，也不遑多让，可是这些在王育魁的眼中都不算什么，"路是人走出来的，巡线人走到哪里，哪里就是路"。

就这样，将近一个月的保电时间里，他每日重复着"上山、观测、下山"的单调工作，带去的两双胶鞋都磨破了，玉米地都硬是被他钻出了一条路，密密麻麻的工作笔记中，详细到每一座塔基、每一处导线，甚至连塔上有没有鸟窝、塔下有没有垃圾物他都能记得一清二楚……

"巡线吧，凭的就是良心，我每天巡线往返，最少也有10公里，谁去检查呢，所以说，干线路这一行必须认认真真、踏踏实实，要对得起自己的良心。"

在这个时代，有太多人躁动着、迷茫着，物质和现实冲刷掉了他们的棱角，曾经的初心也早已被遗忘在欲望的角落。而有这样一群人，他们或坚守在雪域高原，或行走在大山深处，他们没有豪言壮语，不求富贵荣华，他们夏顶烈日，冬冒严寒，爬冰卧雪，起早贪黑，他们笃定心中的目标而为之坚守，年复一年，坚韧和坚守已然成为他们的名字，他们是再普通不过的电力工人，在有限的生命里，奉献着对电力事业的无限大爱。

他们拥有不一样的人生，却照亮了同样的光明。

# 拾 荒 者 也

## 白 银

比起
憨五一这个名字

我更愿意称他
流浪者
灵魂流浪者

因为他始终
在我的脑海中徘徊
在我的记忆里流浪

——题记

周六的晚上，一夜怪梦，醒来时，天色微亮。

看着身边熟睡的妻子，半天转不过神，隐隐有种恍若隔世的感觉。

我赶忙把妻子叫醒，兴奋地告诉她，我梦到憨五一了。

妻子半睡半醒，不知所云地望着我，半天才冒出一句话。

"大周末早上不睡觉，什么憨五一，乱七八糟的。"

说完便瞪了我一眼，躺下身子，扭头沉沉睡去。

这时我才想起来，结婚六年来，憨五一的故事，我从来没有告诉过她。

而这个连同他的传说已经消失了二十多年的人，还有那个我本以为早已忘记的秘密，是如何悄无声息进入我的梦里，始终令我不得其解。

# 江　湖

拾荒者，说白了就是拾破烂的。在我的家乡，一个北方小山城，拾荒者们或单兵作战，或三五成群，往往是破帽遮颜，邋里邋遢，走街串巷，风餐露宿，俨然一道风景线，街坊胡同里始终流传着他们的故事。

有人的地方就有江湖，任何圈子都概莫能外。如果说拾荒者也有江湖，憨五一无疑是其中的佼佼者。

用今天的眼光来看，他的穿着打扮，还是走在"时尚尖端"的。作为传统拾荒者的典型代表，憨五一有一头蓬松的碎发，两脚不同的皮鞋，迷离的眼神，潇洒的步伐，再配上一年到头从未变过的破旧黑棉袄，就是跟今天的"犀利哥"比也不遑多让。

憨五一是他的绰号，真实姓名无从得知。窃以为，"五一"应该是他的小名，而"憨"则是用来说明他的神志是模糊不清的。就好像江湖里的好汉，都要有个诨名，好像没有诨名就没办法行走江湖一样，开口闭口一般都是"江湖上的兄弟们抬爱，送了个诨名某某某"。

这个诨名往往都是比较夸张的，有彰显其性情的，比如及时雨宋江，一句"好个及时雨宋公明哥哥"，我们就知道，送银子的及时雨又来了。也有突出其特点的，就像矮脚虎王英、三寸丁谷树皮之类的，当然，这个是我们当今社会不提倡的。

在我童年的大部分时光里，憨五一始终是奶奶哄我入睡、使我听话的杀手锏。很多时候，大晚上我不睡觉的时候，奶奶一句"再不睡觉我就让憨五一把你领走"，我马上便会老老实实地睡觉。

严格意义上讲，憨五一并不是特指一个人，而是他的一家人，也就是说，憨五一的全家都是拾破烂的，有憨五一的母亲、憨五一的弟弟、憨五一的妹妹等，可能是因为憨五一长得最高的缘故，大家习惯把他们称为憨五一的一家，所以说，憨五一的"拾荒事业"，是名副其实的"家族企业"。

他们往往在傍晚时分出发，踏着夕阳的余晖，沿着三线建设时铺设、早已废弃的铁路向东而行，在垃圾堆里吃吃喝喝，在拾荒路上说说笑笑，一家人也算是其乐融融。

唯独不见的，是憨五一的父亲。

听奶奶说过，憨五一的父亲，是军区的大领导，早年忙于事业，离家数年，忽视了妻子儿女。他的爱人，一个农村妇女，一个人拉扯几个孩子长大，压力之大可想而知，至于他们究竟为何会选择拾破烂这个行当，那便不得而知了。

只听说，后来憨五一的父亲事业稳定后，曾回来找过老婆孩子们，还曾把他们接到了自己身边，但是早已习惯了拾荒生活的他们，终究不能适应新的生活，他们再次返回故里，重操旧业。

当然，这是后话。

## 宝　剑

言归正传，我与憨五一的唯一一次接触发生在 1994 年的夏天。

那是我一年级的暑假，那是我一去不返的童年。

那年暑假，这个八岁孩子唯一的偶像，是四爷乾隆。在"戏说乾隆"红遍大江南北的时代，我最渴望拥有的，便是四爷的折扇和宝剑。当时四角一把的纸伞，我不知玩坏了多少把。很快，家人不再给我买纸扇，因为照我的玩法，基本每天都要买把新的。

随后，我将目标放到了宝剑身上。在妈妈的单位家属院里，有个修摩托车的师傅，名字叫三奇。这个三奇叔叔，真是人如其名，确实是个出奇的人，他心灵手巧，乐于助人。在他的帮助下，我很快便拥有了第一把宝剑。

这把宝剑由三合板造成，古朴的剑身，写意的剑锋……好吧，其实就是无锋。但在我看来，向着四爷乾隆看齐的道路上，似乎又迈出了一大步。

这把宝剑，我基本是日夜不离身的，恨不得将他仔细端详、好好珍藏。要问我为什么，你们见过大侠和他的武器分开么，那可是他们吃饭的家伙。本着这个原则，我的宝剑一直跟随着我，基本是形影不离。

印象中，那年的夏天似乎热的要命，知了没日没夜叫个不停。好不容易熬完了白天的汗流浃背。晚上，我和小爸睡在平房顶，宝剑就睡在我的枕边。张开双眼，感觉星星触手可及。闭上双眼，似乎已成一代大侠。美好的暑假，加上美好的宝剑，啊，生活简直太美好了。

然而，美好的时光始终是短暂的。

半夜醒来，走到房檐前小解，我信手耍着宝剑，迷迷糊糊中，一不留神，宝剑脱手掉下去了！当时我着急得连尿都没撒完，赶紧把小爸喊起来。

拾荒者也

139

"我的宝剑掉下去了，怎么办？"

"大半夜黑咕隆咚的怎么捡，明早起来捡回来就行了么。"

小爸嘟囔着嘴翻了个身，接着睡去了。我极不情愿地躺下，默默祈祷着我的宝剑不要被别人捡走，迷迷糊糊不知道什么时候才睡着。

因为睡着太晚了，第二天醒来，日头早都已经照屁股了。扭头一看，小爸早出门了。我一把套上短裤，短袖都顾不上穿，从平房上爬梯子下来，就往门外冲。火急火燎窜到平房后面的胡同里，结果傻眼了，地上哪里有什么宝剑。

当时我的第一反应是大叫，但当我直起身子，扯开嗓子准备大喊时，却看到了前方胡同口有个黑影，他背着一个蛇皮袋，右手拿着一根木棍似的东西，百无聊赖地耍弄着。

我硬生生收住了嗓门，定睛一看，老天爷，那不是我的宝剑么，那个黑影，我的天啊，那不是憨五一么。

一时间，心跳都快了起来，这可怎么办。憨五一不是总在废弃铁路的外侧活动么，怎么到这边来了，憨五一不是总是昼伏夜出么，今天怎么大早上出来活动了……我该怎么办，回家喊大人来么，父母小爸都出门了，家里只有奶奶，指望她去追讨宝剑么。

不行不行，你小子是侠客啊，不是说过剑不离身么，不是说过行侠仗义么，连你的宝剑都要不回来，还怎么行走江湖。

想到这里，我一咬牙：跟上去，必须把我的宝剑给要回来。

## 尾　　行

打定主意后，我硬着头皮跟了上去，好在憨五一忙着找寻破烂，行进速度不是很快。我便装作闲逛，始终与他保持着距离。等他转过胡同口，我快步跑了过去。到了胡同口，我放慢步伐，靠在墙边，偷偷往外瞄，发现他并没有注意到我。

他停留在胡同口外靠近铁路的垃圾堆，显然我对他的吸引力没有垃圾堆对他的吸引力大。

今天的憨五一似乎有一些反常，他没有和家人同行，而且违背了自己平日的作息时间。他竟然穿了一条牛仔裤，不过似乎有些不合身，走路的时候看起来有些不舒服。

这个时候，太阳已经很高了，知了又开始没完没了地叫起来。我更加确认了他的身份，当然，我的宝剑还攥在他的右手中。

接着，令我吃惊的一幕出现了，他开始用我的宝剑在垃圾堆里翻找破烂，似乎是忘记带钩子了，或者他觉得这把宝剑用来翻垃圾比较趁手。

直到现在，我都记得我当时内心深处涌现出的杀气，"一代大侠"的宝剑，既然被你用来翻垃圾，天知道我当时怎么忍下来的，心里默默对宝剑说："你且忍耐，委屈你了。"

憨五一从垃圾堆里找到一些宝贝后，心满意足地把他们塞进蛇皮袋，扎紧箍好，开始向铁路外侧行进。我待他走出十几米后，从胡同口晃出来，拔了几根狗尾巴草，跟了上去。是的，我要给他我只是去逮蚂蚱的假象，不能让他怀疑我跟踪他，"一代大侠"还是有这个能力的。

来到铁路外侧，这边全是庄稼田地，没有垃圾堆，憨五一慢慢加快了步伐，向着他一贯的方向——东边行进，不变的是他的右手依然攥着我的宝剑。

这可把我害苦了，我要一边暗中注意他的动向，一边假装我是个逮蚂蚱的孩子，早上起来连水都没喝的我，感觉有些头晕目眩，

"坚持住"，我暗暗告诉自己。

就这样，时间过去了半个小时还是一个小时，我和他始终保持几十米的距离，翻过南墙，越过铁门，进入三线建设荒无人烟的老厂区里，废弃的火车车皮像病人一样躺在铁轨上。

我的心跳再次快了起来，惦记着我的宝剑，我连害怕似乎都顾不上了。

这时，铁路旁南墙外的路上突然响起一声汽笛，我下意识地扭头一看。

等我回过头时，憨五一，他竟然不见了！

## 冰　火

这一下子变故太大，搞得我连逮蚂蚱的戏都演不下去了。

毕竟是八岁的孩子，我一大早不吃不喝，连上衣都没穿，跟着你个拾破烂的，还要假装是在逮蚂蚱，无非就是想要回我的宝剑么，老天爷你至于这样捉弄我么。这个破厂区，铁轨锈了、车皮锈了，似乎什么都是锈的，只剩下两个大烟囱，嘲笑似的望着我。

一种无力感爬上身躯，我一屁股坐到了铁轨上，把手里抓的一串蚂蚱全丢了，随手拾起枕木里的石块，向着车皮发泄似的砸去，我似乎快要放弃了。

然而，接下来的事情绝对超出了我的想象。

一个黑影从离我不远的火车车皮后面挪了出来，是他，是憨五一，这是他第一次直视我。我浑身的神经都绷紧起来，似乎连知了的叫声都变得不是那么刺耳了。一瞬间，关于憨五一的种种传说如洪水猛兽般袭来，他脑子有问题，垃圾堆逮住什么吃什么，他还拐卖小孩呢……

我本能捡起一块石头，扭头就跑。跑了没两步，又想起了我的宝剑，便咬紧牙关又转过头去。手里攥着块大石头，我有了一些安全感。而憨五一还是那样，站在火车车皮跟前，他的右手背在背后，使我无法确定他手里拿着什么。

　　因为我朝着太阳，有些反光，看不清他的脸，但我感觉他好像朝我笑了笑。接下来，我看到他向前走了一步，似乎欲言又止，我则马上往后退了一步，他又向前走了一步，我便扬起右手，准备拿石头砸向他。

　　时间仿佛凝固住了，这场对峙很快便分出了胜负。憨五一无奈地往后退了两步，缓缓地把右手从背后移到身前，他的手里依旧拿着我的宝剑，我终于看见了我的宝剑，那一瞬间，仿佛那真是一把绝世宝剑一样。憨五一把宝剑平放在地上，又抬头看了我一眼，转身背起车皮后的蛇皮袋，一深一浅地走了。我顾不上口干舌燥，精疲力竭，三步并作两步跑过去把我的宝剑"拯救"回来。

　　失而复得的心情，真是叫人难以忘怀。然而，我的宝剑却变样子了。准确来讲，它变得更符合"宝剑"这个称谓了，在剑柄尾部，不知道谁给他拴上了殷红色的剑穗，我随手舞了舞剑，剑穗跟随着剑身的舞动而摇曳，就好像一位舞者，终于有了一双精美而合脚的舞鞋一样，宝剑一下子也变得高大上了起来，即便这双舞鞋有些脏……不远处，憨五一一如以往，向着太阳升起的方向，越走越远，我好像突然明白了些什么。

　　那随风舞动的殷红色剑穗，好似憨五一与我，一个八岁孩子的默契约定一样。

## 怪　　梦

　　暑假结束后，我顺利升入二年级，1994 年的夏天很快就过去了。而那把宝剑也随着我年龄的增长，终于不知所踪。

开始的一段时间，我总是满世界地寻找它，直到后来，我自己都开始搞不清楚，我是要找宝剑，还是要找憨五一。

几年后，我开始明白，宝剑和憨五一都被我弄丢了，他们已经跟随着 1994 年的夏天，一起消失了。

以后还会有很多夏天，但是 1994 年的夏天再也不会来了，就像宝剑、憨五一离我而去那样，即便再有宝剑、再有拾破烂的，也不会是我的宝剑，我的憨五一了。

而在周六晚上的怪梦里，其实我梦到憨五一笑吟吟地望着我，手里拿着那把宝剑，还有知了肆无忌惮的叫声，和 1994 年的夏天。

# 四十年来家园

刘紫剑

## （一）

我的故事要从五岁那年讲起。那一年，我终于不用家人看护，可以在村里自由地奔跑。也是那一年，我开始流利地表达，多年以后，从别人的嘴里复述出来，却多是语无伦次、不知所云。

在只有五六十户人家的小山村，我早早成名，小小年纪就成为全村一朵闪亮的"奇葩"。老祠堂，村小学门前，也就是大队主任、生产队长讲话的地方，是我固定的场所。我站在高台上，眼望长天，物我两忘，手舞足蹈，一刻不停地表达。

不明白我的童年为什么有那么多的话，有那么强烈的倾诉欲望？在懵懂未开的人之初，想要告诉这个世界什么？村里的人却只用一个词就把我定性：人来疯。

## （二）

上学直接从二年级起读，不是因为资质聪颖，而是因为姐姐上学时，我总在后面当跟屁虫。升级考试的时候，缠着好看的大辫子老师讨来一张试卷，没有课桌，就趴在地上写。成绩出来，居然排第六。当然一个年级只有九个人。

一旦真正上了学，才发现人生苦恼从此始。以前只有父亲可以打我，现在大辫子老师也可以，长长的戒尺，落在颤抖的双手上。一戒尺下去，两道棱隆起。

上学的第二年，我家成了"万斤户"，九口人分了四十多亩地。秋天把多余的麦子卖给粮站以后，在公社的戏台上，父亲满面红光地推回一辆扎着红绸的"飞鸽"自行车。

大辫子老师嫁到二十里外县城的那天，我骑着"飞鸽"一路追赶。赶上又能怎么样呢？大辫子老师端坐在骡子背上，蒙着红盖头的脸侧过来，轻轻摆了摆手；稍停，又摆了摆手。

1983年的冬天好冷啊，寒风掠过冬日光秃秃的原野。我在黄土路边，看着自己美丽的老师，渐行渐远。

## （三）

初中开始，语文出奇的好，作文总被当作范文在课堂上念。喜欢拜伦、雪莱、戴望舒、徐志摩……真的不知道喜欢他们什么，只觉得有万千的愁绪需要一行一行地表达。

初二那年夏天，牛仔服、喇叭裤、蛤蟆镜……从城市里风靡到我们乡上。"流里流气"的小伙子拎着大喇叭满街晃悠，发出的音响震耳欲聋。不远处，女孩子身着鲜艳的连衣裙，露出小臂和小腿，咯咯咯地挤作一团。

期末政治试卷上，多了一个名词解释：一个中心，两个基本点。

## （四）

1989年秋天，成为我人生的一道分水岭：此前，我是晋西南山区的一个乡村少年；此后，我成了西安城里的一名中专生，乡亲们眼中的"公家人"。

想家！同学中很少有不想家的，都只是些十多岁的孩子。我时常一个人，扒着东门内侧的豁口登上城墙，站在垛口上引颈东望。现在只用两个小时车程即可抵达的山西芮城，在那时年少的情怀里，关山四面绝，故乡几千里？

短暂的思乡过后，大都市求学生活开始了：高大的教学楼，宽阔的操场，漂亮的汽机老师，周六操场上的电影，还有团委办的舞会……每到中午，从拥挤的食堂里玩命打出一份饭，蹲在操场边上，听广播里的校园新闻。

## （五）

第三学年，由学校组织，每班选两名同学集中学习交际舞。秋天很快到了，大街上的叶子飘飘洒洒。跳舞时，我能清楚地看见女伴小臂上的鸡皮疙瘩。又一曲响起，我悄悄把她的袖子拽下来压在手里。

那一年我十八岁，她也十八岁，正是春心萌动的年龄。一个细小的动作，一个不经意的对视，都能让彼此思维短路。一万头小鹿，在心中欢快地跳跃……

1993 年 6 月，毕业典礼之后的一个凌晨，我在城墙北门外的豁口处，最大的长途客运站，乘车离开西安。此前三天，女友西去，初恋画上了永远的句号。

然后是七百里崎岖的北行路。傍晚时，落脚在延安东北四十里的一个小镇，姚店。

四十年来家园

## （六）

姚店依山傍河，位于三山夹峙的川道中。

一条小街道，成就一川的喧嚣。在街上的小酒馆里，不止一次地烂醉如泥，想家，想女友，想西安……感觉自己被抛在了一个无人问津的角落。清醒的时候，疯狂地读书、写作，在青华山上声嘶力竭地背诵《西风颂》：

> 让预言的喇叭通过我的嘴唇，
>
> 把昏睡的大地唤醒吧，西风呵，
>
> 如果冬天来了，春天还会远吗？

## （七）

春天不会远！

《春天的故事》是那些年最火的歌。1979 年，一位老人在南海边画了圈，十三年之后又去写了诗篇。东方风来满眼春，不论沿海，还是在偏僻的西北黄土高原。

小厂有着红色的背景和光荣的历史。但在那个时候，面临关停并转，人心惶惶，前景暗淡。1995 年夏天，在楼梯上忽然碰到一位女孩，穿着朴素的工装，步履轻盈，素面朝天，笑靥如花，清纯似兰。

我在姚店待了八年三个月，最大的收获就是遇到生命中的另一半。

## （八）

结婚第二年，女儿出生。2001 年 10 月，她两岁零三个月的时候，我应聘到了陕北的更北方——榆林，一个传说中水草丰美、榆树成林的地方。

而现实中，这座全国历史文化名城是正在开发的国家级能源化工基地，被誉为"中国的科威特"。这是个充满活力、势不可当的城市，身处其中，几乎能听到它快速的拔节声。我当时的同事们，在这片荒凉了多年的土地上架设铁塔、密布银线，将源源不断的电能输送到每一个角落，供养着这个城市的成长所需。

这年冬天，中国加入世界贸易组织。转过年来，电力体制改革，电厂和电网分开，一时群雄并起，逐鹿中原。

## （九）

2008年注定是个喜忧参半的年份。春节期间，罕见的雨雪冰冻灾害像一只巨人的手，把钢筋铁骨的输电塔扭成麻花，我的同事们不惧艰险，挺身应战。5月，特大地震袭来，汶川成为国人的心痛，同事们又一次披挂上阵，奔赴抗震一线。8月，奥运圣火在北京被熊熊点燃，当你在荧屏前欢呼雀跃的时候，我那些可爱的同事们蹲守在铁塔下，仰头数星星，俯首报平安。

这年年底，我又一次参加应聘，不过这一次是南下，借着这个企业良好的用人机制，我到了省会西安。用了16年的时间，重新回到这座城市。

## （十）

幸运的巧合，十八大召开的那年秋天，我在北京北四环的鲁迅文学院，参加第十八期青年作家高级研讨班。在国家顶级的文学圣地，近距离接触那些传说中的人物，一时间看海阔天空、百花烂漫。

长达四个月的学习，每一天都是新鲜、欣喜和欣慰的。其间，我转型小说创作，第一个中篇就被《北京文学》留用。到了十月，一个振奋的消息传来：莫言得诺奖了！

11 月，一个词横空出世，汇聚出强大的和声：中国梦。

## （十一）

从鲁迅文学院出来，我一直在路上。

我走进秦岭深处我国第一座输电线路融冰保线站，走进陕北山区大大小小十余个扶贫点，走进河西走廊的特高压建设工地，走进世界上海拔最高、自然条件最复杂、施工难度最大的藏中联网工程……用我笨拙的笔努力描写那些无私奉献的电力建设者们，描写他们憨厚的笑容背后不为人知的辛酸。

2017 年，是我创作成就最大的一年。二十多万字的小说、报告文学见诸全国十几家报刊，获中央企业五个一工程奖、首届中国工业征文大赛小说奖、首届国企好故事征文奖。7 月，加入中国作家协会。新时代的号角吹响时，又一本文学专著《盛大之美》出版。

## （十二）

此刻，是 7 月的长安夜，盛夏已至，盛世安然。

我在电脑上写下这篇文章的时候，万千思虑，奔注指端。

"四十年来家国，三千里地山河"，那个在南杜庄巷道里风一样自由的赤子，孤坐长安城头思乡的少年，一次一次北上坚持梦想的游子，以及越来越安详的今天。

人生，是一次又一次的告别与启程。不忘初心，方得始终。

我想要表达什么？

感恩！

感恩父母、妻子和女儿，他们给了我生命、爱和责任。

感恩文字，它给了我光荣与自信，诗和远方。

感恩这个伟大的时代，以它斗转星移的伟力，将我个人的四十年，将我们每个人的四十年，将整个国家的四十年，固化成永远而鲜活的标本，并以它的勃勃生机，为我们提供了更多、更好的未来。

# 如 是 我 闻

胡崧维

　　我是一名入职未到一年的员工，现在正坐在返程的抢修车上，车窗外的暮色飞驰而去，夜空中星月交辉。我拖着疲惫的身躯依在后排椅背上用手机撰写这篇文章。回顾过往，在短短不到一年的工作经历中，我学习到许多。说是"学习"，其实用"修炼"这个词更为合适。"学习"更多指的是知识层面，而我得到的却不仅仅是专业上的知识。步入工作，同学生时代最大的差别，我认为"学习"是自我的，而"工作"是配合的。不同于学生时代的专心苦读、埋头刷题，在工作中需要的是配合与交流。我所在的班组是保护班，在现场一个简单的调试试验也少不了大家相互之间的配合。在试验中有时需要一人在保护屏后倒线，一人在屏前用试验仪加量；有时需要一人报出装置所采集的保护动作时间，另一人将其与试验仪所采集时间进行整合后记录在表格中……其实在工作中的配合还有许多，不胜枚举。

　　去年暑假，刚毕业的我对未来有些许迷茫。参加完毕业典礼的那晚我躺在床上，身边躺着毕业证，心里有些复杂，学生时代的结束缠绕着一丝伤感，我不知这意味着什么。就这样我带着对人生的迷茫和疑问走入新的环境。

## 金　州

　　10 月，我跟随班组参与了金州变综合检修工作。天气已步入初秋，但炎热的气温还未降下。在现场，班长山哥作为总工作负责人宣读了现场注意事项。这是我第一次参与综合检修，心里不免有些忐忑，我迈着沉重的步子来到主控室门口，深吸了一口气，哗啦一声打开了大门。

"记录安措时要详细，不光要记下本侧的线号还不能落下对侧的线号。"山哥仔细叮咛道，他的声音有些沙哑了。我席地而坐，按照指示将安措逐条记下，早已顾不上地上是否干净，手写得酸了就甩甩手腕，不知不觉就用了十来页纸。

倏忽之间几个小时过去了，记录完成后我靠在墙上休息。山哥看我有些疲惫，给我讲起过去的事："过去夏天来干活，一干就是一天，天气太热，中午困了就把不用的木板拆掉躺在上面睡觉。"

"那么硬能睡得舒服吗？"

"累的时候哪还顾得上那么多。"山哥哈哈地笑。

"有时夏天最炎热的时候我们在户外端子箱接线，一接就是一下午，人一直在暴晒着，汗珠不停向下淌，脑子还容易犯晕。再后来实在热得不行只能从外面找了个摆摊用的大遮阳伞放一旁。"

午饭吃得迟，在食堂打饭时我的肚子已经咕咕叫起来，我端着纸盒做的碗坐在食堂西边的石凳上。

"怎么样，好吃吗？"成哥露出白牙笑着说。

"好吃，就是有些辣。"我用袖子将额头出的汗揩去。

他坐在我旁边吞了口饭："以前在学校想过将来的工作吗？"

"以为是坐在办公室里办公的那种。"

"会有落差？"

"那倒没有，现在觉得出差也挺有趣。检修设备就好像医生看病一样，每完成一个都很有成就感。"

"干我们这行的要有责任感，像张黎明说的：'巡线是个良心活。'搞保护也是如此，就拿简单的恢复安措来说，拧好连片后一定要检查有没有松动，一点马虎不得。"说完成哥将一块青椒放进嘴里，"确实是有点辣啊……"

山哥将吃完的饭盒扔进垃圾桶里，说："中午大家在车里睡一会儿，一点半开始干活。"

"好！"我们异口同声地应道。

我坐在后排座位上将车门半开着，微弱的凉风从门缝吹过，我望着大门外农户田里弯曲地爬满南瓜蔓子的篱笆立在湛蓝的天色之中，眼皮越来越沉，终于"砰"地一下睡着了。

## 茅　坪

11 月来临，树叶悄然金黄。到了秋天，山崖也没有什么色彩可言，只有失去了香气的青草恣意地生长着，蓬乱不堪。至于像芒草、常春藤之类的漂亮花草，就更加看不到了。不过，在崖腰和坡顶上，尚可以看到两根、三根过去遗留下来的粗毛竹挺然而立。在竹子多少有些泛黄而阳光射到竹竿上时，若从路边探首望去，会产生一种望见了秋天的暖意之感。我来到茅坪变门前，站内耸立的设备如同士兵一样庄严肃穆，门外的栾树如可爱的少女一般在凉爽的秋风中微微点头。

初来乍到的我在听到出差时总是异常兴奋，每每听到去哪出差就会在脑海里搜寻之前有没有到过那里，并盘算着什么时候可以将64 所变电站全都跑一遍。

这次出差是同超哥一起的，他是我们班里的研究生。瘦瘦的，戴着一副金丝眼镜，总是面带微笑。在出差的车上他经常讲些话能够将气氛变得轻松活跃。工作中他严肃认真，面对"疑难杂症"时他总是眉头紧锁、聚精会神地一边用手指着图纸一边嘴里念念有词。

记得有次我随手将练习时画的接线图撇在桌上，第二天他拿着我画的图，上面已经用红笔修改了一条线。"这条线移了一点位置，实际应该是在这里。画图要严谨，实物是什么样的就怎么画，不能改变它。"

起初我还有些不服气，觉得自己只是粗心才画错。但是在后来工作中我更加认识到细心对每项工作的重要性。

这是我第一次学习主变保护，超哥与我蹲在校验仪的箱子前，他拿出一张白纸铺在上面，把每步原理计算详细地写下来，并询问我有没有听懂。

我看了他的演示后自己拿笔算出数据，接着将数据输入在校验仪内。超哥拿起我字迹潦草的草纸反复检查了几遍确认无误后说："没问题，开始吧。"

尽管如此，在按下开始键之前我心里还是在打鼓，不知能否成功。

"差动保护动作"，看见装置面板上的信息出现，跳闸灯亮起，我才放下心来。

返程时超哥冷不丁地问我："经常在外工作，和同事待的时间比父母还久，会不会心里愧疚？"

或许是家在本地，年纪尚轻，我对此并没有太大的感触，便随口应道："倒是没有。"

不过我忽然想起超哥是外地人，家不在此，一年只能偶尔能回去两三次，怪不得他会问我这个问题。而家在本地的我反而意识不到父母在身边的幸福，有时候觉得他们啰唆，想到这里我心生愧疚。孩子在外工作，父母一定也会挂念的吧，但又怕让孩子操心，也不会经常主动联系。

面对眼前这浓厚的乡愁，我极力想找个轻快的话题掩盖过去，于是我指了指车窗外的远山淡影和潺潺溪流，明明是秋天一切却如此生机勃勃。"你看此情此景不正是'客路青山外，行舟绿水前'。"

不过刚说出这句话后我便后悔了，我忘记了这首诗的尾句："乡书何处达，归雁洛阳边。"

# 花　　园

每每在资料室中找寻图纸时都会有几个站名让我印象深刻，花园变就是其中之一。不过在我第一次到这里已是今年三月了，沿路的柳树都早早地垂下绿丝绦。

在吃午饭时我和易哥端着盒饭坐在阶梯上，门外的兔子吱吱地叫，我看见一旁木桩上的木筛里面存放了一些菜秆。我指着菜秆询问在此居住的老奶奶。她告诉我说："这是小麦秆。"

"快来吃吧。"兔子们见我手里捏着的菜秆都从笼子的角落里蹦了出来，个个站直身子举手作揖。

"你要小心些，手别离笼子太近，我的外孙在深圳上学，去年暑假回家。就是喂兔子的时候手离得太近，结果被兔子咬了一口，大拇指上的肉都咬掉了。"老奶奶说。

听到这我连忙将手收回来许多。

我和易哥一边津津有味地吃着盒饭，一边聊起过去的事。

"你说过去和现在的区别吗？那多了去了，比如九几年的时候到流水变去出差的话可没现在这么容易，说是翻山越岭、跋山涉水也不为过。那时候要先去汽车站坐车到火车站，坐火车到新庄站下车"，说到这他拿起旁边捏得有些瘪的矿泉水瓶喝了口水。

"然后就到了？"

"还差得远呢"，他将喝空了的水瓶轻轻一抛，在半空划过一个优美的抛物线进了垃圾箱里，"在新庄火车站下来以后还要徒步走到新庄码头去渡船，有时不巧没船的话还得等一段时间，等下船就到了流水码头。不过变电站还在山上，我们得背着设备的箱子上山，要是碰上下过雨的话山路泥泞极了，走起路来一摇一摆的活像个摆钟，两人互相搀扶着才能前进。"

"要说还有什么明显的变化，就是办公室现在变小了，同事之间的关系也更近了，以前图纸资料全靠手写，现在人人都配了电脑。设备的变化也很大，从过去笨重的电磁式保护到如今精巧的微机式保护又到现在的智能化保护，整个电网也变得更加坚强。一切都朝着简洁而人性化的方向在发展。"

"其实改变的还远远不止这些，过去大家还没有统一的制服，在现场工作时穿得五花八门，安全意识也不够高。现在现场大家穿的也是清一色的工装。票卡安措手续也越来越严谨，人人都能做到安全在心，警钟长鸣。"

我低着头回味过去到当下的各般变化，不经意间瞥见门外不远处有树开的正盛的梨花，由于来时太匆忙，我竟全然没有发现。

## 蒿　坪

人间四月芳菲尽，山寺桃花始盛开。四月中旬伴随着山野间盛开的桃花，我和我的师傅磊哥一同来到蒿坪变。我的师傅个子很高，有一米九，戴着一副黑框眼镜，在思考问题时很有学者风范。

他是班里的技术员，在专业技能方面能独当一面。在私底下时和蔼可亲，不过到了工作中他对新人很严格，会时不时地提问。

"这几根线的作用是什么？""如何构成回路？"当在现场遇到问题时他不会直接解答，而是将说明书、二次图纸递给我，让我自行思考。这也培养了我在工作中独立思考的能力，对我早日进入工作角色起到很大的帮助作用。

当我爬上主变进行主变非电量试验时，正所谓"欲穷千里目，更上一层楼"，主变上所见的乡间风景真是绝美。进行轻瓦斯试验时，我将信号接点短接后，后台没有收到信息。用万用表测量后发现两个接点均为正电。在我感觉疑惑的时候，在我身边油化班的师傅怀疑，是不是油没流下去。

于是他拧开瓦斯保护的油箱盖，他黝黑有些干裂的手瞬间沾满了油，他时不时地用布擦一擦渗出的油。在阳光下亮晶晶的绝缘油浸入他布满裂纹的手掌，烈日下他蓝色的工作服背部已经被汗打湿。他腰系安全绳，左手捏着油管，右手攥着已经沾满油污的布条去吸流出来的油。当发现是油管有些弯折所以导致油不能顺利流下，他先用手来回弯了弯。

"师傅，需要虎头钳吗？"我看着满脸是汗的他问道。

"害怕管子断，手就行。"

他用很柔和的动作反复弯折，和平时展现出的硬汉形象不同，检修工人也拥有柔软细腻的一面。经过反复弯折后，油管形变逐渐恢复，但流速依旧很慢，管内可能堵住了，他用嘴对住管口向里面吹气，这下囤积的油才顺利流下。他用手背擦了擦额头和面颊上的汗，开心地笑了，仿佛早已忘记自己手上和嘴巴上还沾着油污。

夜晚回家路上，我望着车窗外，起初的迷茫疑惑如出林飞鸟般一扫而空。窗外灯火点点，明灭变幻，不过漆黑的夜空似乎是恒久不变的。万家灯火，万籁俱寂，一朝风月，万古长空。诚如大家所言，检修没有终点，是永远不会结束的。对个人来说的一朝风月，累积起来便成了一代代电力人的万古长空。

在中华人民共和国成立 70 周年时，中国已不是当时那个充满内忧外患、贫穷落后的国家，我们的祖国如今真正地成为一个独立自主、繁荣富强的国家。我相信，不管还要经历多少艰难曲折，不管还要经历多长时间，我们总会越变越好的，人类大同之域绝不会仅仅是一个空洞的理想。但是，想要达到这个目的，必须经过无数代人的共同努力。犹如接力赛，每一代人都有自己的一段路程要跑。又如一条链子，是由许多环组成的，每一环从本身来看，只不过是微不足道的一点，但是没有这一点，链子就组不成。在人类社会发展的长河中，我们每一代人都有自己的任务，而且绝非是可有可无的。如果说人生的意义与价值的话，其意义与价值就在于此。

# 一对兄弟的救赎和被救赎

## 吉建芳

《追风筝的人》自出版以来，多次名列一些国家的畅销书榜单，并成为一些知名书店的销售冠军，还被拍成电影，好评岂止是如潮，那些来自各方面的溢美之词可谓一浪高过一浪。在刚刚过去的那一年，这部书还位列"当当好书榜"小说类榜首。

虽然我没有能参与到"当当好书榜"的评选中，但却恰好在那年还没结束之前，于一次旅途中认真阅读了这部书，并且旁若无人地一路哭得稀里哗啦涕泪横流，全然无视周围人神情各异的目光。

管他呢！

书中的文字清新自然，作者以新写实的笔法，娓娓道来现实版的温情与残酷、美丽与苦难，不仅展示了一个人的心灵成长史，也展示了一个民族的灵魂史，更展示了一个国家的苦难史。小说流畅自然，仿佛一条清澈的河流，却奔腾着人性的激情，蕴含着这个古老国家丰富的灵魂，激荡着善与恶的潜流撞击。因为这部书，让世界了解了一个饱受战火蹂躏的、默默无闻的国家，这就是文学的魅力，也是这部小说的艺术魅力。

男孩阿米尔出生时母亲就去世了，这是他的不幸，也是父亲的不幸。阿米尔家仆人的妻子美丽动人，不幸的是仆人不能生育，但他并不知道。毫无悬念地，阿米尔的父亲让仆人的妻子怀孕并生下了一个有点先天残疾的男孩哈桑。没多久，仆人的妻子就抛弃那对可怜的父子去寻找自己的幸福。于是，阿米尔的父亲在爱阿米尔的同时，也把一些爱分给了哈桑。

阿米尔和哈桑虽是同父异母的兄弟，但却性格迥异、禀赋不同。相对来说，他们的父亲貌似更喜欢哈桑身上的一些东西：忠诚、勇敢、勤劳。

阿米尔根本不可能无视父亲的举动，那时的他也根本想不到哈桑跟自己会有血缘关系。当仇恨的种子遇到合适的土壤，加上一些雨水的滋养，自然会生根发芽，直至某个瞬间爆发。让阿米尔气恼的是，无论他对哈桑做什么，哈桑都从不记恨他，这让阿米尔更加恨他……唉！本是同根生，相煎何太急。

但是如果不这样，何来的救赎和被救赎？

好了，不再剧透了。

但是这部小说的魅力不仅在此，它之所以能够吸引不同民族和国家的读者，撼动无数读者内心纤细的情感，打动一个个脆弱敏感的小心灵，是因为它讨论了关于人性和人性的拯救问题，这是现代人类面临的共同话题。

而我想告诉你的还不止这些。

推心置腹地说，当下的地球上每天都发生着各种各样的天灾人祸，信息的大爆炸让人无处躲藏，也无法躲藏。只要战争的硝烟没有殃及我的亲爱的祖国，只要灾难没有真真切切地影响到我的卑微的现实人生，只要……慢慢的，我跟许多人一样，也就熟视无睹了，略略有些麻木。

当书中的故事一点一点地慢慢展现在我的面前时，我尚且没有准备好接受千疮百孔的现实背后那个曾经的和平与美好。那里的人们未必全都生活富足，但也曾安居乐业，那里也曾有洁净的蓝天、美丽的云彩，那里也曾有极具地域特色的各种美食和各色服饰，那里的人们也曾有属于自己本民族的一些特殊节日和节日里简单的欢乐。

风和日丽，国泰民安。

街上的羊肉串飘香不断，稚童们欢快地追逐着天空中掠过的风筝，穿过一条又一条街巷，所有的大人们也都放下手头的忙碌，把关注的目光投向了漫天飞舞的风筝。是的，风筝曾带给那里的人们无与伦比的欢乐，一年又一年。

任何一部成功的文学作品一旦进入读者的视线，就具有了独立客观的意义，不管作者的主观创作有没有意识到那些意义的存在，并不能否认它的客观价值。

风筝貌似一直是这部书的灵魂，它蕴含了丰富的意象，既可以是爱情、亲情、友情，更是作者对未来和希望的象征。小说的精妙之处在于跳出个人与社会的关系，跳出个人与社会互相影响的从属关系，儿子与父亲、人和祖国就像风筝那样，互相挣脱又互相纠缠，始终逃不出宿命的天空。

阿米尔不认识曹丕，但他俩都在人生的某个阶段对手足兄弟做了一些不该做的事，好在，阿米尔还有机会补偿。

# 八 办 寻 踪

李顺午

清晨，从城东长乐门顶端升起的朝阳，像一支神奇的魔法棒，给这白墙灰瓦的小院子、给这巍峨壮美的古城墙，勾勒出金色的轮廓。霎时，这空旷寂寥的建筑群落，这高耸无言的城墙楼阁，生出了些许亮色，也渐渐褪去了一夜的睡意。

这里是八路军驻西安办事处旧址，人们习惯称她"八办"，位于西安古城内北新街的院落，是一座东西宽南北窄、坐北面南的十栋三进式建筑，双排布置的十八个月牙门，把一座座小院串联起来，形成既独立又联通的建筑群。在这个叫七贤庄的地方，我寻访八办远去的岁月，寻访先辈们渐淡的足迹。

一号院这间会客室，屋子低矮，空间狭小，靠墙摆放办公桌、公文柜、沙发、藤椅后，连坐带站十多个人就挤得满满的。套间的北屋，粗糙的桌椅、窄小的木质双人床，墙上挂着周恩来、邓颖超夫妇的合影照。套间南屋一张小桌，一张小床，是董必武、林伯渠曾经住过的房间。这几位中共统一战线杰出代表，创建或担任八办领导职务。他们在形势异常严峻、环境十分险恶的白区斗争中，殚精竭虑，纵横捭阖，经天纬地，为党的统一战线事业做出了开拓性贡献。

当年，谈到八办意义时，毛泽东坚定地说："这个抗日民族统一战线象征的阵地不能丢，尽管环境险恶，但保存它就可以增加全国人民抗战的信心，意义重大。"走进这一间间小屋，如同来到藏龙卧虎之地。刘少奇、朱德、张闻天、任弼时、彭德怀、邓小平等，或出发去前线，或返回延安，八办成为必经之地。八办是风雨飘摇中西安的一盏璀璨明灯，也是进步人士、青年学生心中温暖的驿站。

一张发黄的路条，一幅简易的地图，是登记室引人注目的两样物件。有了路条、地图的介绍和指引，数以万计的青年学生、文艺才俊，从这里奔赴延安，踏上新征程。他们以矢志不渝的理想信念，以英勇顽强的斗志与卓越才华，在延安在各解放区开始新的生活，绽放出别样的青春光彩。他们中的不少人后来成为共和国文化大厦的栋梁，成为多个艺术门类的耀眼星辰。

这个展柜上方，布置着冼星海的照片和作品影印件，展柜里摆放着一沓泛黄的曲谱手稿。这位被誉为"人民音乐家"的著名作曲家、钢琴家，告别法国音乐殿堂，经八办来到延安，音乐创作跃入巅峰时期。《黄河大合唱》《军民进行曲》《九一八大合唱》《生产运动大合唱》等不朽曲目，都是在延安创作完成的。凝望着冼星海英俊文雅的面庞，他那时而低沉、时而委婉、时而激越磅礴的民族声乐巨作的优美旋律直抵肺腑，令人敬佩不已。

踩着吱呀作响的木楼梯，我来到一号院第二排低矮潮湿的地下室，这里摆放着粗糙的桌椅，简陋的手术台，简单的医疗器械……当年，白求恩大夫在八办停留时，曾在这间屋子给八路军战士做过手术，给附近群众诊疗疾病。从这间有着"国际范儿"的手术室里，传递出一位外国友人的拳拳爱心和精湛医术。

美国记者斯诺、美国医生马海德、德国医学博士米勒、印度援华大夫爱德华和柯棣华等许多外国朋友，都是从这里出发，去延安、去各解放区的。在八办六号小院，以五开间布展、五单元陈列的数百幅图片和大量文字，详细介绍了美国记者、作家海伦两次到八办，在中国十年旅居的工作生活情景，以及中华人民共和国成立后多次来华访问的片段，让一位热情帮助过中国人民解放事业的异邦女性，再一次走到世人面前。

当飞逝的时光走到1970年国庆节时，登上天安门城楼的毛泽东和身边的斯诺夫妇谈笑风生，翌日《人民日报》头版刊出巨幅照片。这位曾以著述《西行漫记》享誉全球的美国记者，此时此刻传递的是中美两个大国"越洋握手"的信息。

1979年4月的一天，曾在红军联络处（八办前身）主持工作的叶剑英，回到阔别36年的八办，感慨颇多。他会见工作人员，为八办题写馆名，并赋诗一首："西安捉蒋翻危局，内战吟成抗日诗。楼屋依然人半逝，小窗风雪立多时。"如今，这幅长21.9厘米、宽28.7厘米的叶剑英诗作手迹，已是八办的一级文物。

"当年八办还成立了我军最早的汽车队，"讲解员指着停放在五号院这几辆汽车说，"曾为延安运送了大批工农业生产资料、枪支弹药、医疗用品、文化器材，有力支援了边区军民的生产生活。"八办的工作人员，在白色恐怖、特务林立的严酷环境里，接待过往人员、联络民主人士、组织运送物资、营救西路军将士，任务艰巨而繁重，生活困苦而危险。他们用辛劳和智慧撑起的八办，是红区与白区联系的纽带，是输送人才和物质的驿站，其卓越功勋已经彪炳史册。

八办的一株小草、一棵小树、一间小屋、一座小院，宛若跳跃着红色的火苗，闪烁着火炬般的光亮，如同漫漫长夜里，指引航船前行的明亮灯塔。十年里，来到这儿又从这儿出发的爱国人士、进步青年数以万计。这些革命先辈，怀着一颗火热的爱国之心，肩负着报国救民的远大志向。这一份火红执着的初心，就是奔向抗日前线、打败日本侵略者、誓死不做亡国奴的赤诚之心，就是救国于危难之际，救民于水深火热之中的炽烈之情。怀着这份初心，他们冲破道道封锁，与死神屡屡擦肩，最终开创了全新的生命轨迹。

穿越一座座门洞，走进一间间展室，聆听一段段讲解，如同和从这里出发的一位位先辈对话，读到了他们的拳拳爱国之心；细览一幅幅图片，透过一行行文字，留恋一件件实物，宛若体味一位位热血青年救国救民的历史担当，追寻那一行行渐渐淡出人们视野的足迹。这座曾叫七贤庄的院落，依然静静地爱抚着80年前的那份痴心与坚守。

十年风雨路，千秋七贤庄。从秘密交通站、红军联络处到八路军驻西安办事处，竟然发端于一家德国人开办的小小牙科诊所。1936年春夏之交，为方便白区的隐蔽活动，经周恩来特批，买下了竣工不久的七贤庄一号院，以德国牙医博士冯海伯行医作掩护，开启古城全新的秘密斗争。后来，八路军先后在南京、武昌、长沙、重庆、桂林、洛阳、临汾等地也设有办事处。

慕名前来的寻访者，或者是古城的市民，或者是远方的游客，或者是青年学子，他们来这里和七十多年前的人物，和那些烽火连天的峥嵘岁月悉心交流，如同走进先辈们的内心世界，聆听动人心魄的故事，牢记他们的初心，不忘他们的志向，接过他们手中那一支支熊熊燃烧的火炬，又奔跑在新时代的追梦路上。

"我志愿加入中国共产党，拥护党的纲领，遵守党的章程，履行党员义务，执行党的决定……"循着铿锵有力的声音，我来到一号院最北边，一棵树干笔直、树冠蓬勃的银杏树旁，屋檐下鲜红的党旗在雪白的墙壁映衬下，显得更加庄严而神圣，一队青年学生在这里重温入党誓词。多年来，八办成为年轻人追寻红色记忆的场所，来这里重温入党誓词的常常要排队等候，有时连进馆参观也要提前预约。

时光荏苒，岁月如梭。巍峨壮美的古城墙依然耸立在八办北侧，犹如一道遮风挡雨的天然屏障，忠实呵护着这座虽安静但内涵丰富的小院。城墙的层层青砖，沁透着岁月的风霜雪雨，巍巍壮美的角楼，见证了八办的火红岁月，并仍将继续见证当代人对八办的敬仰与爱抚。八办南邻是古都有名的后宰门小学，孩子们的朗朗书声，欢歌笑语，飞过矮矮的围墙，给这座红色博物馆，平添了无限朝气与勃勃生机，也预示着八办的美好未来。

八办门前小广场上，五棵挺拔粗壮的白杨，枝条向天，树冠蔽日，如松如柏，静穆中隐含着向上的涌动，彰显出饱经沧桑的庄严与厚重。70多年过去了，曾从八办出发去延安去各根据地、当年在这儿工作过的先辈们，大多已经远去。人们仍深情地凝望着那渐渐远行的背影，继续寻访着那清晰而踏实的足迹。

傍晚时分，西边天际燃起璨璨霞光，照亮了近处的城墙与楼阁，映红了八办的一座座小院，那一面鲜红的党旗也格外夺目。

# 解 放 巷

李顺午

假日回故乡，我特地去了村东北的解放巷。好多年没来过，小巷的变化，委实让人惊讶和欣喜。

一条小巷，整齐地排列着一座座两层小楼，白瓷砖贴面，红瓷片砌檐，青灰屋顶，酱红铁门，古铜色的门钉格外醒目；两行泡桐，树冠高擎，叶大荫浓，满巷绿风，给干净的小巷平添了几分幽静与祥和。

眼前的变化，我几乎不敢相认，特别是各家各户门前停放的小轿车……忽然，几个学龄前的孩子"爷爷好！爷爷好！"地问候着，看着这些穿着整洁时尚的孩子，让我感到乡音的甜美和亲近。

孩子们欢快的笑声，未泯的童音，一下把我的思绪拉回那远去的岁月：小巷的人，小巷的房，小巷的故事又浮现在眼前。

我的故乡，位于秦晋豫三省相交的西北隅。解放巷坐落在黄河古岸的老崖边，往南可远眺西岳华山，面东能遥望中条山脉。平和而温顺的黄河水，在这里形成偌大河滩，辽阔而平坦无垠，湿润而无须灌溉，偏僻而人口少。

那时候，解放巷的老辈人在洪灾里逃生苦不堪言。人们一根扁担两只箩筐，拖家带口背井离乡，从黄泛区溯流而上，这广袤的河滩成为落脚的理想之地。在他们的命运中，似乎永远离不开母亲河。

人们依河而居，用茅草搭窝棚，以泥土垒灶台，过上了近乎原始的生活。靠着勤劳、吃苦、忍让和坚守，这金色宽广的河滩，给了他们活下去的勇气。三十年河分东西，河水泛滥河槽改道，常常打乱他们刚刚安定的生活。这些从不向困难低头的人们，开始筑河堤，垒围堰地劳作，展开一轮轮与命运的艰苦抗争。

我的村子，在原畔上，下是无垠滩地，上有平坦旱原，一条陡峭的坡道连接滩下和原上。站在村子东面的老崖边，站在自己的家门口，就能看见河滩里一望无垠的庄稼。河水涨了，人们就临时上原，可心还在河滩里。后来，这个叫"解放"的小巷，成了他们永久的家园，结束了"水涨人上原，水退人下滩"的穷折腾。从刚开始的三五户，到后来的十来八户，慢慢成了一条小巷。到中华人民共和国成立那年，小巷有了自己的大名。

刚从滩下搬上来时，每一家都是土矮墙草棚子，白天举头可望太阳，夜里仰面能数星星，遇上雨天，屋外下大雨，房里下小雨，那更是愁死人……虽说他们有了草房小巷，可日子还是过得苦巴巴的。

又是多年的苦撑苦熬，小巷在慢慢变化：一溜三开间门房，这大门有的开在中间，有的开在一旁，多数人家院子里只盖一间灶房，只有路北的老魏家是三间门房三间厦房，孩子多住不开啊。夫妇俩接二连三生了七个姑娘，最后一个是儿子。村里人开玩笑地说："第八个是铜像。"

小巷的门房，都是清一色的草房：矮矮的土坯墙，细细的杨木担子杨木梁，多数人家的房上没有椽，多用上几根小檩条，就直接铺上高粱秆箔子，糊上一层厚泥巴，一捆挨一捆摆麦草，就整理出草房子漂亮的屋面，在屋脊和山墙位置压一层黄泥，这"标准"的草房就建成了。有了土坯墙、杨木梁、麦草顶的房子，这些在河滩里苦熬多年的乡亲，居住条件不断改善，虽穷但快乐的日子在慢慢向前。

"三年困难时期"，解放巷的乡亲，户户闹春荒，家家断过粮。巷口路南头一家，住着王德老汉，长期饥饿致使全身水肿，差一点丢了性命。他老婆领小女儿出门乞讨，其惨状既令人痛心又无奈无助。后来，乡亲们靠着在河滩里拾柴火、捡庄稼，编草席、打箔子，挖河沙、扫碱土，靠艰苦奋斗的力量，熬过了十分困难的岁月。

那时候，解放巷人下地劳动的独轮车、架子车，差不多家家都有，可一条小巷的人多年买不起一辆自行车，缝纫机、收音机成了稀罕物件。家家户户儿子结婚，姑娘出嫁，仍住的是土坯墙草房子，一住就是近三十年。

只有安居，才能乐业，自古以来都是如此。

改革开放初，解放巷是全县最早拿到"制种订单"的村民小组。乡亲们淘到"第一桶金"，大人小孩别提有多高兴。刚开始，他们起早贪黑地试种玉米，除草、施肥、浇水、防虫，试种获得成功，县里的农科所、种子站满意。乡亲们粮食打得多，首先是口粮过了关，一下解决吃饭这天大的难题。这成功的背后，是风吹雨淋太阳晒，吃苦受累加熬夜，打多少药刚好，浇多少水合适，乡亲们耐着性子摸索，反反复复试验，至于锄草定苗子、打杈搬芽子，更是细上加细……

后来，解放巷参加良种试验的品种，扩大到小麦、高粱、谷子。乡亲们手拿技术资料，地里学，家里看，硬是凭着一股子使不完的钻劲，人勤劳，天帮忙，那真是试啥成啥，种啥收啥，哪一样良种都长不赖。制种有风险但收成好，一般要高过普通庄稼一倍多，一亩地一下子变成了两亩。就几年光景，解放巷的乡亲日子好过了，购买自行车、缝纫机、手表的渐渐多了。

在整个村子，最早用上电视、冰箱、洗衣机的，是解放巷的乡亲。没过几年，农村稀罕的电饭锅、电磁灶、电饼铛、电烤箱、豆浆机等炊具，仍是解放巷的乡亲们最先用上。县电力公司颁发的"电炊巷"牌子，又让解放巷火了一把，市电视台还播了新闻。

一直生活在黄河边的乡亲们，朴实厚道，善良乐观，吃苦耐劳，宽容坚韧，是他们性情的主要基因。政策好了、日子有盼头，自然就多出了干活的踏实，浑身有使不完的学科技、用科技的劲儿。良种试验的成功，让解放巷的乡亲们在镇里县里挂上号出了名。

小巷路北第一家的黄豫安，中华人民共和国成立不久就参军去了朝鲜。胸前挂满奖章的他，退伍回乡后一直在农村种地。这个性子慢、干活细发的主，还蛮有福气：老伴勤快会过日子，子女出息，家道富裕，人丁兴旺。

如今，黄豫安虽已年过九旬，仍眼不花，耳不聋，说话不紧不慢，讲故事头头是道。前一段，黄豫安拿着送来的光荣牌高兴地说："70 年了，这牌牌从木板、搪瓷的，到如今这镀金的，已经第三块了，政府还没有忘记我们啊！"临了，他又把在朝鲜打仗的故事讲了一大堆。

论辈分，我还得叫他一声黄叔。他家刚从河南逃荒来时，借用村里的公房，在我家西邻住了十多年。后来，是头一户搬进解放巷的。

有党的好政策，有老辈人的样子，解放巷的后来人也不甘落后。这里面有遗传基因，有榜样的力量，有他们自身的奋斗和追梦。

小巷路南第五家的老窦，1979 年十一那天生了二小子，给娃起名国庆。自小聪明懂事的国庆，一边进城打工，一边在技校读电工专业，后来回村里当上电工。人忠厚又勤快，技术好、眼里有活，一收工就抱着书不放，函授电力大专课程拿到了文凭。就这样，活干得越多，技术长进越快，多次参加县里和市上的技术培训技能比赛，还经常抽到乡电管站帮忙。后来，国庆招聘进了乡电管站，没几年时间就接了老站长的班。

国庆技术好、不显摆，管的事多却不贪财，从未收过农户的任何好处；电压等级高了，干活的范围大，可他紧盯职工素质，让人人当工匠；扭住服务提升，贴心服务农户，让乡亲用上舒心电；国庆人能干品性好，年年被评为先进个人，电管站也多次获得先进集体荣誉。前几年，国庆光是远征他乡参加抗震、抗洪的电力抢险，就有好几回。

解放巷道两边，早些年就看不见电杆、电线和电表箱，更是少了私拉乱接的麻烦事。十多年前，农村推广电线地埋下户工程时，刚开始村民阻力大，担心电线埋地下出了问题，又要"开膛破肚"太费事。国庆挨家挨户做工作，有的家跑了八九趟，最终在全县第一个完成地埋入户工程。尝到甜头的解放巷人，把供电站的活当成自家的事。乡里早先的农网改造，台区整顿，集中操表，三相电入户，样样工作走在前头。乡亲们常夸奖：国庆有出息，给电力人增光彩，给解放巷人长脸面。

别看解放巷不大，人口不多，可这儿能人不少，还爆出了不少新鲜故事！

出了个女博士，让解放巷又上了"头条新闻"。小巷路北第六家的老许，父亲在河南老家就读过中学，是那一辈的"文化人"。到了老许这一代，家里条件慢慢好了，一个儿子两个姑娘都供成了大学生。儿子在深圳一家外资企业工作，大女儿在省城大医院妇产部上班。

这小女儿许睿，是全县头一个学电的女博士，在省里电网建设公司工作不久，就到哈萨克斯坦参加变电站援建，还负责兼职哈方工程技术人员培训。工作中，许睿和男员工一起战沙尘，抗冰雪，克服重重困难，适应新的工作生活环境。碰上设备安装关键时段，同样是几天几夜不合眼，活脱脱成了个"假小子""女强人"。许睿在培训哈方技术人员时，中文英语一起上，主讲翻译一肩挑，效果还蛮不错。利用业余时间，她还开设书法讲座，义务传授这白纸黑字的中华国粹，深受这些"洋学生"的喜欢。实践中历练，艰苦里成长，许睿不但技术长进快，任务完成好，还找了个"洋女婿"，真是工作、恋爱"两不误"。这个英俊潇洒的外国小伙，十分喜欢许睿的美貌，更在意她的电力才学和书法爱好。

听乡亲们说，许睿和她的"洋女婿"，还回解放巷补办中式婚礼，新郎穿唐装，骑大马，许睿着旗袍，坐花轿，唢呐声声，鞭炮阵阵，欢歌笑语，喜气洋洋，吸引了村里几百号乡亲看热闹，市里电视台播了新闻，报纸上还登了消息。

多年来，村里的老户人，与解放巷移民们，和睦相处，互通有无，相邻乡亲，早就成为一个"大家庭"。

不管我啥时间去解放巷，乡亲们都是十分亲热，问长问短，总有说不完的话儿。毕竟我们是同一个村组的乡党，在同一块地里播种收获，"大食堂"年代还在同一个锅里吃饭。

在我那古老的村子里，还有新成巷、新建巷、豫安巷、鲁安巷，都住着从黄河滩搬上来的乡亲。只是解放巷的乡亲们，要更近更亲一些。

光致——国网陕西电力职工文学作品集

散文

# 在中哈论坛上的讲话

杜文娟

我的故乡在中国陕西南部，那里有万亩油菜花海，被誉为"两汉三国真美汉中"。两千多年前的汉朝，张骞就出生在这里，两千多年前的汉朝，他又归葬这里。

张骞开拓了丝绸之路，将中原文明传播至西域，又从西域诸国引进了汗血马、葡萄、石榴、苜蓿等物种到中原，我现在居住的城市西安，市花就是石榴花，火焰般的石榴花点缀着千百年来人们的生活，娇妍的果实更是多子多福的象征，成为中国传统文化的重要符号。

一千多年前，大唐高僧玄奘从西安的前身长安出发，沿着这条西出阳关无故人之路，历尽艰险求法取经，由此演绎出长篇小说《西游记》。我曾经在中国边疆少数民族地区见到过这样的情景，从三岁孩童到耄耋老人全都拥挤在电视机前，前仰后合指指点点，大笑孙悟空红孩儿的妙趣横生。由于语言不通，他们根本不认识屏幕上的汉字，听不懂演员对话，但从人物表情和肢体语言，就能获得喜悦和满足。我想，这大概就是艺术的力量、文学的魅力，艺术和文化像阳光雨露，不分国界、不分民族、不分阶级。我不知道张骞玄奘是否抵达过贵国，但我相信他们的精神一定传播到了阿拉木图和阿斯纳塔。中哈两国山水两连，贵国的哈萨克族和我国的哈萨克族同根同源，有着民心相通的天然优势，哈萨克文学随着"一带一路"的推进在不断增强，受众遍及全国各地。

两年前家兄为离别世间近20年的父亲整理年谱，惊奇地发现命运多舛的父亲在他风华正茂的时候，曾经读过《在遥远的海岸上》和《红色的保险箱》。其实俄罗斯文学和苏联文学不仅影响了他们那一代知识分子，同样对各国作家影响颇深。我就特别迷恋阿拜·胡那巴依草原般宽广的文风，对巴尔喀什湖、乌拉尔山、乌拉尔河更是心仪向往。我国著名作家编辑家艾克拜尔·米吉提翻译的涅玛特·凯勒穆别托夫的传记《永不言弃》，使更多的中国读者了解到勇敢顽强、面对困难永不退缩的贵国伟大作家，他像保尔·柯察金一样，激励着全世界所有热爱生命怀抱理想的人们。90后歌手迪玛希在中国走红，深受广大年轻学生喜爱，也证明了两国人民的友谊之花开遍大江南北，在年轻一代心中生根发芽。

一百年前，我的祖母岳丽还是一位妙龄少女，每天坐在木格窗下织布、纺线、绣花，踮着脚尖在窄窄的房间走动，无论春夏秋冬，不能赤脚在外，哪怕面对自己的父亲。那个时候的女子结婚以前不能随便见到陌生男子，所以出嫁一般乘坐轿子或骑毛驴，因为双脚被缠裹成三寸金莲，无法步行到远方。尽管与张骞故里仅相距几十公里，也不曾拜谒过这位先贤。而我的母亲青春年少之时，就能上山砍柴、下河摸鱼，顺便一个猛子扎入湍急的汉江，一直畅游至夕阳。还会在放学路上百灵鸟一般唱着欢快的歌曲，引来松鼠麻雀的观望。那是因为中华人民共和国成立了，禁止女子缠足，妇女能顶半边天了。当我懂得读万卷书行万里路的乐趣之后，背上行囊走过万水千山，在黄山的雾岚中想起太平洋的辽阔，枕着苏堤的微波梦见六月飞雪，甚至，还亲吻过珠穆朗玛峰下的绒布冰川，静谧万年的纯净给过我无穷力量。

慢步在翠竹青青杨梅飘香的江南水乡，有人递给我两条黄瓜、三根鞭笋，愕然间，对方让我带给房东。原来他们是邻居，乡邻之间相互赠送蔬菜、水果、鱼虾是常事。千沟万壑的黄土高原，红枣、苹果漫山遍野，我被告知可以随便采摘。青藏高原和鄂尔多斯草原上的牧民，虽然住进了坚固的安居房屋，依然保持着夜不闭户、门不上锁的习惯，如果家里的酥油奶渣或糌粑被路人吃掉，会高兴好几天，认为自家的食物救助了需要帮助的人，是积德行善之事。当然，也有还没有完全脱贫的农牧民，各级政府派出精兵强将，正在努力推进脱贫工作。退耕还林退牧还草，绿水青山就是金山银山，进而达到全面小康。

在我多年的行走中，逐渐认识到人的品格与环境和见识息息相关，和平与富庶是最佳生活状态，人与自然和谐，人与人和谐，国家与国家和谐，民族与民族和谐，是人类的共同目标。我身处的祖国，无论是长城内外、岭南北疆，还是城市、乡村、平民、学生，都生机盎然、胸怀坦荡。我们家从祖母到我这一代，见证了祖国从站起来富起来到强起来的卓越进步。仰望星空驰骋万里的时候，一个愿望突兀而强烈，希望从未谋面的祖父和外祖父来到我身旁，生活在当下的中华大地上，我们一同，行到水穷处，坐看云起时。幻想故去的所有亲人起死回生，享受祥和、安宁、春华秋实。一个作家能够邂逅如此壮阔的时代，是多么庆幸和幸福，写出慈爱、友善与广博的文字，是我的责任与担当。

多年以前，和我同饮汉江水，说着同样方言的故乡故人张骞，历经数年骑马、步行，出使西域，今天的我们只需一天时间就从丝绸之路的起点来到遥远的阿斯塔纳，我们欣喜地感受到，和平、富饶、文明、进步的哈萨克斯坦共和国，不仅是歌的海洋，更是舞的故乡，是各族人民欢聚的地方。玛格让·朱马巴耶夫诗云，和煦的春风温柔拂面，芬芳的花儿争奇斗艳，蔚蓝的苍穹美不胜收，高山泉水装点着地球。所向披靡的烈狮，铁血勇敢的猛虎，展翅翱翔的雄鹰，我相信，相信年轻人！

我相信，中哈两国友谊像额尔齐斯河、伊希姆河、黄河、长江一样，滚滚向前，从春天去往春天，从和平走向和平。感谢贵国引进翻译我的《阿里 阿里》，感谢中哈作家论坛，祝贺欧亚国际图书展顺利举办。

# 从汉江到汉城湖

杜文娟

生活因为充满变数而神奇妙然，在无数个过往的日日夜夜里，怎么也没有想到，今生能与汉长安城结缘。

这个缘结得毫无征兆，没有防备。

几年以前，在西安北郊买了一套房子，买的时候对周边环境知之甚少，图的只是便捷和便宜。某一天，站在阳台上眺望，就见到一座方塔，从塔的颜色判断，自然是仿古新塔。将目光继续延宕，树木葱茏中，一个冕旒巍峨、袖阔肩宽的男人映入眼帘，从气势来看，定是不凡高人。

心中惊喜，哼着小曲一蹦三跳，几分钟之后就跳到北二环旁，左看是车流，右看还是车流。方塔就在二环紧北，威武的男人也在等我，一等千年。我像大海中的金枪鱼，在大小车辆的洪流中，迂回婉转，惊心动魄间，终于穿越车浪，吓得一位少年脸色突变，惶恐躲闪。回眸顾盼，一座高架天桥咫尺可见。

拍一下脑门，骂一声自己，就到了方塔近旁。从标识来看，原来进入了汉长安城遗址公园，方塔是长安城角楼，季风中屹立的铜塑男人，即是汉武帝刘彻。

从此以后，无论是初春还是隆冬，这里成为我散步消闲的主要场所。城墙遗址、大汉雕塑、画舫、汉阙、音乐喷泉……在春草与夏花间愈加亲切。

最心仪的还是那一湖水，绵延数十里，此前被唤作团结水库，更久以前，应该是长安城的漕运河道。水域之上，有数座桥梁相连，最常跨越的是双孔玉蜓桥。移步桥上，凭栏顾盼，远处有阡陌，近处有冬青，不远不近的地方飞鸟蹁跹，烟波袅袅。向晚时分，桥上桥下，湖岸两边，彩灯流苏，光影迷离。这个时候，有些恍惚，似乎回到汉江之畔，那里有我的青春记忆，天真憧憬，有我春水般的思念和绵延万里的期盼。

沿着垂柳依依的湖岸行走，垂钓者、吼秦腔者、舞剑者、观光者，和平相处，互不叨扰。槐花一开，颂扬整个春天，香熏夜莺，寻了香仰望，明月一轮，星星几点。

绿树与翠竹总在岸边，在岸边的曲径通幽处，漫步在悠长婉约的小径上，心会剧烈跳跃，恋爱的冲动倏然升腾，纷纷攘攘，驱也驱不散的，心就变得柔软、敏感、多情、爱怜，眼里满含情愿。多年前的刘邦、吕雉、戚夫人，以及众多帝王将相，才子佳人，会不会也走过这丛绿，经过这份幽，安享这份静；是否同我一样，沐浴同一轮月光，赏析同一缕朝阳。

水榭畔，有一处酒吧，白墙红柱，飞檐斗拱，朱雀瓦当，标准一座仿汉建筑，室内装修极具后现代特色，音乐与啤酒气味相投。进去，出来，仿佛千年。

几乎每个黄昏，一处小广场上总是歌舞升平，歌之舞之足之蹈之，男男女女，或双人舞，或独舞，一眼望去，一匹汉白玉高头大马和一位英俊男子矗立人群中间，拨开云雾般的臂膀、花剑、绸扇，走近那人那马，马脖子上挂着一个小型音响，跑马溜溜的山上就是从这匣子里飘出来的。马耳朵上摇晃着一串钥匙，钥匙上吊一只铃铛，在晚风中叮当脆响。马尾巴也不清闲，挂着一个布袋，一片菜叶伸出袋口，随着舞步和扇子舞动的节奏，湖水般荡漾。仔细去看，影影绰绰，辨不清马是何方神马，人是何等雅士。掏出手机，借着手机光去看，就看清马蹄下的石刻——韩信。名字后面有百余字简介。与韩信三足鼎立的地方，分别是张良萧何的塑像和坐骑。

后来，只要到汉城湖散步，必要多看韩信、张良、萧何几眼，也知道这是汉初三杰广场。远亲不如近邻，我觉得我们是那样亲密，那样相知。

一个春日，几位朋友相约去郊外踏青，稀里糊涂爬上一座长方形陵墓，陵墓上青草萋萋，生机盎然。大家争相采撷春天的娇美，一位姐姐要我帮她采野韭菜，勤劳了好一阵子，采一捧青绿于她。姐姐大呼，哎哟哟，你没挖过野菜啊，怎么连白色小骨朵都不要呢。

连忙答曰，第一次挖野菜。说话间，一眼就看见墓碑介绍，吕后之墓。

这一惊，动静有点大，差点滚下坟头。

举目四望，不远处是汉高祖刘邦的长陵和几位太子墓。远远近近，高高低低，田畴之上，土包点点。按照旅游业流行语，到陕西看坟头，指的就是这种帝王将相的陵墓。

明白过来之后，我与姐姐一脸端庄，在坟墓半腰站稳，嘴里念叨着一鞠躬二鞠躬三鞠躬，穿长裙的我俩，恭恭敬敬给同样穿长裙的前辈吕后鞠躬行了三个礼。

我是什么时候意识到汉长安城于我的荣耀呢。

还得从一次南国之行说起。几位朋友喝茶聊天，一位女士大谈她的居住之美，门前有绿地，窗后有浅山，鸟语花香，空气清冽。所以嘛，女士得出结论，好运连连。

大伙一起赞叹，人在这样美好的环境中，不出人头地才怪呢。人啊，如果没有安顿身体和灵魂的好场所，简直就枉来人世间。

接着，有人说自家楼下有两株香樟树，每天傍晚围绕香樟转十圈，转着转着，浑身上下香气四溢。也有人说，离小区三里地的地方，有一个公园，公园里有一湖水，水面上总是游着十只鸭子，两只白色，五只灰色，还有三只不黑不白。有人插话，你那算什么啊，离我家十里地有一条小溪，一片树林，夏日里常去烧烤。

然后，大家全都盯着我，我被盯得不好意思。只好说，从前啊，汉江从我窗下流过，现在陪伴我的是汉城湖。

大家顿时睁大眼睛，争先恐后地问，你是说汉朝的长安城吗？是汉长安城遗址公园吗？

我点头称是。有人猛地扑上来，就要拧我耳朵，捶我肩膀，边打边笑骂，瞧杜文娟这个家伙藏得多深啊，守着一座千年皇城，一声不吭，还在我们面前装淑女装傻瓜装弱势，显得我们多没文化呀。

那一瞬间，才觉得自己果然是一位幸运的女人，不但有天上之水汉江抚慰，还有汉朝的风唐朝的雨相依相伴，想必是上天赐予我的圣物，让我与人杰为邻，与历史相通。

# 汪曾祺文字的滋味

## 李 娟

　　春天里，我喜欢读汪曾祺先生的书。《一辈古人》《人间草木》《蒲桥集》，一路读来，如春初新韭，淡然清新，滋味无穷。

　　有人说，汪曾祺是作家里的齐白石，他笔下的植物生灵，笔意清淡如一幅幅水墨画，令人过目不忘。

　　如《葡萄月令》："一月，下大雪。雪静静地下着。果园一片白。听不到一点声音。葡萄睡在铺着白雪的窖里。""八月，葡萄'着色'……""九月的果园像一个生过孩子的少妇，宁静幸福，而慵懒。"

　　他在散文集《蒲桥集》自序中说："我写散文，是搂草打兔子，捎带脚。"但这本"捎带脚"的散文集，却奠定了他成为散文家的地位。汪先生叙事怀人，哀而不伤，写文化掌故，清淡有味，写草木春秋，一食一菜，挥洒自如，有清气流淌。

　　在自选集的序言中，他说："我选自己的作品如同老太太择菜，黄的老的也不忍心扔掉，拣到篮子里的便是菜！"令人莞尔，多么可爱的老人，平凡的草木果蔬，经他一支妙笔，便赋予了灵气和鲜活气。尤其到了春天，我都要再读一遍汪曾祺的文字。翻开书的一刻，仿佛和草木、溪流、花香、鸟鸣都亲近了，万物美好，我在其中。

汪曾祺先生出生于书香世家，父亲是位医生。他从小生活在富裕的大家庭，十八岁去西南联大读书，师从作家沈从文先生。他生命里的底色，依然有着中国文人的淡泊与优雅。

他的散文读来水气泱泱，常常令我想起凤凰古城沈家小巷里的夹竹桃，暮春时开满红艳的花朵，枝头有小鸟鸣叫，花瓣落在雨后的青石板路上，一眼望过去，红花摇曳，翠叶翩翩。

汪先生爱写小人物，写芸芸众生悲欢离合的命运，悲喜哀乐的人生。细细品来，流淌着淡然的哀伤。

我一直认为，文字和人一样，是有呼吸的，他的文字从容清淡，在一呼一吸间，都是随性和洒脱。一个人的写作大都是有传承的，一味的学习和模仿，永远不能形成自己的风格与个性。汪曾祺早年的写作受沈从文、废名的影响最大，但是，他渐渐走出自己的天地，独创风格，另辟蹊径，自成一家。

细细算来，汪曾祺先生去世二十多年了。可是，他的文字依然在人间活着，一呼一吸，都是他文字的气息。看一个作家的作品是否有生命力，要看他身后的几十年、几百年还有没有人在读他的作品。

汪先生五六十岁才提笔作画，笔下的小鸡、蚂蚱、花朵、果蔬，清淡有味，充满人间的烟火气息，弥漫着泥土的芬芳。他的画属文人画，清雅、清淡、清新，有着淡然的书卷气。一只落在树枝上的秋蝉，蝉翼栩栩如生，透明如薄纱。含苞待放的荷花上，静静站着一只小鸟，却有着说不出的意境。无人夸赞颜色好，一笔素水写清格。

人活到一定的境界，就是一通百通，暮年的汪曾祺成为一代大家，不论文字，还是书画。

杨柳如烟，桃花嫣然，在和煦的春光里读几页汪曾祺先生的书，买了一把鲜嫩的韭菜，给家人做了韭菜鸡蛋盒。

　　仿佛听见汪曾祺先生说："文求雅洁，少雕饰，如春初新韭，岁末晚菘，滋味近似。"我一直将这句话，当作我写作的座右铭。因为，这是文字的滋味，生活的滋味，春天的滋味，更是汪曾祺先生文字的滋味。

# 安康水电站　让城市更美好！

刘雅萍

　　春风又绿江南岸。眼前的世界一扫冬日的沉闷，灵动缤纷起来。瀛湖边坡上的油菜和桃花竞相绽放，春意盎然。碧绿的汉江依偎着巴山，缓缓流淌，蜿蜒向前。山环水绕，动静相宜，成就了陕西小江南独特的春色。

　　安康水电站就坐落在这秦巴汉水之间，巍然矗立的大坝在柔媚春光中更显其挺拔伟岸，成为安康市一道独特的工业景观。"截断巴山云雨，点亮万家灯火"，在祖国改革开放、飞速发展的四十年光辉历程中，安康水电站历经设计、建设、投产发电、发展创新等不断奋发的进程，在寂静的山区履行着令人自豪的神圣职责。

　　安康水电站的防洪效益毋庸置疑，电站自建成后，安康从此水患无忧。每一位老安康人，都不会忘记1983年那刻骨铭心的水之殇，那是安康人心中永远的痛！1983年7月31日，突如其来的洪水让安康遭受了灭顶之灾，死亡870人，经济损失达4亿多元。落后的通信和交通设施影响了后续救援速度。

　　回忆起"7·31"当时的场景，当时在安康市城关镇工作的付先生深有感触地说："能活着是一种幸运，当时的场景惨不忍睹！安康城区一片汪洋，街道成了河道，洪水退后，树上、房上、电线上悬挂着尸体。洪水摧毁了一座城市，摧毁了许多家庭啊！"

家破人亡的惨痛不堪回首。安康水电站建成后，不仅促进了当地经济、文化的发展，也让安康人从此过上了安稳、踏实的生活。不再担心水漫金山，不再担心噩梦重演……

安康水电站是二十世纪七十年代设计、八十年代建设、九十年代投产发电的，是目前陕西省最大的水电站。从1990年投产发电至今，一直发挥着发电、防洪的功效，确保了安康城区以及下游城镇人民生命财产安全。电站如同一个坚强的钢铁卫士，一道坚固的铜墙铁壁，坚守着神圣的职责：削峰、错峰、拦洪、滞洪……让洪水猛兽不再肆无忌惮，让安康城区安然无恙！

斗转星移，时光荏苒。1983年被洪水侵袭过的、满目疮痍的安康城已经凤凰涅槃，浴火重生，蜕变成一座美丽的宜居城市。在这期间，安康也曾经历过多次洪水袭击，却一次次化险为夷。其中安康水电站在防洪度汛中发挥了巨大作用。

2010年7月18日，安康水电站遭遇投运以来的最大洪水，也是1983年以来的最大洪水，洪水超过电站设计五十年一遇标准，经过安康水电站科学调度，使出库洪峰降至二十年一遇水平，减少了下游人民群众经济财产损失。

2011年"9·18"洪水过程，安康水库提前预泄39小时，腾库1.75亿立方米，使安康城区过境峰现时间推迟17个小时，减轻了安康城区及丹江口、江汉平原的防汛压力，保证了沿江城镇群众安全转移，实现了汉江防汛撤离无一人伤亡的目标。上级防汛部门以及市委市政府对电站防汛工作给予通报表彰。

简单的数据和文字显然不能反映电站干部职工付出的辛勤劳动和承担的防洪压力，多少个不眠之夜！多少次艰难的抉择！如何在防汛与发电之间寻找一个最佳契合点，最大限度地实现经济效益和社会效益，分析、商讨、争执、决策……只有亲历者才知道其中的甘苦和肩负的责任。

人民群众的利益高于一切。国网陕西省电力公司在汛期提出了"防汛第一，发电第二"的原则，安康水电站在防汛与发电这个天平上，始终以防洪为己任，把人民群众的利益放在心头。正因为如此，每一位安康人尤其是经历过"7·31"水之殇的老安康人都对安康水电站怀有深厚的情感。因为有了电站，安康才有了碧波荡漾的瀛湖风景区，吸引了四面八方来来往往的无数游人；因为有了电站，安康才多了工业企业，城市经济逐渐发展，工业旅游初具规模；因为有了电站，洪水猛兽不再可怕，削峰滞洪化解于无形……安康水电站最大限度发挥了以发电为主，航运、防洪、旅游等综合效益，成为安康市重要的支柱产业和闪亮的城市名牌。企业先后荣获"全国电力安全生产先进单位""全国绿化模范单位""全国文明单位""全国五一劳动奖状"等诸多荣誉，无不印证了企业物质文明与精神文明齐头并进，全面发展进步的光辉历程。如今，安康水电站在党的十九大精神指引下，为加快建设全国一流智能化水电厂，支撑省公司建设世界一流能源互联网企业，服务安康生态经济强市建设做出新的贡献。

沧海桑田，人间巨变。四十年，一个企业从无到有，从有到强；四十年，一个城市从毁灭到重建，旧貌换新颜。如今，水不会再让安康百姓感到恐慌惧怕，安康水电站的建成投运，不仅仅促进了当地的经济、文化发展，也让老百姓的幸福生活有了保障。一江碧水，滋养万物，科学调度，合理运用，不仅仅让汉江水成为当地百姓幸福生活的源头，也让"一江清水送京津"，惠及祖国更广阔的地方和更多的人民，福祉绵长。安康水电站，让城市更美好！让人民生活更美好！

# 诗词歌谣中的爱国情怀

刘雅萍

　　每天清晨，当我输入密码，打开电脑，一张天安门图片倏然出现在眼前，金黄色的琉璃瓦、赭红的围墙在蓝天的映衬下更显其庄严肃穆，威武壮观，前面绿意葱郁，花团锦簇，紫红的三角梅在阳光下泛着光泽，艳丽夺目……

　　这是那年十一前去北京拍的一张照片，在我眼中，这是天安门最美的模样。好长时间了，一直将它作为屏保，舍不得更换。每次看到这张照片，就会唤起我的天安门情结，就会不由自主地想起在北京的种种感怀和追思。

## 我 爱 北 京 天 安 门

　　小时候，对天安门的向往源自一首歌："我爱北京天安门，天安门上太阳升……"，这首歌唱了许多年，却从未亲眼目睹天安门真实的模样，那时候，旅行是一件很奢侈的事，向往只能悄悄埋在心中。工作后，一直在等待一个合适的机缘，然而，一直未能实现，随后结婚、生子。

　　时光荏苒，女儿一天天长大，与同学们一起相约去北京，我在车站目送她远去，想到自己的北京之行遥不可及，不由得摇头叹息。年复一年，对北京的向往不曾淡去，其间，去过许许多多的城市，却总是与北京擦肩而过，然而等待的时间越长，对北京的向往越发浓烈。终于在女儿上大学的这一年，我与老公携手，轻装前行，去北京，度"蜜月"，这是一场晚了整整二十年的"蜜月之旅"，这是一次期待了几十年的北京之行。

听了朋友的指点，我们就住在王府井附近，这样，每天都可以在天安门前看升国旗，在长安街头漫步，做几天真正的"北京人"，让多年的天安门情结得以释怀。

看升国旗，几乎是每个来到北京的游人选择的第一课。那天，天安门广场依旧熙熙攘攘，我和老公在拥挤的人群中穿梭，想寻找一个最佳位置，未果。当国歌在广场上空响起，喧闹的人群立刻安静下来，随着音乐小声唱和着，现场气氛变得庄严肃穆，我也立正姿态，一字一句地唱着这支刻在心中的歌。当英武的旗手将国旗潇洒地抛向空中，仰望着国旗在熟悉的旋律中徐徐升起时，我突然间热泪盈眶。

## 不到长城非好汉

"不到长城非好汉"，伟人不知道，他的这句诗词日后成为长城最好的广告词，吸引着越来越多的人登上长城，包括外国友人。

登长城的这天，下着小雨。雨中的长城别有一番情趣，云遮雾罩，花伞慢移。虽然视线被雨雾遮断，但依然能感受到一览众山小的豪迈。

偶遇一对外国夫妇，男子手腕上的袖珍摄像机与老公手中的一模一样，两人竟兴奋地打起了招呼，仿佛他乡遇故知。老公示意我为他们拍张照片，我举起手机，夫妇两人热情地簇拥在老公身边，灿烂的笑容就这样定格，身后是雄伟壮美、连绵起伏的长城。

微笑是世界通用的语言，不同国籍的人，因为相同的爱好忽然间亲近，遗憾的是"书到用时方恨少"，我少得可怜的英语单词羞于出口，我们的交流也仅限于此。

两天后的天坛，我们再一次相遇，不得不感叹缘分所在，互道一声：嗨！温暖了彼此。从头至尾，我们唯一说的就是那句全世界都能听懂的道别：Goodbye！

## 北 海 公 园

"让我们荡起双桨，小船儿推开波浪，海面倒映着美丽的白塔，四周环绕着绿树红墙，小船儿轻轻飘荡在水中，迎面吹来了凉爽的风……"是这首歌将我带进美丽的北海公园。

走进公园大门，就看到了歌中描述的景致：蓝天下，尖尖的白塔高耸入云，绿树环绕，远望，倒像是深浅不一的绿树托起了白塔，更突显白塔的纯美，侧面弧形桥上，红灯高挂，桥下海水清澈，荷叶田田，零星荷花点缀其间，一幅美妙的人间画卷！

在北海，一定是要坐船的，荡起双桨，才能感受船儿飘荡在水中的自在逍遥，才能感受到迎面那凉爽的风。船上的艄公声音浑厚，底气十足，他哼出的《让我们荡起双桨》与往日的不太一样，少了些清秀柔美，多了些雄浑大气，使这首歌呈现出别样的味道。

"横看成岭侧成峰，远近高低各不同。"在各个方位拍摄白塔，竟然有不一样的感觉！不同的角度，不同的风景，不同的美丽，风光如是，人生亦如是！

## 我 与 地 坛

去北京前，我又一次拜读了史铁生的《我与地坛》，依然禁不住热泪盈眶，一个生命的不幸与崛起深深地打动了我，地坛不知道，它给了一个生命活下去的勇气，它给了苦难的人一个独自消化的空间。他孤独无依时来这里，忧郁苦闷时来这里，痛苦无奈时来这里！这里是他身体与灵魂的栖息地。

走进地坛，偌大的四周空无一人，空旷、宁静，仿佛与世隔绝，如今来这里的人少之又少，我绕着地坛走了一周，又一周，想象着史铁生当年在这里孤独的样子，他用生命成就了一部部优秀的作品。我用手摸了摸低矮的墙檐雕花的黄色琉璃瓦，光洁柔滑，蹲下来，发觉墙角下一群蚂蚁在自己的世界里忙碌。一个生命就是一个世界啊！我在通往地坛的石阶上坐了下来，尽管周围静无声息，我仿佛听到了一个不屈的灵魂在呐喊、在拷问、在沉默！

走出地坛，外面莺歌燕舞，一派祥和安乐的俗世场景。

回首一路走过的地方：故宫、圆明园、颐和园、天坛、地坛、北海、什刹海、中山公园、前门、王府井、南锣鼓巷、潘家园……有皇家庭院，有寻常巷陌，每天穿梭于不同的地方，古代与现代，高端与寻常，不仅有视觉上的冲击，还有灵魂深处的感悟与思考。

参观国家博物馆、人民大会堂、国家大剧院、国家体育中心等一系列国家级别的场馆，感受到的是一个国家的大气磅礴，不仅仅是建筑上的，还有内在的气度与胸怀，悠久的历史与文化。在国家博物馆，我又一次重温了上下五千年文明史以及中国革命史，内心难以抑制地汹涌澎湃，曾经所遭受的侵略、欺辱、蹂躏、残害……不应忘记，一个国家，唯有强大，唯有团结，才能够真正站立起来，不再弯腰屈膝，不再奴颜媚骨！位卑未敢忘忧国，这是每一位普通公民的责任与情怀。

　　一周时间，我们走遍了北京每一个想去的地方，把几十年来对北京的向往和思念一一化解，用眼睛，用脚步，用心灵，把对祖国的热爱一寸一寸融进生命里。

# 从历史中获得新生的力量

## ——评贾平凹长篇新作《老生》

### 龚保彦

　　年末岁尾，陕南汉江边，连日来冷风萧瑟，天寒地冻。一个阴云密布、欲雪欲雨的星期天，我从书店买来著名作家贾平凹长篇作品《老生》展卷阅读，精彩的故事伴着缕缕墨香，顿时使人陶然乐然，忘却寒冷……

　　《老生》25 万多字，人民文学出版社 2014 年 9 月出版，是贾平凹第 15 部长篇小说，与他以往的作品《秦腔》《古炉》《带灯》等动辄四五十万字的砖头块一样的作品相比，算不上长，仅可算作一个小长篇而已。但它所呈露出的"文学野心"，却丝毫不逊于它们。作品通过陕南一个山村四代人的人生故事、恩怨情仇、悲欢离合、苦辣酸甜等，描写了近百年中国历史，不仅展现了中国文化精髓，还探索了我们这个古老民族在当今世界秩序下何去何从等重大问题，内容丰富，思想深邃，有很强启示性和震撼力。其与 1982 年荣获诺贝尔文学奖的哥伦比亚作家马尔克斯描写马贡多小镇百年历史的代表作《百年孤独》颇有异曲同工之处，值得认真思索和阅读。

　　该书主要人物老生，是一个在葬礼上唱丧歌的职业歌者。他身处阴阳两界，如飘忽不定的幻影，无拘无束，长生不死，超越现实人生局限，又像一个行踪不定，难以把捉的神仙般人物。作者通过对他思想、言行、内心世界的描写，以及四个不同故事的叙述，间接见证、记录了上下几代人的命运流变，重点表现了人和社会的关系、人和物的关系、人和人的关系。他又是本书一条极为重要的精神主线，将发生在四个不同时间、不同地点的故事，连缀成篇，把人世的清白温暖、社会的混乱凄苦、世间的残酷血腥及丑恶荒唐，演绎得淋漓尽致，惊世骇俗。

此书在结构上，为了凸显中国风格、中国气派，特意采用中国古典名著《山海经》一样的叙事法。不同的是，《山海经》是一部描写远古时期山水、草木、动物、神话故事的书，是一座山一座山、一条河一条河地写，记录的是山水草木等自然风物及人文现象，有着写实、辑录、编年史般的功能，颇像一部独具神秘色彩的天书。而《老生》则是一部关于社会、人生、历史、人情、世故的著作。它一个村一个村、一个人一个人、一个时代一个时代地写，展现了我们中华民族风云变幻的百年历史进程中，底层百姓在不同历史阶段下奇异诡谲的命运。整部作品世情、国情、民情兼具，正史、野史并存，酸甜交织，令人深思。

通过这本书，我们不仅能够清晰地看到整个二十世纪以来中国历史的跌宕变迁，还能从主人公身上窥探到其对于家庭、生活、故乡、亲人的挚爱。他为人不粉饰、不做作、不苟且、不油滑，勤劳、质朴、热情、隐忍、善良，处处呈现自己本真人性和自然情怀，尽管历尽痛苦磨难，仍乐观豁达，笑对人生，勇毅顽强。他既是我们整个中华民族祖祖辈辈摸爬滚打在土地上的千千万万普通农民缩影，也是一部形象、深刻的乡土教材。

贾平凹近些年来对"生"字的社会、人生、政治及文化内涵思考得很多，阐释得也颇深。这主要缘于作家对生养自己的国家民族

从历史中获得新生的力量——评贾平凹长篇新作《老生》

强烈的忧患意识，主动的责任担当。他获得第七届茅盾文学奖的长篇小说《秦腔》中有一位主人公叫"引生"。此人看上去虽然疯疯癫癫，行为怪诞，思想也常常不合世俗，但语出惊人，能够感知前尘后事，洞明人间一切。他是聪慧的智者，是哲人，是敢于冲破世俗"破茧重生"的勇士。本书主人公老生，也同引生一样，寄寓着作家深重的思考，即作家想通过这些"反常"的人物的思想、言语、行为、生活、经历、喜怒哀乐等，破译我们这个民族得以生生不息的密码，探讨当今经济全球化、政治多极化、各国文化趋同化的全球大背景下，我们这个有着古老历史与太多太重文化负荷的民族，如何才能在纷繁复杂、矛盾重重的现实中突围，获得更大、更快、更健康的持续发展，使国家富强，民族复兴，普罗大众过上富裕而有尊严的生活，从而在政治、经济、文化、民生等诸多方面获得新生。

纵观当代中国文坛，凡在读者中叫得响，且有影响力的作品，大都是些描写过去、反思历史的长篇厚重之作。莫言的《丰乳肥臀》，通过二十世纪初叶至九十年代末期发生在山东高密东北乡的诸多历史事件，概括了那片土地上许许多多民众的生老病死、命运遭际。陈忠实的《白鹿原》，通过二十世纪上半叶发生在陕西关中渭河平原上的一系列历史事件，反映了不同政治集团为了争夺白鹿原的主宰权，在那片广袤的黄土地上展开的激烈博弈和生死角力。阿来的《尘埃落定》，通过二十世纪或更远时期一个藏族土司家庭浪漫多情的过往展示，告诉我们这个边地民族在漫长历史进程中所经历的起落沉浮、社会嬗变……作家们为什么都这么热衷于写历史？记得意大利著名历史学家克罗齐有句闻名世界的名言："一切历史都是现在时。"以此观之，我们看历史其实就是在看当下。因为历史与现实总有很多惊人的相似之处，有"剪不断，理还乱"的千丝万缕的联系。静观默察之，叩问审视之，我们不仅能从中受到教益、得到启发，还能廓清迷雾，明辨是非，从而获得一种走向未来的自信、勇气和力量……《老生》一书的现实意义，恐怕也就在这里。

至于本书书名为什么叫《老生》，用贾平凹在后记中的解释就是："此书之所以起名《老生》，或是指一个人的一生活得太长了，或是仅仅借用了戏曲中的一个角色，或是赞美，或是诅咒。老而不死是为贼，这是说时光讨厌着某个人长久地占据在这个世上；同时，老生常谈，这又说的是人越老了就不要去妄言诳语吧。"

这样让整个故事有了哲学味道。作者对人生的参悟与理解，对世事的诠释与阐发，都全部通过作品，告诉了我们。

从历史中获得新生的力量——评贾平凹长篇新作《老生》

# 茨沟赏红叶

龚保彦

两山夹一川，碧水映蓝天。

霜叶红似火，丹山入画卷。

　　去年十一月初一个秋高气爽、艳阳高照的双休日上午，我和妻从安康城出发，驱车五十多公里，来到汉滨区茨沟镇，慕名来这里欣赏此地近几年来名气越来越大的红叶。一踏上镇政府所在地一条依山傍水的河街，我就被这里碧水丹山、恍若世外桃源般的美景所陶醉，随口吟出这首小诗……

　　茨沟镇位于陕西安康市汉滨区北部，付家河上游，北依秦岭，南濒巴山，东跟前进乡与旬阳县赵湾镇相邻，西和大河镇相连，南与谭坝乡接壤，北同东镇乡相接，面积约 158.3 平方公里，耕地5810 亩，辖 22 个行政村，188 个村民小组，幅员辽阔，地广人稀，山大沟深，植被丰富。广袤的土地因少有工矿企业和人工开发，自然和生态环境极好，到处修林茂草，满眼碧水青山，长年丽日蓝天。生活在这样一个风明、气清、山绿、天蓝、水净的地方，与当今许多被沙尘暴和雾霾频频骚扰的大城市相比，实在是一种福气。

　　早年的茨沟镇，地处偏僻，交通不便，信息闭塞，从外面去那里和从那里走出来，要翻山越岭，七弯八绕，不仅路途遥远，还极为费时费力。所以去那里探亲访友及旅游观光的人极少，其酷似一位"养在深闺人未识"的处子，孤独而又冷寂。而自七八年前西安至安康的西康高速公路一修通，它就迎来千载难逢的发展机遇。宽阔平坦的高速公路，不但连通了它和安康市，还连通了它和千年古都西安。成天南来北往的各种车辆从它身边匆匆奔驰而过的同时，也送去了一拨拨、一批批探亲、访友、经商、旅游的人。这些人既激活了它的市场，也带动了它的经济。故而它的面貌很快大变样：一河两岸边低矮陈旧的房屋，变成一座座漂亮洋气的小楼或高楼；狭窄弯曲的街道，变成平坦宽展的通衢；乱石堆垒的河滩，变成波光粼粼的清流；紧傍河水的堤岸，变成绿柳婆娑的滨河公园……更值得称道的是，人们去那里观光游览的时候，还可以品尝到它独具特色及风味的豆腐宴，既满足了眼目之乐，还享受了口腹之欲，的确是一大幸事。

在镇上稍作流连，观赏了这里红叶节盛大的文艺演出，以及索桥、河流、民居、街巷、广场，村民售卖的各种土特山货等，又随便吃了点午饭后，我们驱车离开小镇，沿紧擦小镇东北方环镇而去的东松公路，一路向北驰去，去寻找观赏红叶的最佳地点。

出小镇不久，我们就从车窗上看到公路边和悬崖上的红叶。它们这一簇，那一树，或与其他草木融合着，或孤零零站立着，色红如火，鲜亮如锦，与渐枯渐衰的其他草木及常绿树木形成鲜明对比，又如千万年守候于斯的俏佳人，等候着与她心曲相通的人来与她相约，共诉"自然与草木"的话题，将其在漫漫岁月长河里如何嬗变成江山自然之美的秘籍，演绎成诗、成文、成歌、成画……永志于这壁立万仞的群山秀壑中，使江山更美，山河更秀。

随着汽车往山里越走越深，路两边山也越来越高，越来越陡，越来越大，只见一个个尖峰上，一座座崖壁上，一面面山坡上，一道道幽谷里，红叶越来越多，越来越密，越来越耀眼……它们漫山遍野，成群成片，层层叠叠，直薄云天。远远看去，如一团团激情燃烧的火，似一片片从天而降的霞，又宛若国画大师李可染先生笔下那笔饱墨酣、神韵天成、豪气冲天的《万山红遍》巨幅山水画卷，不仅让人看不尽，赏不够，还令人由衷地赞叹大自然鬼斧神工塑造天地万物的力量竟如此神奇，如此高迈。我和妻子不时将车停下来，站在路边，一边远眺，一边选择不同角度用手机拍照，将那一个个绝美的画面定格在手机中。

又往前行驶了十多公里，在一座红叶最为茂盛集中的高山山脚下，我们再次将车停下，离车登山，沿一条蜿蜒曲折、两边荆藤丛生、野菊花盛开的小径，步行往高高的山坡上走去，近距离去林中观赏红叶。

登上一块突兀高耸的巨石纵目四顾，但见千峰竞秀，万壑争幽，天高云淡，层林尽染；而俯身下瞰，则曲涧流碧，烟村点点……簇拥着我们的一棵棵红叶树，互相交枝接柯，千万片红叶密密匝匝错杂重叠，在正午金色秋阳照晒下，愈加红灿耀眼，娇艳欲滴，不仅将山坡渲染得红晕冉冉，气象万千，还将我们头脸及全身映照得通红，使我们强烈地感受到一种仙气、逸气、喜气、朝气……

这些红叶皆呈椭圆形，每片都精致厚实如艺术品，又仿佛人工上过蜡光，色泽光亮，纹理清晰，殷红如血，极富美感。它们其实是遍生于秦巴山区的一种叫黄栌树的树叶。其单叶互生，叶片全缘或具齿，叶柄细，无托叶，简约俊朗。与誉满华夏而又久负盛名的北京香山红叶同属一种树叶。每年二三月间，当大地回暖，春气萌动之时，它们就和其他树叶一样，从光秃秃的枝头悄然萌发并生长出来，满身皆绿，经过一个夏天骄阳酷暑、急风暴雨历练，到了秋末冬初之际，被初霜一打，就骤然由青绿变成火红，酡颜满面，似醉若酣，将生命的形态、色彩、气质和境界升华到极致，成为山野一道道鲜亮夺目且辉煌壮丽的风景，亦成为大自然赐予人类的一道道丰美的视觉大餐。

攀爬陡峭的山坡走累了的时候，我们就地坐下来小憩，抬望眼，但见四周丛林蔽天，红叶流丹，清风徐来，鸟声隐约，野菊花飘香。清幽的环境和诗意的氛围，使得唐代诗人杜牧那"停车坐爱枫林晚，霜叶红于二月花"的诗句所描绘的诗情画意，油然涌上心头。我们的心欢畅如怡，如仙如乐。

此时此刻，仔细审视眼前每一片红叶，禁不住引发我关于人的生命的思考：其实每个来到这个世上的人，从呱呱坠地到最终归于幽冥，和红叶从春天萌发到冬天从枝头坠落归于泥土一样，是一个生命由萌芽到鼎盛再到衰弱的过程，只是在这个过程中，我认为每个人都应力争像这秋日的红叶一样，在生命某个季节或时段，奋力升华一次，燃烧一次，辉煌一次，让平凡的生命焕发出耀眼的光彩，这样的生命才是充实而有意义的……

# 外 爷 的 礼 物

周红英

老师要求孩子读《三寄小读者》，跑了两家书店都没买到。回家同姐姐聊起，姐姐说："外爷曾赠我一本，我找找看。"

姐姐拿来的书封面灰旧、内页发黄，天蓝色的扉页上，有外爷用蓝黑钢笔书写的赠言，满页的行书工整又不失流畅飘逸，还夹杂着许多繁体字，如印刷般和书融为一体。

"兰君，《三寄小读者》这本书，我在四十年前读过。因为当时是借读别人的，遗憾的是那时没有认真读好，就长期诀别了！所幸这次去西安，不期然遇上了，欣然购得，望你以后，在能阅读的时候，认真读下去，你将获得无限的良知！我能为你购到这本书，不仅是自己万分高兴，同时我也为你庆幸！阿爷，1982 年 3 月 7 日于家中。"

我翻开这本书时，已是 2016 年 10 月 29 日，外爷离去 11 年了。熟悉的笔迹牵引我跨越 34 年的光阴展开想象。春寒料峭，外爷匆匆赶往书店，在一列列书柜里耐心寻找，当他踮起脚从书架上抽出这本薄薄的小册子时，眼中燃起的光芒足以抵御长安初春的朔风。在回乡路途近 20 小时的绿皮火车上，外爷贪婪地读着书，全然不顾吵吵嚷嚷的人流和混杂着各种气息的空气。出站后，他三步并作两步赶回家，来不及洗去一身风尘，在八仙桌昏暗微弱的灯光下，一笔一画写下这些文字，抚着外孙女的头，慈爱地讲给她听。

一家人捧读着多年前的文字，回忆着外爷对儿孙的关爱及影响。妈妈取出了珍藏已久的字典，那是外爷1960年1月20日赠予她的。厚厚小小的一本《少年儿童字典》，部分折页已经脱落，书页的边缘也已破损。我小心翼翼地翻动又脆又黄的纸张，外爷写给妈妈的话依然清晰可见，"这字典很好，它是学习文化科学知识必不可少的应用工具，故购得给菊子用。"

外爷也送过我许多书。记得那个冬日午后，天阴沉沉的，我们坐在堂屋里烤火闲聊。外爷说："你应该读读《中华百年散文》和《中华百年游记》。""好的，我回去了就买。"我随意应承。他忽然站起身，套上大衣，带好呢帽，拿起拐杖说："我们现在就去新华书店。"

老家紫阳是一座山城，峰有千盘之险，路无百步之平。我紧随外爷身后，看着他拄着拐，矮而微胖的身躯在青石板铺就的阶梯，呼吸急促地上上下下。我知道他心脏不太好，可我无法拒绝他想在书店下班前，把书送到我手中的心意。这两本书仍然在我的书柜里，不时取来阅读。

每当我试图寻找自己喜欢文字的根源时，首先会想起外爷，是他喝着茶神采飞扬地大谈莎士比亚、朱生豪，是他踱着步抑扬顿挫地吟唱《陋室铭》，是他任由我对宝贝藏书"巧取豪夺"……当我一次次在经典推荐书单中，看到外爷曾经赠送我的书籍时，总是不可遏制地想念那个在我心中埋下阅读种子的人。

2017年年底，我有幸加入了中国电力作协。我第一个把好消息告诉了妈妈，电话那端妈妈感慨又欣慰地说："你终于和外爷一样，成了文化人。"

# 瀛　　湖

### 熊　浩

这个地方本来是没有湖的。

如果没有水电站，眼前这一湾碧绿的衬映着蓝天白云的湖水，早就如同那些淡然逝去的光阴一般，温柔地润过安康古城，奔流而去。

今天来得有点迟了。

随着白森森的太阳闪出和几阵蝉鸣响起，水上弥漫的雾气倏然就不见了，余下的就只剩下扑面而来的冷静的气息。周遭的村落和远处的流水镇，在青山绿水间，点缀着几处绚丽的色彩，湖面上，船后摇曳起淡淡的水波，一圈圈地荡开，红砖绿瓦的倒影便幻化成五彩斑斓的锦鲤，在水面跳跃。

这是个普通的夏天的早晨，前几天若要是来了，会赶上雨的景，便会看到烟雨蒙蒙，乘舟荡漾，天凉好个秋。心中若有幻化的倩影，落于岸边，杏黄的纸伞，婀娜地守望，这一湖美景，便融入了江南。

或是在傍晚，漫天晚霞绽放，坐于岸边，身前几艘乌篷湖边散落，也不怕随波远去，那是打鱼的汉子和媳妇在湖中辛劳之后，渔歌唱晚的随意布景，水天一色，彩霞绚丽，不用更上一层楼，便览得层林尽染，远处水上倒影的倦鸟归林，上下翻飞，是跳动的音符。坐拥山水如江山美人，豪情千丈，更胜江南。

瀛湖山水多变，不经意便有美景，想起去年，几个好友来安康，居然不让我在城中接待，开车拉着我在瀛湖的山水间择路而驰，最终把我带到一处渔家，红墙碧瓦，傍水而建，房前野渡无人，横了几艘舢板木船，缩在水边的杂树丛中，四下里寂静无声，只看见远处不时游船滑浪穿梭，却听不到一丝机器的嘈杂。

一众男女无心窝在包间里面吃喝，在岸边坡地，寻了一片草地，席地而坐，夕阳如血，水波粼粼，一湖美景便做了下酒菜。尝罢汉江鱼和农家菜肴，酿的杨梅酒的劲头就压不住了，几个媳妇孩子们都洗漱毕了，栖于农舍客房，我与几位好友醉态憨憨，就地躺下，看漫天繁星，谈笑以往蹉跎岁月，学生时光。

人生如梦，一樽还酹江月。

满湖山水已入眠，只听得耳畔蛙声阵阵。湖水衬映着星光，拥着湖心几个小岛的叠峦起伏和亭桥的影子，没有一丝人间灯火，喧嚣尽去。空中居然飞出几盏萤火虫，如同星光从天上溅落，引得几个醉汉如孩童一般，没了分寸，大呼小叫深一脚浅一脚地去捉，店家主事的慌忙出来，央求他们注意安全，别掉进水中，他们哪管那么许多，捉了便塞入水瓶中，甚是满足，仿佛是金刚葫芦收服的宝贝一般。

也难怪他们，现在都市的繁华，迷失了很多事物，钢筋混凝土的世界，纸醉金迷。满眼霓虹，竟不及昆虫尾巴闪动的些微荧光，让他们陶醉。

瀛湖的美，就是这么随意，当我想用炫丽的辞藻来做引人入胜的描述时，却发现毫无用处，因为融入她的世界里，所有的美好就会随着你的眼睛你的心，自然绽放。你会在晴朗的湖边，看见如同青藏高原那纯洁的云朵，在天上，也在水中，你会在雨中的船檐下，体会南湖那飘摇的风雨，你会在杨梅、枇杷、火龙果的一片片山中果园中，采摘着南国的成熟，春雾、夏雨、秋叶、冬雪，任何时候，你来了，瀛湖便不负你，展现给你百变风韵，美得让你无怨无悔。

瀛湖的山，瀛湖的水，绿到只有绿，纯到只有纯，美到只有美。

我很是诧异他们这些外乡人，如何比我还要熟悉瀛湖？他们笑说经常结伴来瀛湖，说我是工作狂，只缘身在此山中，不懂山水之美，刚好这次让我来开开眼界。我心中也悻悻然，每天在水电站工作，多见的也是大坝的雄姿和机组的样子，大坝用智慧堆积高度，汇聚能量输出电力，驱走黑暗和寒冬，也造就了这一湖美景。瀛湖如此美妙，与我一坝之隔，却无缘亲近，遭他们善意的嘲笑，心中也是记恨。

所以，当好友阿桑，说他要去瀛湖进行漂浮物打捞工作时，我忙不迭地央求同行，也算是去看一看这擦身错过的美景罢。

待到车行水边，登到工作船上，我不禁黯然叫苦，极远处山水青蓝依旧，身前，满眼却是浮木浮渣乱七八糟地拥堵在湖边低洼处，空气中也全是让人不舒服的味道。湖水的凉意，早都让这看不出厚度的浮渣隔离得丝毫全无，打捞船如同陷入泥潭的河马，在这片凝固的垃圾堆里动弹不得。阿桑换好工作服，跟船工们开动机器，打捞船便如一个残疾而疲惫的泳者，用挖斗抄起浮渣，甩入船后的机斗里。

这里是瀛湖上游的几处山凹洄水处，我没想到这些垃圾浮渣如此之多，满目除了树木的枝丫，还有各色的塑料袋，白色的泡沫塑料还有看不出来的物件，因为我没有在工作组成员名单里，阿桑吩咐我不要上船，我就只好在岸上的树荫下待着，四下里蝉鸣渲染着炎热和无聊，我静坐于此，胸背已经有些汗湿，想必他们在船上早已经湿透了。

前些日子的暴雨，从流水、紫阳等地冲刷下来的漂浮物，一股脑地堆积在瀛湖入口，随波逐流，如同一块块丑陋肮脏的疥疮，祖露在瀛湖，不忍直视。在水位下降的过程中，这些垃圾又滞留在了山的坡地上，如同伤疤一般，一片狼藉。

阿桑他们的打捞船很大，专业的挖斗入水出水速度很快，但是就算再平稳，更多的残渣还是随着涟漪打转，无法聚拢，这许多人，就散落地站在许多的铁皮小船的船头，围在大船周边散乱的浮渣丛中，躬身用铁耙耙拢起，舀入小船仓，满了便转移到大船仓。

看见几艘小船忙了很久，忽然荡开，靠了我这边的岸，我以为他们累了，想来聚着抽几支烟，忙从口袋取出一盒。

谁知道，他们上岸后，各自拿着工具，将坡地的垃圾铲堆在一起，来回运送到船舱。

终于得闲，聚成一圈，他们说，在水面待久了，潮气重，刚好上岸清渣，接地气去湿气，这岸上的浮渣若不弄干净，过几天下雨，水再漫上来，又是黑压压一层，这事情偷懒不得。听着这话，忙又把烟发了一圈，说多抽几只，也能去湿气。

一天一天这样枯燥周折，在他们眼中却是无妨，看着他们精光上身的黝黑的肌肉，仿佛愚公在世，每年他们就要清除几万立方米的浮渣垃圾，长久下来，也不亚于王屋、太行两座大山了。

阿桑说，这几年打捞这些漂浮物，从最初的村民阻拦纠纷，到现在全力支持，真的是历尽艰辛，我们安康水电站去年就出动打捞船只两千八百多船次，打捞人员五千多人次，共清理漂浮物和岸坡垃圾将近四万立方米，赢得了政府和环保部门的赞赏，同时大幅提升了周边人民群众的环境保护意识。今年雨水充沛，漂浮物要多出很多。安康水电站不但用这一湖水来发电造福人民，还要善待呵护这片山水，福泽乡亲，让美丽的瀛湖更加江畅、水清、岸绿、景美。而且，这一泓清水送去北京，瀛湖的水成为当代的母亲河，哺育更多的人，滋润更多的心。

午后我就走了，对比着辛勤的他们，无所事事的我，在这个地方，如同一截漂浮的枝丫一样无用。而这个肮脏的河洼，过得几天，便会华美如初。

最纯的瀛湖，最纯的水，从此，一路向北，去一个能感触到情、感恩到心的地方。

因为他们，水可能会更甘甜。

并没有人看得到他们。

几多背影，隐于了瀛湖深深浅浅的山水之间。

# 旗 袍 情 结

毛雅莉

一袭青衣，染就一生芳华，两袖月光，诉说绝世风雅。行走在流年的芳菲里，身着旗袍的女子，永远是一道靓丽的风景。

关于旗袍，总想写点什么。一直以来，我对旗袍有种敬畏感，觉得旗袍与我毫无瓜葛，像我这样走路带风的人驾驭不了旗袍的优美气质，直到穿上旗袍站在闪光灯下的那一刻，才发觉穿上旗袍的自己也颇有几分女人味。每当看见身着旗袍的女人，总免不了驻足多看几眼，婀娜的背影，流动的韵律，无不展现出女性的柔美、贤淑、典雅、清丽。

旗袍对于女人是一种修饰，更是一款奇妙的衣物，她可以是女人的闺蜜，也可以是女人的武器，身着旗袍的女子灵魂是有香气的，精致优雅，魅力无穷，美得有灵性，美得有灵魂，这种美能让女人永远雅致迷人。

最早对旗袍有美感的认知，源于十七岁那年观看的何赛飞、王志文主演的电影《红粉》，那是一部令我印象深刻的电影，最让我惊艳和难忘的不是故事情节，而是影片中何赛飞身着各种颜色、款式不一的旗袍，香风微醺，上海女人的"凌波微步"，款款而来，一举手，一投足，楚楚动人，妖娆妩媚，旗袍的雅韵和风情不停摇曳……

再后来是张爱玲的小说，张爱玲对旗袍是有瘾的。她说："对于不会说话的人，衣服就是一种语言，是随身带着的袖珍戏剧。""生命是一袭华美的旗袍。"在她的小说中，旗袍亦是出镜率最高的道具。

《小团圆》一书中写道"赛梨坐在椅子上一颤一颤，齐肩的卷发也跟着一蹦一跳，缚着最新型的金色阔条纹塑胶束发带，身穿淡粉红薄呢旗袍，上面印着蓝色小狗与降落伞。"除了对赛梨的描写提到了旗袍，对蕊秋这个人物，张爱玲也通过旗袍描述其悲喜心情："蕊秋叫了个裁缝来做旗袍，她一向很少穿旗袍，裁缝来了，九莉见她站在穿衣镜前试旗袍，不知道为什么满面愁容。"先不思考人物的喜怒哀乐刻画，不难看出，张爱玲是旗袍最忠实的捍卫者，任谁都无法反驳。就像她笔下精美的文字一样，她身上的旗袍同样精致优美。穿着旗袍的她，有一股女人的馨香，闻着就会陶醉。可见当时胡兰成爱上她的不仅是她的名望和才情，更重要的是她的典雅、灵动、安静和新潮。

李安执导的《色戒》，汤唯身上变化不断的旗袍，无论是素雅的颜色，还是花朵的图案，都与人物的个性相对应。不仅彰显了唯美的旗袍文化，也演绎了旗袍蕴藏的故事，旗袍就像一个摄人魂魄的女子，摇曳生辉，风情万种。以至于后来看到有汤唯的消息或新电影，脑海中全部都是她的那些旗袍。因为电影，因为旗袍，喜欢上了汤唯。当一部又一部带有旗袍韵味的电影出现时，或许记不住剧情，却记住了那些秀美的旗袍。

机场候机，书店闲逛，一本大红色书名《旗袍藏美》吸引了我的双眼，封面简洁精致，典型的中国风元素，毫不犹豫买回来赠予闺蜜，因为她也爱穿旗袍。旗袍的每一缕风情如她一样温婉、安静，像是一本书，耐读。她的旗袍有水墨画的，有素雅的，有深色的，有浅色的，穿上旗袍的她亦如水墨画中的江南女子般安静恬淡、柔美可人。赠此书予她，我希望旗袍能许她一世岁月静好，一生年华清欢。

清浅岁月里，流行的服饰转瞬即逝，可唯独旗袍经久不衰。搬家时整理衣柜，发现母亲的两件旗袍竟完好如新地挂在衣柜里，一件紫色金丝绒质地，一件红色真丝质地。记忆中红色旗袍是她参加学校颁奖活动时穿过的，紫色金丝绒旗袍是他的一位学生从上海回来送给她的，当年那位学生调皮捣蛋处于叛逆期，逃课辍学，父母无力管教，找到了母亲。母亲苦口婆心，好言相劝，把他带回家，像对待自己孩子一样，悉心管教，精心引导。后来，这位学生终于想通，努力学习，学习成绩一路飙升，考取上海华东师范大学，在上海就业发展。

后来他来家里看望母亲时就送了这件紫色旗袍，他说母亲是他一辈子的恩师，永生不忘！这件旗袍特耐看，十年了依旧如新，从领口到袖口，从扣襻到镶边，精致的裁剪、做工无不衬托出旗袍的华贵优雅。旗袍衬托了母亲的气质，母亲映衬出旗袍的韵美。这种美是一种成熟之美，只有人生阅历足够、内外兼修、气质成熟的女人才能与旗袍相得益彰，才会凸显这种值得尊敬的美。母亲一生桃李天下，也是我的良师益友。我曾劝她把旗袍送人，反正又不穿了，她说："有些衣服是会轮回流行，这是一辈子的珍贵记忆！"流行，可能只存在于一个时间段里，而时尚，不会随着时间的流逝而褪去光环。没错，因为流行是暂时的，而时尚是永恒的，如果非要给旗袍归类，则为时尚且永恒。

欣赏旗袍，许是因为她的精致做工，精美图案，裁剪精湛；许

旗袍情结

是因为她所具有的民族特色和文化底蕴；许是那一领一间的矜持与妩媚；许是因为温婉贤淑又性感风情的双重气质。

旗袍于我，永远是一种无言的诱惑，永远是一种割舍不了的情怀……

# 信念 一切的原动力

## ——读《一个人的朝圣》有感

张 静

"小朵的云在地上投下影子，走得飞快。远山的光影一片雾蒙蒙，不是因为薄暮，而是因为山前蔓延的大片空地。他思量着现在的情景：奎妮远在英格兰的那一头小睡，而他站在这一头的小电话亭里，两人之间隔着他毫不了解、只能想象的千山万水：道路、农田、森林、河流、旷野、荒原、高峰、深谷，还有数不清的人。他要去认识它们，穿过它们。没有深思熟虑，也无须理智思考，这个念头一出现，他就决定了。哈罗德不禁因为这种简单笑了。"

"请告诉她，哈罗德·弗莱正在来看她的路上。她只要等着就好。因为我会来救她，知道吗？我会走过去，而她一定要好好活着。听清楚了吗？"

那个声音回了一声："是。还有其他事情吗？比如说，你知道每天的探访时间吗？你知道停车场的规定吗？"

哈罗德重复道："我不开车。我要她活下来。""不好意思。您说车子怎么了？""我会走路过来。从南德文郡一路走到贝里克郡。"那个声音不耐烦地一叹："这条路可不好开啊。您在干什么？""我走路过去！"哈罗德大声叫道。

"哦"，那声音慢条斯理地回应，好像她正在用笔记下来似的，

"走路过来。我会告诉她的。还有什么吗?"

"我现在马上出发。只要我一天还在走,她一天就要活着。请告诉她这次我不会让她失望。"

哈罗德挂上电话走出亭子,一颗心跳得如此之快,好像要从胸腔里跳出来。他用颤抖的手将给奎妮的信从信封里抽出来,抵在电话亭的玻璃墙上匆匆加了一句"等我。H."就把信寄出去了。

这不是一个凄美缠绵、轰轰烈烈的爱情故事,这只是一位65岁老人想做出改变的一个重要决定。奎妮是哈罗德的旧同事,曾经因为替他顶罪被辞退,他们已经有二十年没联系过了,在收到奎妮得了癌症的告别信后,哈罗德认为一封简单的回信似乎对奎妮无足轻重,他觉得自己应该为奎妮做点儿什么。

"你一定要有信念。反正我是这么想的。不能光靠吃药什么的。你一定要相信那个人能好起来。人的大脑里有太多的东西我们不明白,但是你想想,如果有信念,你就一定能把事情做成。"加油站女孩的一番话语促使哈罗德迅速做了这个惊人的决定:马上出发,步行前往奎妮所在城市的疗养院去看望她,只要这个信念在,奎妮一定不会死,会一直等着他去看她。尽管前路茫茫,一切未知,他仍然勇敢上路了。没有通信工具,没有指南针和地图,没有换洗衣服和鞋袜,身上只有一点零钱,没有做好出远门的任何准备,但心中执着的信念,就是一种无声的力量,陪伴他负重前行,默默承受一路上的孤独,历经磨难获得重生。路途中风雨无阻,躲避记者与跟随者,遵从自己内心的想法,履行许下的诺言,坚持跨山跃水、一路向前,87天,627英里,他终于站在了奎妮的面前。

《泰晤士报》发表评论:"这趟旅程穿过自我,走过现代社会百态,跨越时间和地理风景。"能令人印象深刻的是哈罗德路途中回想自己的一生，从不太快乐的童年开始，审视自己与妻子之间的隔阂，回忆和抑郁自杀的儿子从前的往事。在哈罗德步行前往贝里克的这段日子里，妻子莫琳也在自我反省，她思考良久，觉得儿子的死不应该归咎于丈夫哈罗德。她翻看以往丈夫和儿子的合影，发觉丈夫试图想要和儿子好好沟通，但无疾而终。他们直面人生，直视这二十年来都不敢面对的内心世界，从而打开心结，回到从前的真心相爱。哈罗德的心路历程在这次一个人的徒步旅程中得以圆满完成，这更是一个意想不到的收获。

其实每个人都有收获，无论书中的人物还有作为读者的我们。一切皆因这封信，一切你认为或好或坏、或值得或不值得的开始都源于这封信。陪伴哈罗德一路前行的不是用脚来丈量的里程，而是他鲜活跳跃、深深浅浅的回忆。

这是一个人的朝圣，始于足下，更是坚定的信念与心灵的长途跋涉。即便你做了万全的准备，途中很多事都会让你始料不及。信念，仍旧是心中默念千遍、万遍、无数遍的信念使然，成就了你的初衷与既定目标。

合上书，静静地回想。回想我的 2017 年，满满当当的记忆都是我和孩子们的亲子时光。细数那一个个日子，"甜蜜温馨"四个字在脑海里轻轻柔柔闪烁。

2016 年 10 月底，随着二宝的出生，我变成了两个孩子的母亲，我不但拥有一个聪颖灵秀的大女儿，还迎来了一个萌萌憨憨的小儿子，2017 年几乎一整年都是与两个宝贝的朝夕相伴。

这是我从未做过的事情，尽管看了很多育儿方面的书籍，参考几个二胎家庭的经验，可两个孩子相差整整十二岁，真的无法想象怎样陪伴好两个孩子，一切只有亲身经历过才能真正体验照顾好两个孩子的难处和苦累。对于女儿来说，十几年娇宠于一身，突然间冒出来个小人儿要分享父母家人的爱，各种委屈失落扑面而来，心理健康出现问题，学习成绩每况愈下。对于儿子来说，情况似乎没那么糟，他还懵懵懂懂，整天呼呼大睡，在我们适应他、应对他所有突发状况之时，他也在细细打量父母家人各自的模样和性格喜好。

泰戈尔说："信念是鸟，它在黎明仍然黑暗之际，感觉到了光明，唱出了歌。"面对孩子们的现状我非常焦虑，但作为母亲我不能懈怠，在每晚孩子们睡去后开始绞尽脑汁寻求解决办法，因为我坚信：凭借自己和家人的努力，一定能够改变现状，让大女儿逐渐消除失落感和嫉妒心，和弟弟友好相处，学习重回正轨。

每天放学后和女儿聊聊在校发生的趣事、陪女儿在她的房间写作业；周末带她逛书店、看电影，聊女生的小秘密，享受母女二人的闲暇时光；假日里全家总动员去郊外踏青野餐、其乐融融……通过一段时间内我和家人的付出和爱的教育，女儿也真真切切地感受到全家人对她的关爱并不是昙花一现，尤其是母亲的爱并没有全部给了弟弟，只是这个世界上又多了一个爱她的亲人，其实她才是最幸福的！如今，女儿重新展露微笑，认真学习、开心生活，体谅父母的辛劳，学会体贴关心家人，并且和弟弟相处融洽、亲密无间。

相对于大女儿，照顾小儿子稍许得心应手，一岁的小宝贝除了吃饱穿暖、逗乐哄睡，似乎没有过多精神方面的需求。2017 年 10 月底我复职上班，小儿子也必须按照我们的作息时间来生活。寒冷的冬季每天清晨七点起床，八点前被送到姥姥家，中午一点午休，晚饭后我们一起回自己的小家。严寒的冬季天天如此，对于刚刚一岁的小家伙来说，清晨就要告别温暖的被窝，经常都是睡眼惺忪、穿着厚实地被我们抱去姥姥家，可他从不哭闹，回应家人的都是可爱地咧嘴笑和咿呀学语。他知道有些事情是必须要做的，他懂得这个家将无限的爱与亲情都赋予了他，他会用顺从、乖巧来作为对家人丰厚的回报。

为了帮助我悉心照顾两个孩子，我的父母在他们花甲之年也做出了很大的牺牲。正是一家人积极向上的心态和乐观豁达的性格影响着我，让我遇事不慌、信念笃定，在照顾两个孩子的日子里，我们一同凭着温暖的正能量支撑，勇往直前、不言苦累。

"只有信念使快乐真实。"依靠坚不可摧的信念，我们能够度过各种各样的难关。无论工作与生活，无论大事或小情，信念就是创造一切、改变一切的源源不断的动力。

信念 一切的原动力——读《一个人的朝圣》有感

# 经历是一种财富

## ——记第十一届中国文化艺术节备战50天

**姚晓萍**

在每个人的记忆中都有不能忘却的回忆，惊险也罢惊喜也罢，经历就是一种财富，回想第十一届中国文化艺术节倒计时50天，陕南锣鼓"鼓悦安康"亮相于西安大唐西市，至今回想上场前的"惊心动魄"感慨万分，其中5人的绸子舞接受了严峻的考验……

陕南锣鼓"鼓悦安康"是30多位演员以锣鼓、小场子、绸子等道具独特新颖地展现陕南地方文化的表演形式，2018年曾亮相于中央电视台。为了参加第十一届中国文化艺术节，在酷暑炎热的7月备战一月之久，历经一个月的训练在最后一个晚上不得不因为舞台的变化而重新调整队形和演出的位置，绸子组进行了艰难的紧急排练，五个姐妹按照导演的思路一遍遍调整演出，长长的绸子局限在鼓乐队里，右手不能干扰鼓上最具陕南特色的小场子，左手不能影响鼓乐队的姐妹的精湛表演。天呐，这哪是绸子，简直是一条"鞭子"，左右两旁的顾虑已无法舒展我们优美的舞姿，并影响了锣鼓、小场子的表演，导演要求我们做好心理准备，随时可能调整表演。就在当日演出前两个小时，导演调整了演出方案，第一段音乐在舞台最前端红地毯处的一席之地表演，第二段音乐带五个姐姐跑向演出后台中央亮相，重任交给了我，抓紧演出前的一点点时间，我一遍遍地熟悉这来之不易的小小的通道。那天天公又不作美，小雨下个不停，刚刚放下的忐忑不安的心，又在上场前差点崩溃，长长的机载摄像头就架在我舞绸子的头顶，媒体记者将我们早上训练好的小小通道挡了个水泄不通，我们的队伍锣鼓和小场子队员们已经上场，怎么办？没有时间与队员们沟通，更没有时间与导演商量，我不能犹豫了，我跑向摄像机的位置比划着手中的绸子告知摄像老师，又快速蹦向媒体记者几乎是声嘶力竭："等会儿我要从这里跑……等会儿我要从这里跑……"大型的摄像机为我调整了位置，媒体记者齐刷刷地向后退了一步，让出了这小小的通道，我的心终于放下来。这点位置就像杀出的一条"血路"，我竖起高高的大拇指给摄像师和媒体记者一个"人间"大赞。脑海里顿时闪现导演坚定的目光：这就是舞台，不能因为一丝的变化影响我们整体的演出效果。最终"鼓悦安康"演出圆满成功。当演出圆满成功的消息在朋友圈刷屏，我也静静享受着"惊魂未定"后成功喜悦。一个完完全全的业余演员，被活生生地训练成了专业演员的素质。我也为我们五个舞绸子的姐妹们竖起了大拇指，把"人间"大赞送给了她们。

# 做 祖 国 有 用 的 人

## ——电影《无手老师》观后感

姚晓萍

　　《无手老师》是一部根据青海省西宁市湟中县汉东乡下麻尔村小学回族教师马复兴的感人事迹拍摄的电影。当我走进影院，看到一部普通的公益励志影片竟然座无虚席，我的内心掀起了小小震撼，也为家乡拍摄出如此接地气的影片而自豪。该影片语言朴实、风格别异，应用电影的基本元素呈现出的就一个美丽感人的故事。

　　《无手老师》主人公马复兴，1959 年，出生不到 4 个月的他不幸落入火炕，双手肘部以下全部被烧掉。这个没有了双手的小生命，却以惊人的毅力顽强地活了下来。自幼失去双手但他身残志坚，在人生道路上克服了常人难以想象的重重困难，顽强地与命运博弈，用坚韧不拔的意志和坚持到底的行动实现了人生梦想。没有双手的马复兴在农村三尺讲台上耕耘了 32 个春秋。1981 年，马复兴开始在下麻尔村小学教书。当第一次走进教室，顽皮的学生在黑板上写了"无手大盗"四个字，马复兴默默地把字擦掉，用工整的板书写下"无手老师"，并且诚恳地说："从今天开始，我希望我不仅是你们的老师，更是你们的朋友。"天真的孩子们看到"无手老师"漂亮的板书和亲切的脸庞，一齐开心地拍手欢迎起来。他常说的一句话就是："老师就是学生的标杆，这标杆立得多高，学生的目光就能看的多高。""我的班里的学生，一个都不能少"，这是他常常挂在嘴边的一句话。他拖着残废的双臂，走乡串户，上城下乡，跑牧区、钻矿场，忍白眼、受奚落，搭上自己积蓄，把班里失学的孩子们一个个都找了回来。这份不屈的意志，这种顶天立地的担当，使他从平凡中闪现出让所有人感佩的光辉。他没有双手，却字写得工工整整，画儿画得漂漂亮亮。他没有双手，却执着坚守、无私奉献、淡泊名利。他的精神品格和高尚情操是新时代精神的典范，展现了一个农村教师的伟大形象，也是对最美乡村教师最好的诠释。眼前的画面正如名家傅小石的评论：残破的人生，苦难的命运，残缺的双手——和一颗完美的心。

我非常感动观赏了这部《无手老师》，离场时，看到许多观众在擦着眼角，我的内心也充满着难以言说的情绪。当我写下这个题目——《做祖国有用的人》时，也为自己内心的真情表达所感染。影片里知敬畏、懂珍惜的马复兴给我们树立了一个标杆，他美在坚守，这份坚守的真爱，铸就了人生的美丽！一个平凡的人铸就不平凡的人生。如今在实现伟大民族复兴和中国梦的征程中，作为一个普通的管理干部、一名老党员，必须坚定理想信念，立足本职岗位，不计较个人得失，以更加饱满的精神状态投入工作，爱岗敬业不是夸夸其谈、尽心尽职也不是纸上谈兵，但无论在任何时候，"做祖国有用的人"不是一句空话，是一名党员对党的承诺。

# 生活中不可辜负的两样

马艳菲

如果说工作中不可辜负的是成长与贡献，这需要勤奋、挑战和坚持，那么生活中不可辜负的唯有美食与爱，那需要才情、修炼和对美好未来的不懈追求。

大家熟知的民国女子的典范和代表——宋庆龄夫人，不但拥有高贵优雅的气质，还充满了人生理想和追求，在生命的长河中散发着独特魅力。一档电视节目中说道，宋庆龄夫人自认为"唯有美食与理想不可辜负"。那些美食所包含的匠心和酸甜苦辣，与为了理想而奋斗的艰辛和价值体现交织相融，愈加弥足珍贵，打磨着人生的丰润与完整。

宋庆龄最爱做的一道美食为"姜汁鲤鱼"，这道菜中包含着酸与甜，仿佛预示着追求人生理想过程中的辛苦与快乐，因为她不仅懂得用各种美来装扮生活，更懂得用奋斗去实现人生理想，去拥有幸福生活。

在所有人的印象中，宋庆龄和孙中山夫妇一生都爱戴百姓、体恤民生，不但为了中华民族的振兴奋斗一生，他们相濡以沫、精诚笃定的伟大爱情也佳话永存。平日，他们为人随和、生活简朴，饭桌上常有的是各种蔬菜素食，而鱼肉则成了点睛之笔。宋庆龄爱做鱼，"姜汁鲤鱼"是她的拿手好菜，不仅摆盘极具美感，鱼肉更是色泽鲜亮，浇上浓浓的酸甜姜汁，吃过的好友都赞不绝口、回味无穷。

　　鱼的做法千百种，是传统佳节必备主菜之一，也常常出现在各种周末聚餐、亲朋好友小酌的饭桌上。宋庆龄不仅喜爱烹饪美食，还常常研读各种烹饪书籍和各国美食食谱，对于鱼独爱此做法，简单易学中兼顾了口感和养生的双重优点。她在回忆中谈到，鱼肉的鲜嫩极为重要，选取的鲤鱼一定是新鲜的活鱼，上蒸锅前一定要烧开水，蒸完鱼的汤汁很腥，一定要倒掉再烧热油和料汁儿，最后将刚出锅的姜汁和热油一并浇在鱼身上，这鲜嫩爽滑、口齿留香的姜汁鲤鱼就出锅啦！无论是炎热的夏季，还是寒冷的冬天，一瓣瓣鲜香白嫩的鱼肉溜进宾客的嘴里，舒爽快哉！宋庆龄喜爱将好的美食与大家共享，煨起了生活的温度，拉近了彼此的情感。

　　宋庆龄的美不在于奢华的享受，而在于她身上所拥有的高雅端庄的品位和气质，在于她亲手烹饪的一道道美味佳肴，在于她一生都保持着简约质朴的生活格调，在于她为了理想孜孜不倦地执着追求。在她看来，幸福也许就是美食加爱情。而生活本来应该如此，享受美食，获得爱情。在恰当的时间遇到恰好的美食、传递心中无畏的爱就是一种幸福。正如她为了理想之路无悔追逐一般，虽然充满荆棘，也好似一道道用心用诚造就的美食，丝丝酸苦后就会浮现一齿醇香甘甜。

　　宋庆龄和孙中山的爱情离不开美食，美食中亦承载了数不清的爱情故事。当年的宋庆龄对孙中山先生一往情深，不顾父母的强烈反对，不在乎近30岁的年龄差距，毅然决然要与他在一起。内心无限的崇敬与爱戴、强大的爱情力量使他们成为志同道合的革命伴侣，他们的爱情没有迟疑和犹豫。二人在东京举行了婚礼，"精诚无间同忧乐，笃爱有缘共此生"是孙中山送给挚爱的情诗。此外，他还送给新婚妻子一把枪，说道："手枪配了20颗子弹，19颗给敌人准备，最后一颗危急时刻留给自己……"而这份不寻常的爱情信物，即使丈夫去世后，宋庆龄也一直留在身边。他们生死相随的爱情如同一碗香喷喷、能顶饱、吃不厌的蛋炒饭，鸡蛋玉米粒紧紧包裹，相互成全散发出醇香不散的美味，又如一往情深的水煮鱼，丰富的食材与浓香爽辣的滋味每吃一口都让人如痴如醉，无论多少苦难与风暴，一起顶住扛住，相互扶持鼓舞，一起奔向光明。宋庆龄用一荤一素、一饭一汤呈现出了一道道充满惊喜的秀色爱餐，将自己对夫君的爱意完美融进了美食，将生活的美展现在平凡世界的家常小菜中，又以崇高的品格与智慧奉献于国家统一和人民福祉之中，传递着永不过时的正能量。

宋庆龄的美食之恋令人向往，而如今的生活节奏快到让人不敢也不能停下脚步，多少人的早餐在赶路途中吃两口面包、烧饼将就，多少人的午餐、晚餐因催促开会、加班被无味的食堂自助、外卖盒饭代替掉了，又有多少人的周末大餐只为嗑瓜子、排长队后吃上一顿重庆火锅，刺激味蕾后再度进入上班接娃的无限循环之中，哪里有空闲品尝美食、享受爱呢？

有人说美食就是丈夫下班回家，妻子精心准备的一桌红绿鲜香的爱心晚餐；就是三五兴趣相投的好友忙里偷闲间，还是那家多年不变的小餐馆点上那几道百吃不厌的菜；就是过年了，一家人有说有笑一起摘菜、切菜，准备出独有你家味道的年夜饭；就是远方的游子脑海中小时候妈妈常做的那碗红烧肉；就是儿时小伙伴一起分享的热乎乎的烤红薯和竹签塞满嘴的糖葫芦……

原来美食不一定非要昂贵的食材和复杂的料理，剪一段时光，换一种心境，慢慢享受生活中简单的制作，锅碗瓢盆也能碰撞出朴实动听的旋律，萝卜、青菜、鸡腿中也能激发出生活的热情。今儿烙一张火腿鸡蛋饼配蓝莓山药泥，孩子开心小脸儿笑；明儿焖一锅土豆咖喱牛肉饭配蘑菇汤，全家老小吃着喝着，聊聊生活的趣事和烦恼；后天扯一碗蒜香油泼面配凉拌海带丝，端一碗给独自在家的邻居，那香味儿飘满整个楼道。偶尔在外尝到的美味也可回家尝试，丈夫帮忙削皮儿，孩子唱起新学的儿歌，美好的心情再加一点创意可能成就一道惊艳美食。珍惜爱你的人，当然更应珍惜用心为你烹饪出的美味。

　　都说生活不能少了诗和远方，而多少诗是在共饮好酒、共品美食间灵感迸发，多少远方归来后脑海中挥之不去的总有一方美味佳酿。那些澎湃内心的期许会在琐碎的生活中诞生，那些面向世界的梦想会从平淡的日子里升起，我们的爱竟在这美味的时光流淌中温暖着、感动着、分享着、升华着、延绵着……

# 心中那执着明亮的中国梦

## 马艳菲

一日，上二年级的女儿放学回家兴奋地对我说："妈妈，我也有中国梦啦，而且是彩色的梦，蓝色就代表我想成为一名宇航员，探索宇宙太空的奥秘；红色就代表我想成为一名配音演员，为各种角色配出最靓的声音；绿色就代表我想成为一名医生，帮助更多病人重新拥有健康的生命……"听到女儿的雄心壮志，我深情地抓起女儿的手，以鼓励的眼神望着她说："你的梦想很棒，我们每个人都应该有自己的梦想，妈妈也有中国梦，而且梦想会一直伸展拉长哦，我们有了梦想就要朝着它加油努力，坚持下去才能离梦想越来越近。""嗯，老师说了，我们还有一个共同的中国梦，那就是中华民族的伟大复兴，把我们每个人的梦想汇聚在一起就能实现共同的中国梦！"孩子兴奋地举起双手，眼神清澈而坚定。

在孩子稚嫩的话语中，我感到一阵欣慰和骄傲，我欣慰孩子走在了积极向上的正道上，不愧为中华民族的子孙，我骄傲我们赶上了一个积极创业、幸福生活的好时代，一个中国人民在满满的自信和希望中阔步前行的新时代，一个汇聚了亿万中华儿女的洪荒之力勇敢追梦、创造美好未来的伟大时代！

那是 2013 年，"中国梦"一词传遍神州大地，成为了每一名中国人承载梦想、直达心底的热词。记得 2012 年 11 月 29 日，习近平总书记在参观完国家博物馆主办的"复兴之路"展览后，提出了要实现中华民族伟大复兴的中国梦的观点。之后，他在十二届全国人大一次会议上又进行了详细阐述，并在出访一些国家和主席论坛的讲话中进一步加以论述。从此，"中国梦"便以清晰的理念、丰富的内涵和接地气的风格迅速被民众所认同，就如一股暖流涌动在华夏大地，照亮了中华儿女奋发进取的愿景，汇聚了中国社会强大的正能量，并日益成为主流政治话语，成为广大老百姓写文章、谈话交流等各种表达形式中的常见词。正如新华社评论员文章中所说："没有一种梦想，比亿万人民美好期待汇聚成的中国梦更为恢弘壮丽，没有一种力量，比亿万人民为实现中国梦而接力奋斗更能撼天动地！"

像无数为理想拼搏奋斗的年轻人一样，2003 年 7 月，大学毕业的我在最青春热血的年纪光荣地走进了国家电网公司这个大家庭，走进了汉江上最璀璨的一颗明珠——安康水电厂，为电力事业做贡献、做新一代高素质电力人就是最初的梦想。一头扎进生产一线，每天面对着轰隆隆的发电机组、冰冷高耸的大坝、布满设备的厂房、潮湿阴冷的风洞蜗壳……被大家视为柔弱小女子的我从害怕一个人巡回、看不懂电气机械图纸、走在高压线下心跳加快，逐渐变成了坚强果敢、技术过硬、独当一面的女战士。五年中，我跟着师傅走遍了电站大坝的每一个角落，亲手触摸了设备的每一寸肌肤，深夜打着手电筒巡回抄下了上千组数字，伏案背画背写了无数张图纸和操作票……一步步的摸爬滚打、学习实践，我掌握了发电的全部过程，熟练开出每一种工作票，巡回中用火眼金睛找出缺陷隐患，事故演习沉着冷静、操作无误，安规考试正确率必达百分百，顺利取得了值班员资格证书。五年中，电站的设备改造升级也是一

心中那执着明亮的中国梦

步接着一步，曾经老旧的按钮式操作台、闪灯监控屏被一台台计算机、数字荧屏替代，曾经需要用蛮力、铁疙瘩似的操作柜换上了"电脑心脏"，轻轻一触便能洞察四方，曾经湿冷闷热与噪声混杂的工作环境装上了中央空调、隔音棉，让全年无休、日夜守护大坝的电力卫士们有了更人性化的健康保障。2008年是不平凡的一年，残酷的冰雪、地震灾害让中国经历了严峻考验，"We are family"之北京奥运会又震撼了全世界。我所在的水电厂和各个供电局一同迅速加入了抢修、保电的战斗大军，一场场胜利之战的背后是无数电力人的团结协作、勇敢担当，我更为自己是这个能打硬仗的优秀队伍中的一员而感到骄傲。

2009年，"低碳"作为一种全新的生活方式逐渐深入人心。国家电网发出了走向"一强三优"现代化发展目标的强音，高新技术更快地融进了电力系统生产经营和管理的各个领域，信息化办公、节约型生产管理是现代化企业必备的条件。即将奔三的我意识到青春的珍贵和时光流逝的飞快，转入工会工作岗位的我再次筑梦，我要将有限的青春投入无限的为电力事业服务中去。随着深入落实学习实践科学发展观活动和"三节约"活动的开展，我深刻感受到以科学发展观武装头脑、解放思想、转变观念的重要性，积极加入了"三节约"宣传员行列，一边将活动精神通过文字图片、宣传海报等形式实时传达到基层班组，一边每月收集整理本厂节水发电、生产管理的节约成效，编辑成简报、文章上报公司，多项节约典型事例和金点子编入公司系列文化手册。2010年，上天赐予我了一个雪白可人的女儿，看着她纯真明亮的眼睛，我的内心暗涌起伏，我从女儿到自己成为母亲，从普通员工到工会干部、到共产党员，时代在发展，企业在升级，我也在成长。同在电网系统工作的丈夫打趣似的鼓劲我："今年可是公司'十二五'开局之年，要加快电网建设的步伐呀，以后全国、全世界的电网都要互联起来，我们可不能掉队！""嗯，我们拉起手为美好的明天一起努力吧！"此时的我正憧憬着那梦一般彩色的未来……

2012年，党的十八大胜利召开，中国特色社会主义进入了新的发展阶段，各行各业的建设迎来新征程、新希望。国家电网走进"三集五大"建设关键年，按照集约化、扁平化、专业化方向变革组织架构，创新管理模式，朝着"世界一流电网，国际一流企业"目标前进。从此，全体安电人拿出了"逢山开路、遇水架桥"的精神全方位提质增效，从安全生产、防洪度汛到节水发电、生态环保，从经营管理、市场开拓到人才梯队、依法治企，无不焕发出新的生机与活力。这个五年，我将一腔激情投入工会工作，架好党政联系职工群众的桥梁纽带已融入了我的梦想大船。"锲而舍之，朽木不折，锲而不舍，金石可镂。"群众工作要的就是一颗热心、恒心，一份耐心、细心，以及内柔外刚的暖人之心。那是一个寒冬的早晨，为了将一份3600元的补助金送到一位家住偏远的困难家属手上，我几经打听终于找到老人居住的街道，等待了两个小以后，当老人双手颤抖地接过钱包时，泛红的眼眶涌出了热泪。那是无数个挑灯夜战的晚上，我静下心将数年来的手写资料精心梳理，终于建立起高效快捷的信息管理资料库，却顾不上送高烧不退的宝宝看医生而心生愧疚。那是一份份装满职工思想智慧、满含心声的建议意见，我们架起"连心桥"与职工面对面、心连心，当大家的诉求得到解决，期待变为现实，我更坚定了前行的力量和信心。

2017年10月，党的十九大如约而至，这是一次破冰斩浪、开启伟大新征程、阔步迈进新时代的盛会；2018年，中国改革开放40

心中那执着明亮的中国梦

周年，习近平总书记提出"努力实现人民对美好生活向往就是我们的奋斗目标"，全党上下、全国人民在习近平新时代中国特色社会主义思想的引领下，信心十足、斗志昂扬地为中国梦奋斗着、拼搏着……我国的经济、科技、国防实力和综合国力等都实现了历史性跨越，全世界的目光聚焦中国，悦耳的中国声音响彻云霄。新时代为国家电网的事业发展搭建了广阔舞台，"推动再电气化，构建能源互联网，以清洁和绿色方式满足电力需求"成为每一位国家电网人的使命担当。我也幸运地加入了二宝妈妈的时代大军，开启了生命中新的挑战之旅。曾经那些不分白天黑夜围着娃转的劳累日子都成了我的宝贵财富，姐姐带着弟弟学会吃饭、穿衣，弟弟懂得有美食要分给姐姐一半，姐弟俩开心地玩着手工游戏，大声朗诵着"小娃撑小伞，偷采白莲回""red red 是红色"……这相亲相爱的一幕幕感染着我，更激励着我要与孩子们共同成长。

2019 年，中国将迎来 70 周年华诞，我看到每一位中国人都在干劲十足地为了美好生活奔跑着、奋斗着，我看到国家领导人在各大国际论坛上大声发表着中国的观点；我看到"一带一路"的国家在中国的援助带动下小麦增收上百倍、付款也能刷手机；我看到智能机器人在银行、商场、学校、家庭等各个领域微笑服务；我看到青山绿水正在变成金山银山，贫困山区的乡亲们在家门口建起了大市场；我看到绿色出行变成习惯，男女老少都把健身跑步当做最时尚的生活方式……我这个小小的电力基层员工在公司"建设具有卓越竞争力的世界一流能源互联网企业"的战略目标下，早已将那份执着明亮的梦想深入骨髓、融入血液并践行在干事创业、奔向幸福的月月年年中。如今，我在朋友眼中仿佛成了女铁人、女战士，当有人问我："看你成天风风火火的，又要带俩娃又要忙工作，转地过来吗?"我总是微微一笑,其实我没有她们想象得那样不堪,如今的好时代才让我有机会体验抚养男孩女孩的不同乐趣。"苔花如米小,也学牡丹开",小小的我在一步步塑造与积累中,正身体力行地去逆水行舟自加压、美好生活勇创造,用言传身教去感染影响孩子走正路,去证明二宝妈妈也能工作独当一面、生活拥有诗和远方。

"幸福都是奋斗出来的!"这句理深句简的话成为了这个时代的最强音,奋斗中我们看到了光明希望,奋斗中我们挺直了腰杆胸膛,奋斗中凝结的都是中国人对美好生活的追求和梦想。

天地有大美,美的是自然,流水不争先,争的是滔滔不绝。我愿与无数同行的中国人一起珍惜筑梦路上的美好时光,体会大美中国的春风浩荡、万里韶光!

# 盛放在老屋的旧时光

毛雅莉

从南山祭祖回来，不由自主地又走回老街道。

蓝天白云映衬下，一排排整齐的楼房之间，镶嵌着一座低矮的砖土房，这就是我们的老屋。它屹立在无涯的时光中，无言地记录着经年细碎的回忆。

老屋是爷爷奶奶留下的，曾经住满了我们一家人的温暖和烟火。而今，这个居住着二十几口人的老屋，终究没逃脱被卖掉的命运，连同我童年的美好时光，一起交付给新的主人，交付给了岁月。

生于斯，长于斯，念于斯。听父亲说，这座老屋是爷爷奶奶的第二座房子，房子建成后一年，我就出生了。我是爷爷奶奶亲力亲为带大的第一个孙女，幸福的我，从小享尽了爷爷奶奶和长辈们的疼爱。从我有记忆起，就很喜欢老屋，喜欢吃奶奶做的各种美味佳肴，喜欢在老屋的房前屋后玩耍，喜欢和小朋友们一起做游戏、捉迷藏、打沙包、拔野菜，田地间、河流旁、前后院、街道上纷纷留下我洒满笑声的足迹。爷爷奶奶尽可能地满足我的一切要求，那时的我无忧无虑，根本不知何为忧愁和烦恼。犹记得，爷爷教我在水泥地上写粉笔字，一笔一画地讲给我听，教我认真书写，他的字体工整俊秀，在我童年的心灵洒下崇拜之情，如今我的字能写好，也是源于爷爷的启蒙教导。

　　老屋向西一百多米处，有一块田地，那是爷爷奶奶辛勤劳作的蔬菜地，也是我儿时的乐园。每次爷爷奶奶去菜园锄草或浇水都会带上我，他们干活，我在旁边玩耍，捉蚯蚓，玩泥巴，乐此不疲。菜园里每个季节都会收获丰盛的瓜果蔬菜，爷爷把摘回来的菜，一个个清理干净，一把把整理好，用草绳捆绑整齐，如同一件件精美的艺术品，分类摆放在后院里，周末大家回来就可以带回去很多时令蔬菜，新鲜营养，美不胜收。在我记忆中，爷爷是一个很细心的人，无论做什么都细致讲究。

　　岁月飞逝，随着年龄的增长，对于童年发生的一切渐渐模糊。成长过程中，我的生活不断被新生事物和新环境所覆盖，周而复始，童年的记忆便在不知不觉中被尘封于心灵深处。而老屋却替我一一珍藏，它总会以特有的方式唤起我心底对往昔的重温。春节至今，已是第三次路过老屋，斑驳的木门上依旧贴着两张熟悉的门神画，敬德和秦琼，威武霸气。门口的两个木门墩风吹日晒，敦实可爱，似有缩小，是因为我们年岁增长，它们也在老去吗？小时候，门墩是我最忠实的伙伴，坐在门墩上吃喝玩耍，听大人们讲故事，唠家常。

　　推门而入，踏进门槛的一瞬，心里有说不出的亲切感，堂屋的水泥柜，两侧墙上的壁画，窗户上的窗帘，屋顶的吊扇等，依旧完好无损地保留着，使用着。穿过堂屋，走向后院，压水泵仍旧肩负着吃喝洗涮的责任，水池上摆放着洗好的蔬菜，新鲜水灵。新主人出来和我打招呼，丝毫没有陌生感，总觉得这座房子只是暂时让他们居住而已。进入厨房，原先的设施依旧，丝毫未改动，心中有说不出的感动和惊讶，我像欣赏一副优美的艺术作品那样，细细观摩、抚摸着厨房的每一件物品，一切都附上了旧旧的标签和痕迹，却又让人觉得温热如新。那个曾经陪伴奶奶的灶台仍安然无恙，灶台旁的木质窗户，雕花纹路，似在诉说斑驳的岁月，我仿佛又看到奶奶在灶台前忙碌的身影，各种美食再次浮现眼前。

厨房里有太多的美味记忆，奶奶的厨艺总是那么精良，最爱吃她做的葱油饼和鸡蛋醪糟，香辣豆瓣酱，香气四溢，唇齿留香，至今，这些美味无人比及。葱油饼色香味俱全，做起来也不算复杂，但那是一种爱的味道——记得奶奶是用鸡蛋和面，将和好的面分成均等的面团，然后把花椒粉、苜蓿、葱花、茴香、香油、盐、芝麻等各种调料搅拌在一起，将调好的调料均匀铺洒在擀好的面皮上，再将面皮包裹起来揉成团，再次擀成圆形面饼，放入烧好的猪油锅里，来回翻转，大约八分钟，一张酥脆、金黄的油饼便出锅了，那个香味儿啊，永生难忘，我和弟弟一次能吃好几块，我们吃得越多，奶奶越开心。奶奶说，一家人只要团团圆圆，和和美美，相聚在一起，不管吃什么，都有滋有味。谁说不是呢？这个优良传统，全家人一直在延续，在传承。

对于老屋，特别深刻的记忆还有每年的寒暑假，特别是过年时，是一大家人围炉夜话、吃饭品酒的好时光。夏日的傍晚，冬日的午后，新春的团圆，酒香扑鼻，喜气盈盈。不同季节，不同时间的美味佳肴，伴随我们度过了一个又一个温馨欢乐的时光。春夏的院子里，秋冬的堂屋里，都有我们的烟火飘香。奶奶和母亲们相互协作，不一会儿工夫，就备好两大桌饭菜，一大家人围坐一起共享家宴，你一言我一语，推杯换盏，互道祝福，从午后到黄昏，从黄昏到月色初上。这样的画面始终镌刻在我的脑海中，每每回忆起老屋的时光，这些场景便再次涌现。

从传统模式的八凉八热到后来的十凉十热，甚至数量品种更多。每一桌丰富的美味佳肴，都离不开美酒相伴，除了各种白酒红酒外，当属爷爷奶奶自酿的黄酒最受欢迎。从我记事起，每年阴历九月九，爷爷奶奶都要做很多黄酒，除了自家人饮用，还要招待亲戚邻居享用。黄酒的酿造工序颇为复杂，奶奶首先将糯米提前浸泡一晚，第二天一早，把糯米洗干净后放在蒸笼里用大铁锅蒸熟，再盛入大筛子放凉；爷爷负责把一张张酒曲敲碎，砸成粉末状，再用柴火烧几大锅开水，至冷却。酒曲、糯米、水也是有一定比例的，不能多也不能少，否则黄酒的味道就会有影响。待蒸熟的糯米和水都彻底冷却后，把糯米和凉开水、酒曲进行搅拌，搅拌均匀后，再盛入两个一米高的大瓷缸里，然后用干净的布封住缸口，压上一块大石板，等待发酵，满月后即可饮用，这两缸酒会一直喝到来年九月九。小时候很好奇，每次走到那两个缸旁，都要附着耳朵去听缸里发出的吱吱声，觉得那个声音特别奇妙，闻到那个浓浓的米酒味，就觉得又香又晕。每次聚餐我就用黄酒举杯敬长辈们，他们都会夸我越来越懂事了。爷爷总说，"黄酒营养价值高，无添加，纯天然，不伤身……"现在想想，长辈们的酒量也就是这样锻炼出来的，而我却没有遗传好酒量，略有遗憾。过去都用烧开后的冷却水来搅拌酒曲和糯米，后来随着科技发达，有了纯净水，就少了一道烧水的工序，随着爷爷奶奶年岁增高，父亲作为家里长子，便将这门手艺传承下来，而今，每年做黄酒，全家人都会集体上阵，场面堪比专业酒坊，黄酒酿造的过程，凝聚着一份力量和温暖，香甜的黄酒里饱含着爷爷奶奶对儿孙的一份爱。

　　厨房对面的那间屋子曾是姑姑的闺房，姑姑出嫁后，奶奶就一直住在这间房。在我六岁那年，爷爷奶奶忙着张罗给姑姑准备嫁妆，全家人忙得不亦乐乎。一天清晨，只听外面锣鼓声、唢呐声、鞭炮声、人声鼎沸，一派热闹喜庆的场面，家里来了很多亲戚和客人，前屋后院都坐满了人，迎娶姑姑的队伍如一条龙般等候在大门外，我跑进姑姑的房间，姑姑早已梳妆完毕，端庄秀丽，梳着两条小辫，穿着一件红色小碎花上衣，蓝布裤子，黑色布鞋，坐在床边，奶奶叮嘱姑姑："到了婆家，一定要孝顺老人，空了要常回娘家来……"姑姑也应和着"好好"，说着说着，就听见奶奶的声音哽咽了，姑姑和奶奶手拉手，坐在床边，说着哭着，眼泪不止。爷爷也进来催促，"又不是再不回来了，该出去了，不要让人家等太久，"忽然奶奶和姑姑泣不成声，奶奶站起身来给姑姑擦眼泪，那个时候，我不太明白她们为啥要哭，明明是一件喜事，却用眼泪告别那份不舍。奶奶有四个儿子，姑姑是她唯一的女儿，眼瞅着辛辛苦苦养大的女儿要出嫁了，内心肯定有很多很多舍不得，那种泪水是情不自禁的表现，现在回想，那是不舍的泪水，也是幸福的泪水。

　　人们对新生事物的向往和对美好生活的追求仿佛与生俱来。十年前，长辈们重新选址，修建了一座新楼房。我们离开了朝夕相伴的老屋，住进了新家。搬家时，因工作忙，我没有回来助上一臂之力，至今都觉得遗憾。当时心里五味杂陈，我知道那一次的搬家，意味着老屋的美好时光也将结束，也是与童年的记忆做一次告别。我想爷爷奶奶也会有不舍，毕竟老屋陪伴了他们大半辈子，感情深厚。老屋终将留不住我们，也在暗自伤心，却又用尽全力维护和坚守他的容颜和根基。人生易念旧，爷爷奶奶也不例外，他们时常回到老屋去看看，直到走不动，老屋沉淀着爷爷奶奶一生的心血和精神，饱含着属于他们的故事。爷爷奶奶在新房只住了五年时间，便离我们而去，这五年也是他们最幸福的时光，有父亲和母亲的陪伴和照顾，安详度过晚年，直到老去。

前年，老屋卖给了从山里搬迁的移民，房子里除了新添置的家电外，其他都是原先我们居住时的模样，感谢新主人对老屋的爱护和守护，我知道，过不了多久，这座老屋将不复存在，也会被钢筋水泥的楼房所替代，只想在它拆建前，多回去看看，哪怕留存一点点的记忆。

老屋带给我的回忆，不仅有爷爷奶奶浓得化不开的疼爱，还有父辈和母亲们对我的怜爱，有兄弟姐妹之间的骨肉亲情，还有我们一大家人血浓于水的亲情，和睦共处、其乐融融的氛围。新楼房的日子里也充满着温馨，充斥着幸福，但老屋的一砖一瓦、一花一草，一丝安静、一缕飘香、一声呼喊，仍然在我的记忆深处活跃，那是一个时代的符号，一个时代的开始，一个时代的结束。

我出生于二十世纪七十年代末，三十多年来，在党的领导下，我们国家由贫穷走向富裕，由落后走向世界强国的发展历程，我目睹了改革开放以来农村和城市风貌的巨大变化。尤其是不断推进美丽新乡村的建设，美丽乡村在中国大地上日益成为一道道靓丽的风景。如今，这已是我们家的第三座老房子，十年的飞跃，国在变，家也在变，家乡的房屋也跟随时代变化，党对于农村的发展实行了多种民生为先的惠民政策，取消了农业税，减免义务教育的学杂费，六十岁以上的老人有了养老保险和医疗保险，村民的生活有了很大改善和提高。特别是建设社会主义新农村以来，家乡的风貌焕然一新。原先的土坯房和低矮的红砖瓦房全部拆建成楼房，街道两旁的楼房，外墙全部是各种大理石和彩色瓷砖，美观气派，光彩照人，一栋比一栋漂亮。从客厅到厨房，电视、空调、抽油烟机、冰箱等，所有家电一应俱全，有的楼房还修建了停车场并拥有自家的小汽车。看着家乡的新面貌、新气象，怎能不为我们今天的幸福生活而自豪呢？相信在党的领导下，家乡人民的生活会越来越富裕。

穿过岁月的河流，触摸生命的源头，重温我走过的童年和青春时光，愈加明白"爱是引领人成长，照亮前行之路的光束"！老屋如同清晨的太阳，从我心底缓缓升起，永远给予我无尽的温暖和前行的力量！

那一段盛放在老屋相伴的旧时光，始终是我这一生其他岁月无法企及的美好。

# "一带一路"水润长安

## 安力达

2100 多年前，古丝绸之路从八水环绕的长安出发，不畏艰险地迤逦蜿蜒、翻山越岭伸向欧亚各国。骆驼背上蓄满了水的皮水袋，足以支撑商人们穿越风沙漫天的大漠，让驼铃回荡，让炊烟袅袅，一直飘到遥远的古罗马。

2100 年后，"长安号"国际货运班列从西安国际港务区鸣笛出发，踏上前往中亚、欧洲的旅程。一条条连接丝绸之路的空中纽带已经架起，开通了通往 12 个国家及地区的定期航线，历史让古都再一次站在丝绸之路经济带的新起点上。

抓住机遇，在古丝绸之路的源头重振汉唐雄风，成为西安人的共识。然而，曾经水源丰沛的西安却因为历史的原因沦落成为一座缺水的城市，水是生命之源，更是生产建设不可或缺的资源，缺水的西安渴呀！水，制约着西安的飞速发展。怎么办？勤劳智慧的古都人民决心改天换地重现八水绕长安的盛景，继引进黑河水之后，又开始了建设李家河水库的庞大工程。

## 紧急受命 为了那一池清水

"云横秦岭家何在，雪拥蓝关马不前。"这是唐朝吏部侍郎韩愈被贬官途经蓝田，面对那冰封雪盖的崇山峻岭时发出的悲凉感叹。

由此可见秦岭蓝田段地势之高之险，气候之严酷，以至于行至此处的韩愈在遮天蔽日的峭壁悬崖下裹足不前。

正值严冬腊月，寒风刺骨的节气，农历"大寒"的第二天，笔者驱车前往位于蓝田县玉川镇的李家河水库 110 千伏电力线路迁改工程工地，西安供电公司工程队正奋战在高耸入云的崇山峻岭间……

李家河水库位于西安市蓝田县境内灞河支流辋川河中游，是国家立项的省、市重点项目，既是生态工程，也是民生工程，更是关系到新丝绸之路经济带能否顺利起航的战略工程。工程以城镇供水为主，兼有防洪、发电功能，建成后每年可向西安供水 7669 万立方米。

为了响应西安市政府"抓紧'一带一路'基础建设，打造优质水利工程"的号召，按期向西安地区送去一池清水，为了让清澈的辋川河水流入已经开工的李家河库，为了让几个世纪以来饱受干渴折磨的沟壑荒山慢慢地开始跳动起它们复苏的脉搏……建设一条新输电线路和一座新变电站的任务已经刻不容缓了。西安供电公司紧急受命要在春节以前完成蜿蜒在高山深谷间 3.6 千米、12 座双回、2 座单回铁塔的新线路架设任务。

## 三军未动　粮草先行

西安供电公司的施工队伍冒着漫天飞雪开进了峭壁林立、沟壑纵横、树林茂密的施工现场，随着羊肠小道上的一阵人喊马嘶，飞跃崇山峻岭输送清泉的银线工程在这人烟稀少、交通不便的山区正式拉开了战斗的序幕。

三军未动，粮草先行，对于施工队伍来说，粮草，就是塔材和线材以及后勤供应。

山高路窄，甚至无路可行，运输任务极其艰巨困难。古人云：工欲善其事，必先利其器。没有施工器材，再有决心，再豪情满怀，也只能站在巍巍群山之巅徒唤奈何；没有住处，没有粮食，再坚强的汉子也扛不了几天。显然，竖在供电人面前最大的拦路虎就是运输问题。解决了这道难题，凭着西安供电公司坚实的技术力量和丰富的施工经验，其他问题必将迎刃而解。

时间紧任务重，在众志成城的供电人的脑海里，没有克服不了的困难，知难而进是供电人的一贯作风。

一场艰巨的运输和打地基的战斗同时在山岭间打响了。

## 甘为牛马　供电人历尽艰辛

万事起头难，在崎岖的羊肠小道上，甚至在没有路的条件下，首先能够使用的不是先进的现代运输器械，恰恰相反，最原始的骡马反倒成为了最合适而且最有效的运输工具。于是，一双双握惯了钳子扳子的大手挽起了牵马的缰绳，善于登高凌空的电力架线工们当起了吆喝骡子的马夫。

于是，冰天雪地的羊肠小道上出现了一队队背负着塔材和砂石筐的骡马，每头骡马的前边是牵着缰绳的电力工人，他们习惯地戴着安全帽，在白雪皑皑的山间显得格外的醒目，甚至有些滑稽。

当时临时充当过马夫的工人们认真地告诉笔者："可别小看了这些骡马，它们聪明得很呢，欺负我们是生手，经常给我们捣蛋发脾气。它们不喜欢背塔材，多加一根就不走。相比之下，它们更愿意背砂石，因为砂石是装在筐子里，不直接摩擦它们的背。可是就这样，它们还要避重就轻，给筐子里多加几锨砂石，它们就不满意，一不留神它们就上下左右地颠簸背上装满砂石的筐子，几下就把砂石颠出去半筐，让人又可气又好笑。当然，还真是多亏了这些骡马，它们为这个工程付出了很多，甚至是生命。你看，在半山腰那个急拐弯处，就摔死过一头背负塔材的骡子。唉，看着那头摔死的骡子，心里真的很难过。"

我们的工人坚强的外表下其实有着一颗颗善良的心。他们在心疼骡马的同时，却常常不吝惜自己。笔者手机里保留的那几段录像记载着工人们代替骡马用自己的身体肩扛背驮塔材的历程……

在那些过于陡斜没有路的坡地，面对重达一吨的塔材，骡马就无能为力了，一头骡马的最大负重只有三四百公斤。这时候就得人来"当牛做马"人拉肩扛了，工人们笑道，这可真是"俯首甘为孺子牛了"。

八个工人组成一队抬一根一吨重的塔材，左右各四人，对称的两个人扛一根用粗绳绑在塔材上的横木，就像过去抬八抬大轿似的，喊着号子在悬崖峭壁间的小路上奋力攀登。他们弯着腰，他们一只手扶住横木，一只手抓住路边突起的石头或者丛生的荆棘保持平衡……摔倒了，爬起来再走，肩膀磨破了，垫上衣服，重新再扛起塔材……他们就是这样，硬是把组成14基高耸入云的铁塔的钢铁材料扛上了一座座同样高耸入云的山巅。

秦岭山上运输材料困难重重，秦岭山上挖铁塔基坑更是难上加难。我们的工人蜷缩在基坑里，手握风钻，满身满脸石屑尘土地钻打坚硬的岩石。秦岭山脉基本上是花岗岩构造，坚硬无比，刨开表面浅薄的土层就是坚硬的花岗岩，别说铁镐，就是用风钻也是钻半天只能钻出一个岩眼，在这样的岩石上开挖坑口长、宽各1米，底部长、宽达2米，深达4米左右的基坑，其困难程度令人难以想象。

因此蓝田山上的铁塔基坑不是挖出来的，是钻出来的，至于在整个工程 14 级杆塔的基坑中钻打出了多少石头，恐怕要以吨或十几吨、几十吨计算了。为了钻打出这十几吨、几十吨花岗石，为了这跨山越岭的 14 级杆塔基坑，为了李家河水库，为了新丝绸之路，我们西安供电公司的工人师傅们抛洒了多少汗水，磨破了多少双手套、多少副坎肩，磨出了多少老茧，付出了多少心血，舍弃了多少亲情，无论怎样想象都不过分。

## 铁汉柔情　七尺男儿生能舍己

动力伞牵引，是西安供电公司在李家河水库采用的新技术。山高、坡陡、沟深，跨度超大，甚至有的沟壑由于过于陡峭，人根本无法通过，加之环保要求不得破坏繁茂的森林植被，决定了新建架空线路不能用原来的人力牵引法。

动力伞牵引可以直接从空中把首根极细、极轻的牵引绳从这个山头的铁塔上飞跃到对面的山头铁塔上，而不必翻山下沟地经过深达千米的沟壑。首根牵引绳飞架到两座铁塔上固定好之后，再以来回穿梭的方式逐渐依次用滑轮、绞盘换成直径较大的牵引绳，直到换成足以承受重达数吨的高压线重量的钢丝绳，最后再通过钢丝绳拉起整条高压线。由于是双回路，两座铁塔之间需要架设多达 8 根、导电截面达 240 毫米的高压线。在这整个牵引、放线过程中，全体操作人员必须一个萝卜一个坑，人人坚守岗位，动作协调一致，精力高度集中，来不得半点闪失。

然而，就在这紧张的时候，正全神贯注地注视着高压线在绞磨的牵引下在半空中移动的贾晓东突然接到了女儿的电话。

西安供电公司参战人员已经在寒风凛冽的山林里坚持两个多月

了。他们住的是临时搭建的板房，吃的是自己烧的饭菜，喝的是山泉水。他们已经两个多月没有和家人团聚了。

贾晓东年过四十，妻子在外地工作，原本跟着他的女儿只能临时放到爷爷奶奶家。这回他离开家开赴蓝田工地的时候，女儿眼泪汪汪地拉着他的手舍不得放开，像个小大人似地叮嘱他："爸爸干活干热了的时候，别脱衣服，山里风大刺骨，贪凉会生病的。水要烧开了喝，妈妈说喝生水会肚子疼，你一个人在外边要把自己照顾好。"女儿稍显稚嫩的叮嘱顿时让他流下了眼泪，都说女儿是爹娘的小棉袄，彼时彼刻让他真真切切地感到了小棉袄的温暖。

分别两个多月，他有多少话想要跟女儿说呀，有多少父爱要释放呀！可是此时此刻的他却不敢稍有松懈，一句话没说就毅然决然地挂断了电话。

朱齐超三十大几的人了，由于长年在野外工作，找老婆颇费过一番周折。好不容易娶了老婆，老婆又好不容易怀孕了，按理说，他应该时刻守在老婆的身边做个暖男才对，实际上他也是这么想的。可是当他接到赴蓝田架线的任务时，丝毫没有犹豫，打起背包就出发。他说：跟解决新丝绸之路基础用水问题相比，咱自家媳妇怀孕生娃的事就根本不是事儿了。

多么朴实的话，多么开阔的视野呀！一叶知秋，一滴水能映出整个世界。这就是供电人的品格，这就是供电人的胸怀，他们没有豪言壮语，他们有的是对党和人民的一片赤胆忠心，一个集体，一个团队有这样一批人，还有什么困难不能克服？还有什么样的任务完不成呢？

## 战地合影　人间自有真情在

他的爸爸在他6岁时妈妈去世之后就离开家乡到外地打工去了，

从此杳无音信。孤独养成了他孤僻的性格，他成了一个落落寡合的人。他最珍贵的东西是一张爸爸和他的合影，他依偎在爸爸的腿上，爸爸搂着他笑着……他对着那张相片能看上几个小时。他真想爸爸呀，特别是在生病发烧的时候。小时候他发烧生病不想吃东西，爸爸就会给他做一碗清清淡淡的小白菜汤，一只手端着碗，一勺一勺地舀起小白菜汤，轻轻吹两口，缓缓地喂进他的嘴里，爸爸的气息便掺和着菜香味儿流进他的心里……

爸爸，你知道吗？你的儿子现在已经长大了，已经是个五大三粗的男子汉了。可是，可是我还是想你，像小时候一样想你，想你亲手做的那碗小白菜汤，想你一勺一勺地喂我……

工程队队长是一位年近五十的老师傅，在他眼里，他是一位不苟言笑，风风火火的硬汉。羊肠小道上赶驮马，陡岩峭壁上运塔材，坚石硬壁上挖坑基，暴风雪里运石料……哪里最艰苦，哪里就有他的身影，哪里最危险，他就出现在哪里。有多少次，他这个二十出头血气方刚的小伙子跟在队长身后都累得气喘吁吁，叫苦不迭，可他却没有听见队长埋怨过一句，甚至连哼都没有听见队长哼过一声。

过于艰苦的工地生活使他的体能急剧下降，就在工程进行到最后冲刺阶段的时候，他突然发起了高烧，烧得他昏天黑地、不吃不喝。他躺在作为工棚的活动房里，又从贴身衣服里拿出了他和爸爸的合影。他又想起了爸爸，想起爸爸给他做的小白菜汤，想起掺和着菜香味儿的那股子爸爸的气息……

迷迷糊糊中他看见爸爸走了过来，手里端着一碗冒着热气的小白菜汤。爸爸慈祥地微笑着，用小勺舀起菜汤，轻轻地吹两口，缓缓地喂进他嘴里，爸爸的气息便掺和着小白菜的清香味儿一起流进他的嘴里，他的心里……

他呜呜地哭了，伸出双手抱住他，委屈地喊了一声："爸爸！"

他的喊声引起了一声长长的叹息："唉，这孩子又想爸爸了，小昊，你醒醒。"

他睁开沉重的眼皮，看见坐在床边的是队长，手里也端着一只碗，碗里飘散出小白菜的清香味儿。队长舀起一勺汤，用嘴吹着说："你在睡梦里老说小白菜汤，小白菜汤什么的，我就给你做了一碗，你喝两口看看，好喝不？"

他张开干裂的嘴唇，一勺小白菜汤送进他的嘴里，那么清香，那么爽口，就像一缕清泉般沁入肺腑。他的眼泪也像泉水般从眼角涌出来。

队长把勺子放进碗里，用手抹着他的眼泪，那是一只粗糙的手，看起来还有些红肿，抹在眼皮上像砂纸一样，但他仍然能够感觉到那只手的轻柔。队长满怀歉意地对他说："这两天工期紧，没照顾好你，是我的责任。我听说过你的身世，别难过，大家都很关心你，这不，刚收工他们就来看你来了。"

一个工友凑过来说："为了给你做这碗白菜汤，咱们队长忙了大半天。山里天寒地冻的哪里有小白菜？路滑开不了车，他顶风冒雪赶了几十里路，一直跑到山外面才在一个蔬菜大棚里买到几斤小白菜，过凌河的时候还从那三根树干搭的木桥上滑下去跌伤了腿。咱们队长的腿原来就半月板损伤，这一跤跌得膝盖肿得跟皮球似的，隔着裤子都看得出来，走路都龇牙咧嘴的。可他回来以后，立马就洗菜煮汤，一分钟都没耽误。"

队长瞪了那个工友一眼："去去，就你话多，不说话能憋死你？"

他又热泪盈眶了，忍不住叫了一声："队长！"

队长慈祥地笑了笑，又舀了一勺菜汤送到他嘴边，说："看看看，这么大小伙子了，动不动就流眼泪。我知道你想爸爸，虽然你爸爸不在你身边，但是你还有我，还有我们大家，咱们工程队就是你的家，我们都是你的亲人。"

"爸爸……"他抓住队长的手失声叫道，眼泪倾盆大雨般喷涌而出。

从此他不再孤僻，不再自卑，因为他有了爸爸。队长那粗糙的手，那轻柔的声音，那无微不至的关怀化解了他心中的阴霾。

工程竣工剪彩那天，他和队长站在铁塔下面，眺望着层层叠叠的峰峦和穿行在峰峦叠嶂间的根根银线照了一张合影。照片里，他紧紧地挽着"爸爸"的胳膊，"爸爸"搂着他的肩膀，"父子"俩的脸上都洋溢着灿烂的笑容，一个笑得那么阳光，一个笑得那么慈祥……

铁塔上的银线突然间发出了隐隐的嗡嗡声，这意味着强大的电流开始通过银桥输送向李家河水库，这常人难以觉察因而往往被忽略的隐隐的嗡嗡声听在我们电力人耳中，却是那样清晰，那样动人，那样壮美，这在条条银线间弹响的壮美之歌，就像是古丝绸之路上悠扬的马头琴声……

# 薪　火

吴志新

西安古城墙内的北新街中段东侧，有一四合院式的平房建筑群，二十世纪初居住此处的文人雅客较多，他们从虚无缥缈、肆意酣畅的神仙境界中寻找精神寄托，展现爱国之情。时任秦风日报社社长的成柏仁先生便给这里起了一个雅气的名字："七贤庄"。

八十多年前，中国共产党人租下七贤庄建立了"八路军西安办事处"，人称"八办"。在抗日战争中担负着开展统战工作、救亡运动，为陕甘宁边区领取、采购、转运战争物资等任务，并以其特殊的地理位置，为延安输送了成千上万的爱国青年，壮大了革命力量，为抗日战争的胜利书写了华彩的篇章，被喻为"红色桥梁"。

中华人民共和国成立后，在此建立了国家级纪念馆，是全国爱国主义教育示范基地，数以万计的中外人士来这里参观学习。党的十九大召开前后，参观的观众更是络绎不绝，接受传统教育，传承先辈遗志。

笔者家住太华路立交近邻高层楼房，平时乐于收集史料，也就成了八办的常客，仅2017年就去过3次，党的十九大召开前后又专程前往瞻仰。细细品读馆藏文物，心灵深处再次受到了撞击和震撼，让我这个近五十年党龄的老党员更加深了对党先进性的认知和理解。

一天，我在家中上网，疲惫间隙开窗远眺，太阳明媚，空气清新，没有往日雾霾的侵袭，秦岭轮廓隐约可见，唯有丝丝冷风从窗外吹灌进脖颈，方知时令正值冬月。这难得的好天气，催生了我再次去八办的欲望。吃过午饭，从城墙外东北角出发沿环城北路步行向西，进尚勤门再沿东、西七路直行，二十多分钟即到。首先映入眼帘的是七贤庄砖额和叶剑英元帅题写的"八路军西安办事处纪念馆"，苍劲有力的书法，让人再一次感受到这个国家级纪念馆的厚重。

　　迈入一号院旧址，古式四合院布局，结构严谨，幽静雅致，建有地下室，是八办主要的办公地点。电台室、机要室、救亡室、副官室依次而设。最先映入眼帘的是我党情报战线先驱李克农的办公室兼卧室，小小房间演绎过不尽的惊涛骇浪。位于前厅东侧的接待室是接待国际友人、中外记者、各界知名人士和国民党高官的地方，而接待最多的是各地奔赴延安的爱国进步青年。展室中醒目地记载着为了挽救中华民族的危亡，寻求革命真理，成千上万的爱国青年源源不断地从沦陷区、大后方和海外各地来到西安八办，奔赴延安参加抗战的其人其事。其中就有中华人民共和国成立后曾任国务院副总理、全国人大常委会副委员长的陈慕华，1938年，她17岁时从国统区来到西安，经八办奔赴延安走上了革命道路。1939年4月，四川青年教师熊道柄和他的几位学生在错过招生期后仍坚定要去延安的动人事迹，给我留下了深刻印象。

　　史料记载，叶剑英、林伯渠和董必武先后为八办党代表。党和军队的主要领导人周恩来、朱德、刘少奇、彭德怀、邓小平等多次在此工作、居住。这些旧址保存完好，弥漫着历史的痕迹。1986年，全国政协主席邓颖超重访八办，在周恩来当年的工作室触景生情，凝神静气，伫立良久，对亲人的思念感动了所有在场的人。叶剑英当年办公旧址，墙面上挂有大幅照片，原来是1979年初春，他第二次来此参观，环顾当年战斗、生活过的情景，浮想联翩，欣然写下"西安捉蒋翻危机，内战吟成抗日诗；楼屋依然人半逝，小窗风雪立多时"的不朽诗句。

国际主义战士白求恩、柯棣华和巴苏大夫、美国进步作家史沫特莱也曾在此居住过。在白求恩大夫所住旧址，我深深地鞠躬致谢，谢谢这位国际友人用双手挽回了无数抗日将士的生命，使他们重返抗击侵略者的战场，用鲜血和生命，换来了和平与安宁。

一幅幅历史画卷，重现了革命先辈浴血奋战的战斗历程，强烈地感染着前来瞻仰的人们。正当我细细观看一件文稿时，一群年轻职员在展室前深思静默。领队者铿锵誓言，表示要学习革命前辈在险恶环境中坚守党的信念、夺取抗日战争全面胜利的奋斗精神，不忘初心，牢记使命，更加坚定理想信念。

七贤庄的每一块青砖灰瓦，都彰显着抗战时期那段历史的辉煌，每一棵参天古木在诉说着革命先辈可歌可泣的历史功绩。在人民音乐家冼星海的工作室门前，竖立有一面硕大的党旗，上面印着入党誓词，成群结队的瞻仰者在党旗下庄严宣誓。当我随着众人举起右手宣读"我自愿加入中国共产党……"时，心中无比激动。已经逝去的先辈其实并没有离我们远去，他们在和平年代润物无声，用他们伟岸的身躯保护着一代又一代新生共产党人的成长，在祖国需要的地方绽放光芒。

学习先辈是为了铭其善功以昭后人，净化和升华思想。在"抗战记忆""光辉的历程"等大型展览中，每一张照片，每一件实物，虽然发黄了，模糊了，却依然感受到革命先辈当年的精神风貌。周恩来用过的毛毯，童小鹏用过的照相机、破文件包、旧棉被等文物呈现在后人面前，向我们述说了革命先辈艰苦朴素的工作作风和吃苦耐劳、一尘不染的高贵品质。

在衣食无忧的今天，在中华民族伟大复兴事业中，共产党员要永远发扬艰苦朴素的红色基因，"勿以恶小而为之，勿以善小而不为"，守住共产党员的道德底线，政治上守规矩，工作中守纪律，生活中有品德。谨记时代赋予共产党员的责任，方能担当起安邦治国的历史重任，为"两个一百年"的民族复兴大业奋斗终生。

十九大后，习近平总书记带领新一届政治局常委们专程前往上海和浙江嘉兴，瞻仰中共一大会址和嘉兴红船，宣示新一届党中央领导集体的坚定政治信念。广大党员和人民群众，到"八办"瞻仰学习，回顾革命历史，重温入党誓词，缅怀丰功伟绩，继承先辈意志，坚定理想信念，践行根本宗旨，永葆政治本色，激发爱国之情和报国之志，为实现党的十九大提出的奋斗目标提供强大精神动力就显得十分必要。

寒天催日短。怀着难舍的心情离开八办，沿着原路，再次穿过有着六百多年历史的城墙门洞，闲情漫步于冬日少有的碧波荡漾的护城河边。我突然感悟，城墙再厚，也难以隔断我这个老党员对革命先辈的敬慕之情；护城河再宽，也阻挡不了一位老电业职工对革命先辈的永生眷恋。

十年斗争史，千秋七贤庄。八十年前八办如火如荼的峥嵘岁月，留下了不可磨灭的历史功绩和精神财富，镌刻下不朽的时代丰碑，穷于为薪，火传也，永远激励着后人代代传承。

# 只有努力才会觉得美好

王　猛

　　我觉得我就是一个凡夫俗子，而艺术、设计这种都是高深的，又或者严谨的，是自己无法触摸的。

　　我之前的专业是建筑工程技术，学校在课程上有涉及关于设计的基本概念，可我还是没有能把这些真正地和现实联系起来，有过很多现在看来很不现实的想法，然而现实告诉我想要跑得先学会走。

　　我来到铜川供电局已经有两年多，跟身边的年长的前辈比起来还不足一个零头，来到设计院，让我看到了什么是爱岗敬业，从他们身上我明白了我需要学习的还有很多，严谨、缜密的推算，每一个细节的考虑，尽可能地消除隐患……这一切的一切感染了我。他们时常在下班后还加班画图。近几年，电网建设任务繁重，他们在岗位上用心工作，默默耕耘，这也让他们身体疲惫。很多年纪大一点的前辈们身体都落下了一些小毛病，他们把最好的年华都献给了铜川这片土地，献给了电网的建设。每当新的任务下来的时候，大家都争分夺秒去提前完成，因为我们是排头兵，电网建设离不开每一个设计人员的精心规划，也离不开每一个建设者，他们把蓝图变成了现实，变成了一条条输电线路，一座座变电站。

　　以前我只知道我们的生活离不开电，但是具体的怎么发电、怎么输送我都是只知道个皮毛。小时候家在农村，经常会停电，当时我还小，也不知道为什么，只知焦急地等，抱怨着为什么。

随着时代的发展，这种情况越来越少了，我也长大了，当我进入公司，看到了以往我所不知道的另一面，很多人有病都请不了假，那些奋斗在一线的检修人员、抢险人员的争分夺秒，那些基层的建设者还有维护人员们……你们辛苦了。

在这些人里面，有着一大批优秀的共产党员，充分起到了带头作用，他们是一面面旗帜，在我们不知道方向的时候指引着我们。如果一名党员就是一面旗帜，作为设计院党小组的优秀成员，秦雨就是一面迎风招展的旗帜，他积极进步，在设计这个技术含量高的岗位上，需要从业者掌握全面、系统的理论知识，没有专业的培训，没有专人的指导，一切都要自己学习，他以"乐其业、精其术、尽其责、竭其力"的态度沉下心来，认真学习土建设计专业知识，成为一名一级注册结构工程师，从他身上我看到了不辞辛苦的实干、苦干加巧干，有好几次忙不过来的时候，是他带病继续坚持在岗位上，一点一点教我，鼓励我，他说做设计一定要严谨，每一个数字都不是凭空来的，没有经过推算怎么行，这才使得我的业务水平得到迅速提高。院里领导对各项工作都时刻关心着，每当我们遇到困难，都能给我们指引方向、排除障碍。从每一个设计人员到各个领导，是每一个人在自己岗位上的默默付出才有了现在设计院的成绩。

时代的进步离不开每一个平凡的人，每一个在自己岗位上默默付出的人。每次看到新闻上报道国外的战乱，看到中国公民被接安全送回国，看到国旗飘扬的时候，我都觉得很自豪。再到近在眼前的两会精神，它真正体现了人民的意愿，这些都在影响着我们每一

只有努力才会觉得美好

个人。公司也开展了关于两会的深入学习，学习习近平总书记重要
讲话精神。习近平总书记说过要把蓝图变成现实，还有一场新的长
征，路虽然很长但时间不等人，容不得有半点懈怠。我们绝不能安
于现状、贪图安逸、乐而忘忧，必须不忘初心、牢记使命、奋发有
为，努力创造属于新时代的光辉业绩。听到这番话时我觉得斗志昂
扬，我们是电力建设的规划师，庆幸自己能成为一名电力建设的奉
献者，也感谢这个时代给予我们充分实现自我价值的机会，只有真
正努力过了，才会体会到世界的美好。

　　虽然没有亲身经历铜川的发展，但是从前辈口中以及资料数据
中，我知道了这个地方曾经是一个产煤的小城，空气差，污染严
重，水质也差。但现在已完全不同了，近年来，铜川市忍痛割爱拿
支柱产业"开刀"，关闭了十多家年产 30 万吨以下煤矿、57 条水泥
生产线、近 500 家"十五小"企业，强制拆除关闭 163 家白灰窑、
坩土窑，实现了"煤城基本不烧煤、水泥大市无立窑"，万元 GDP
能耗降幅居陕西省第一。同时，牢固树立"绿水青山就是金山银
山"的理念，大力实施造林绿化"五大工程"，全市森林覆盖率达
到 46.5％；繁育出铜川籍朱鹮 30 只，成为秦岭以北朱鹮野外繁育
驯化的成功范例；积极实施"治污降霾、保卫蓝天"行动，2015 年
优良天数达到 269 天；全面启动了漆河、沮河综合治理工程，拉开
了"四河四长廊"的帷幕；连续两年在全国转型城市绩效考核、节
能减排财政政策综合示范考核中获得优秀……这些数据还只是冰山
一角：我们都知道风能是清洁的、可再生的能源，是我国鼓励和支
持开发的清洁能源，宜君云梦风电场建设项目于 2014 年开工建设，
计划总投资 8 亿元，由升压站、输电线路和风机机组三部分构成，
总装机容量 99 兆瓦，已累计完成投资 5.7 亿元；另外，光伏项目也

陆续开展，从发电源头做起，铜川的经济转型与发展离不开电力行业的积极配合，更离不开国家的方针。

"我们既要绿水青山，也要金山银山。宁要绿水青山，不要金山银山，而且绿水青山就是金山银山。"要按照尊重、顺应以及保护自然的理念，把生态文明建设融入经济建设、政治建设、文化建设、社会建设的各方面和全过程，建设美丽中国，努力走向社会主义生态文明新时代。我们时刻不忘党的指示，因为电力是国家的命脉，百姓的必需，我们时刻铭记自己身上的责任。

我很庆幸生活在这个时代。我想我能为这个时代做的或许就是努力吧。在自己的岗位上，我曾经找不到自己该走的路，迷茫了很久，直到我从身边的党员身上看到了那种再苦再难也要保证按期完成每一项任务的敬业精神，虽然我不是一名党员，但是我要向他们学习，在他们的带领下去感受这个时代的美好，去实现我应贡献的力量。

只有努力才会觉得美好

# 感 恩 生 命

张玺萍

生命之精彩在于未知，生命之精彩在于期待，生命之精彩在收获，生命之精彩在于相遇，生命之精彩在于感恩。

自我们呱呱坠地的那一刻起，生命的大门已经悄然打开，它贯穿了我们的一生，赋予我们喜怒哀乐、酸甜苦辣，有的人热爱生命，有的人却痛恨它带来的苦难，但无论如何，我们都应该感恩生命，因为它让我们看到了这世间繁华，也品味了人世艰辛，它用成长为笔，将我们最初一片空白的世界绘涂得五彩斑斓。

感谢生命让我观世间美景，感悟四季变换，品味人间壮丽山河。当行走在山间小路，山中绿树成荫，溪水叮咚作响，蝉声阵阵清鸣，这是生命的馈赠，是自然的馈赠。又或是踩过层层秋叶，踏进金色杏树林，阳光透过金色树叶将大地照得五彩斑斓，枝头有鸟儿清唱，这番人间美景是多么令人陶醉！也可以是冬日里的一场白雪，让一夜之间千树万树梨花开，这些都是绝美的自然之景，都来自于生命的创造，是生命创造了万物，展现出了绝美景色，也是生命给予了我机会去观赏这震撼人心的风景。

感谢生命教会我坚强，永不言弃，微笑去面对生活。我曾在幼年时期养过一段时间的蚕，我看着它们从一个个小黑壳里钻出来，努力地生长着，在我看到几个星期后的它们被蚕丝紧紧包裹着的时候，我以为它们已经死掉了，爸爸告诉我，它们是"死"了，可是它们会"重生"。于是我便一天天期待着这些小白球的重生，直到一天放学回来后，我看到屋里扑腾着的飞蛾才明白，原来它们真的重生了。蚕不顾一切冲破束缚只为获得第二次生命，那时候我突然明白，其实白色的蚕丝就像是生活中令我们痛苦的一切事情，如果努力去冲破它，就会重生而获得更美好的人生，如果屈服于一个小小的躯壳，那么生命也会黯淡无光甚至终结。

感谢生命让我遇见一切出现在我生命里的人。每一个出现在我生命里的人都有他独特的意义，有的人教会了我要学会感恩，要温和待人；有的人教会我知书达理、善解人意，去平和对待世间万事；而有的人，给了我压力，这也促使我越来越坚强。生命若是一场途径，遇见就是最美的盛放。茫茫人海，能遇见，便是缘分；能依依相伴，一路而行，便是幸福。教会我们成长的，不是岁月，而是经历。

曾有人说过：勃勃生机的地球，都来源于两个字——生命，绿色的森林，蓝色的海洋，晴朗的天空，美丽的大地，多么美好的世界，生命从这里启程。这样看来生命是一切的源泉，生命是上帝的恩赐。可张爱玲却曾经说过："生命是一袭华美的袍，上面爬满了虱子"，这看似是对生命的厌恶，是一种厌世观，可我却认为，即便是爬满了虱子，生命终究也会让我们学会如何驱赶走这些虱子。我们的生命中难免会遇到阻碍与挫折，可这并不是抱怨的理由，因为阳光总在风雨后，当你真正克服眼前的困难后，所收获的真谛才是生命真正想要赐予给你的礼物。

# 阅 读 的 欢 乐

冯 颖

阅读，是我们生活中不可或缺的活动。

在快节奏生活的这个时代，有人通过手机阅读，有人通过电脑阅读，好像越来越多的人忙于奔波，陷入繁忙的生活，不再拿起泛黄的书籍品读，也无暇在雨声中、雪地里、森林中、草原上聆听、"阅读"大自然。

可我更喜欢在安静的夜晚，在柔和的灯光下，拿起书本，聆听周边一切。

我喜欢，书本的香味与淡淡清茶的醇香。在泛黄的书本里，翻越祖国的河山，触摸历史的印记；在墨香飘逸的新书中，品察国内外的新闻时事，感受时代的脉搏。

我喜欢，周围喧闹人群中孩子的银铃般笑声，那代表着生命中美好事物的一种。我喜欢，孩子听到绘本时或专注或开怀大笑的样子，在天马行空的图案和文字中找到欢乐。我喜欢，旅行当中我的思绪飘飞，在匆匆的行人之间穿梭，在不同语言间徜徉，在如画的风景里呼吸。

我想，这大概就是阅读的欢乐。

阅读的快乐，是在书店看到一本精彩绝伦书籍时的欣喜若狂，是在大海捞针似的对一本珍贵书籍的遍地搜寻，是在昏黄灯光下的如痴如醉，是在清晨黄昏的琅琅读书时。

我曾见过凛冽寒风中地摊老板的手捧书卷，我曾见过小饭馆老板儿子在油腻书桌上的书写，我也曾见过长途旅行中半夜火车过道的一个个专注眼神，我也见过地铁夹缝中翻书的情景……我见过在任何场合的对书的痴迷，我原想，这就该是阅读的风貌。

后来，这样的场景似乎越来越少。更多的人在公交上、地铁上、火车上、餐桌前，拿起手机，捧起平板，看着自认为精彩的内容，或开怀大笑，或与同伴窃窃私语、欢声笑语。于是，我们的身边，"灯光"多了起来，手指"灵活"了起来。

我知道，也许，对于他们来说，这就是阅读的快乐。

后来，这样的场景也越来越多。越来越多的人提前订好高铁票、机票，在人山人海的"五一""十一"，飞速地到达某个景区，在人群中，在各种"大汗淋漓"中，各种拍照，各种上传。然后继续，奔赴下一个景区，继续"大汗淋漓"。

我知道，也许，对于很多人来说，这就是阅读的快乐。

我突然怀念起那绿皮的火车，时不时停下时上车的淳朴大婶；我突然怀念起没有高速的年代，站在公路边等班车时对两边风景的驻足欣赏；我突然怀念起，在拮据的学生时代里，与三五好友步行着看遍城市风景的日子；我也突然怀念起，所有记忆的那些日子里，我听到的淅淅沥沥的雨声，我触摸到的冰凉又纯净的白雪，我看到的小鸟驻足欢唱、白云在蓝天里徘徊……

我知道，阅读之快乐，时时在变，同时，阅读之快乐，也一直未变，日新月异的时代读书之乐趣从未改变，阅读的智慧与生活融为一体，为生活增添一抹绚丽的彩色，享受并快乐着。

# 我与祖国共奋进

安 蓉

时夜,我安静地背倚着沙发,手持一杯清茶,随手翻看着相册,映入眼帘的一张张微微泛黄的照片,不知不觉中将我的思绪拉回到 20 多年前。

"安规是我们电力人的安身立命之本,也是我们作为电力一线工人最应该遵守的准则……"会议室里,我还记得安全管理专责正在给刚入职的青年员工们进行新入职培训。那时的我,还是一名新入职的青年员工,坐在培训教室里。刚出校门的我,怀着对工作的期盼和美好生活的向往被分到了变电处试验班。那时的办公环境相对简陋,电脑等自动化办公设备尚未普及,大家的工作热情和履职尽责的工作态度却丝毫不逊于现在。当时我们一起入职的一共 20 多人,所上的第一课就是安规。20 多人分配到各个岗位,经过 20 多年的历练,有的已经成了岗位能手,有的已经成为技术骨干,也有人走上了管理岗位,还有人默默无闻地奉献在生产一线……无论做什么,都是工作需要,我们都知道我们是国家电网公司一名普通的电力职工,与电力事业同命运,与祖国共奋进。

至今,我仍清晰地记得第一次出差是一项全站检修试验工作,初春时节,乍暖还寒,有些小激动的我早早来到了集合地点,坐上座无虚席的中巴车开往工作地点,怀揣莫名的兴奋与期待开始了我由理论转为实践的第一课。工作现场，工作负责人在宣读工作票、检查安全措施后对工作班成员进行了分工，谁操作、谁监护、谁放电、谁记录、谁分析数据，一一明确到人，一切都在紧张有序、有条不紊地进行着。那个年代的试验设备老旧而沉重，来回移动设备需要两个青壮年才可以，常年奔走在生产一线的老师傅都是满手老茧。等到所有设备和项目试验完毕，已然到了深夜，返回途中，车上寂静一片，大家都在沉睡。我静静地看着车窗外璀璨的灯火，陷入沉思，愈加地体会到电力工作的不易和肩上的责任。这就是电力工作者的日常。那天带我的师傅是 1946 年的老师傅，现在已经退休，40 后、50 后、60 后……就是这些奉献青春、脚踏实地、毫不懈怠的电力工人一代又一代的无私奉献迎来我们电力事业的蓬勃发展，作为这其中一员，我深感荣幸与自豪，油然而生一种强烈的使命感。而今 90 后也已经走上工作岗位，成为电力行业的新生力量。也就是这样一代代的传承，维护着我们电力设备的安全。社会变化日新月异、作为检修人维护电力设备的责任始终不变。

时光机又一次把我拉回我们的生产工作一线，这次的工作任务是更换 110 千伏变压器，从年计划、月计划、周计划、日计划的编排，到编写"三措"方案、前期踏勘工作、安排工期、召开班前会、办理工作票流程，经过一系列烦琐有序的准备，最后到现场工作。在现场，层层监督，层层把关，工作安排紧凑，在多方监督措施保证安全第一的情况下，圆满完成任务。每次在大家看来的小任务、小事情，在检修人眼里就一道道必需的工序、流程，不敢马虎、从不懈怠。这样做，就是为了减少停电时间，节省人力、物力，节省能源，提高优质服务水平。我们检修人一直在做，从最小的一件小事做起，从电力需要的基层做起。"三型两网"的要求很高，也是最近提出来的新目标、新任务，不论是智能电网还是泛在电力物流网，都是从每一台电气设备开始，小到一台开关，再到家里的一台冰箱，最终我们将会在电力网络的大数据中找到他们的位置，这样的目标怎会不让人激动呢？

想想十九大以来提出的两个百年计划，2021年全面脱贫，2049年全面现代化，令人振奋，祖国日新月异的变化，从"一带一路"、多方外交，再到建设人类命运共同体，无不激励着我们不断地向前。祖国的高速发展，也印证了每一个中国人都为了祖国奋斗着，每一个龙的传人为了祖国的荣耀而努力着。我们团结一心，共同创造了多少辉煌！

非典、汶川大地震、抗洪救灾……每一个震动着中国人的心的历史事件，电力人都奋不顾身，与国人众志成城，一起共渡难关。祖国的发展日新月异，从多年梦想到实现载人飞船成功发射，再到现在，漫漫宇宙中，终于有了中国人的足迹！一切的一切到处都有电力人的奋不顾身，离不开电力人、检修人的默默奉献。

还记得每年的春检、秋检，200多人奔赴渭南市所辖的88个变电站里，偌大的一个院子，车空、人空，计划性检修，一次次为设备把关，让设备始终保持良好的状态，减少停电时间，减少停电范围，提高检修质量，维护设备安全可靠供电，让设备在迎峰度夏、迎峰过冬的用电高峰期不出问题，不掉链子，提高供电可靠性和优质服务水平。在生产不忙的季节，让生产经验丰富的师傅进行授课，组织培训、考试、总结……我们的检修人就这样，一代代的人老去，但维护设备的责任和承诺不变，社会发展不断，我们检修人承担的使命不变，时刻与祖国共奋进。

时光流逝，斗转星移，电力事业的发展紧跟时代步伐，继"创一流""双达标"等活动之后，电力系统顺应时势进行体制改革，从"厂网分开""主辅分离""阶梯电价""西电东输"到如今的"三型两网"，电力事业实现了跨越式发展。时至今日，我国发电装机容量、发电量、人均用电量比起我刚参加工作那会翻了20多倍；全国输电线路长度、变电设备容量也是几倍几十倍的增长；建成了世界上规模最大的特高压交直流混合电网，实现了全国联网和户户通电，供电可靠率达到99.9%。电力大国已然成为世界电力强国，实现了从追赶跟随到引领世界的转变。在电力工业取得瞩目成绩的同时，中国正在走向世界能源电力舞台的中央。我作为电力业内人士，作为一名有着20多年工作经验的电力检修人，既见证了电力行业跨越式发展带来的变化，也亲历了企业为此奋斗所做的艰苦努力。始终，在一名检修人的眼里，维护好设备就是最大的使命。

设备的事就是命令、就是责任，对于一个电力检修人来说，命令大于天，责任大于天，随时出发执行命令已形成习惯。零点抢修、重要时刻保电，节假日、春节、中秋、阖家团聚的每一个日子，灯火通明的背后，总有一些电力人在岗位上坚守，随时随刻待命，不管暴雪、洪水、地震，不惧危险，无畏艰难，都在守护着电力设备的安全。在各个岗位、各个环节，正是这些检修人的默默坚守、默默奉献，正是这些电力儿女不忘初心、守望相助，历经几年、几十年的栉风沐雨，才实现了电力事业的蜕变，为祖国的强盛奉献着力量。

电力行业深化改革步伐行稳致远，习近平总书记推动能源领域的"四个革命，一个合作"重要战略思想，是电力行业全新的历史方位，是电力企业清晰的发展共识。作为其中一分子，我骄傲、我自豪，我愿意为我们的电力事业贡献自己的力量，为祖国的奋进燃烧自己的青春。

我是一名变电检修人，我是一名国网企业员工，我是一名共产党员，我是中华人民共和国的一分子，我骄傲，我自豪，我与祖国共奋进！

# 姝 婷 的 寂 寞 你 不 懂

刘钢生

　　姝婷最爱坐在这个地方了。

　　这是一座高耸起来的土坡，土坡上长着一棵弯曲的老柳树。从这里向远处望去，心里就好像敞开了一扇窗户。

　　离这里不远处就是姝婷工作的地方。那是由四面两米高的红砖围墙包裹起来的小小变电站。围墙四周向外延伸的所有区域都是高大的杨树、枝叶茂盛的老槐树和乡村绿油油的庄稼地。从这里居高临下俯瞰，整个变电站就像一座被绿色屏障包围着的"孤岛"。

　　"孤岛"中，并不宽敞的院子里除了几座建筑物外，靠中间一块空旷的地方还坐卧着一座小楼似的大变压器。从变压器宽大的胸腔里终日传出低沉的"嗡嗡"声。这种声音姝婷听惯了，就像住在大海岸边的老渔民听惯了海风的呼啸声。

　　那红砖砌面、灰瓦盖顶的平房有十间单身宿舍，从西面数最后一间就是姝婷的"家"。哎，从这里就能望见，涂着红漆的木门，旁边还有一扇四四方方的小窗户，小窗户上镶着四块四四方方的亮玻璃，下面两块玻璃上还贴着两个纸剪的小鸽子。不过，从这里是看不见鸽子的。那对展翅欲飞的小鸽子是姝婷认识的一个当地农村姑娘剪的。她给姝婷剪了很多很多的小玩意儿，有两个角的老山羊、长鼻子大象、胖胖的小鸡和小鸟。

这里面姝婷最不喜欢的就是那对用红纸剪的鸳鸯了。姝婷想，现在剪一对鸳鸯鸟送我算怎么回事呢？她可不管姝婷喜欢不喜欢，就给姝婷剪了一对。不过，姝婷背着她把这对小鸳鸯藏到了书页里。

出了姝婷的"家"，往外走不到一百米，就是姝婷工作的地方。一进工作室，冲门口横放着一个长方形大桌子，上面摆着五六个小巧玲珑的彩色电话机。守在电话机旁，对面中央控制盘上有许多小方框仪表和各种隔离开关。你可别小看这些玩意儿，它可是关乎千家万户生活和社会各类生产活动的大动脉，稍一疏忽，造成事故，甚至可能构成犯罪，成为罪人。

远处有一座像竖在雾中的大烟囱、几座高大的建筑物，只能望得见它们的轮廓，而那低矮的房屋便像散落在棋盘上的棋子了。

那是座大煤矿，是这里唯一热闹的地方。

在学校时，姝婷就写过一篇作文赞美煤矿工人。不过那时姝婷并没有到过煤矿，也从没有见过煤矿工人。但那时姝婷想，煤矿工人一定很伟大，很了不起。

到变电站不久，听说这有个煤矿，姝婷就跑去了。

姝婷见了许多刚从矿井里出来的工人，发现他们除了两排牙齿和眼仁像陷在漆黑的深井里的两点白光外，浑身上下竟跟煤球一样黑。

姝婷感到惊讶和疑惑，甚至有些失望，这就是我曾经赞美过的矿工形象？那时，姝婷也许太天真，总是想象着矿工的生活充满诗情画意，若不然就充满着沸腾和热烈，总觉得矿工的生活才是真正的生活。现在看来，着实相去甚远。于是，姝婷开始觉得这些人很不幸，他们在幽深的、没有阳光的矿井里采煤、运煤，里面到处都飞扬着黑煤灰，他们整日呼吸着恶劣的空气；他们汗流浃背地顶着风钻，风钻在他们的肩膀上肆意地、剧烈地抖动着，吼叫着。里面轰隆隆的声音，一定比变电站那台大变压器发出的声音大得多，也刺耳得多。这些矿工们终日生活在这样的环境中，他们会想些什么呢？姝婷想，他们一定不会像我想得那么多、那么丰富、那么浪漫。他们空闲时，喜欢在田埂上和草地上散步吗？喜欢写诗和唱歌吗？他们也像那许多到了年龄的人一样谈情说爱吗？姝婷又想，他们也许会，也许不会。

记得那次姝婷很尴尬。有一次去煤矿回来的路上，姝婷有幸碰见一群穿着矿工服的小伙子，他们大概是才从矿井里走出来的小矿工。他们拥成一堆，像一个黑色的小火车头似的朝姝婷迎面压来。姝婷赶紧敬而远之地避开他们。谁知他们挤眉弄眼，萤火似的眼光齐刷刷地射向了她。其中一个对他的同伴们大声说道："哥们，瞧这小妞有多俊，今天咱们总算开了眼界，饱了眼福，看来咱这黑窝里也能引来金凤凰。"话音未落，早已爆发出狂涛般的大笑声。

姝婷觉得他们太放肆，可又不敢发怒。后来，姝婷几乎是跑着回到变电站的。从那时起，姝婷就很少再光顾煤矿了。

远方的太阳已落到那片大树林的上端，此刻的太阳就像被神秘的天空坠着的一团大火球，这团大火球像是要点燃那片树林。于是，树林的顶端便像蹿起的熊熊火苗。这簇拥在一起的火苗把半边天空都映红了，也映红了姝婷的脸。

姝婷托着腮帮，一动不动地看着这瑰丽的晚霞和被霞光映红了的、充满童话般色彩的树林。姝婷想，如果我能到那片树林里就好了，那美丽的夕阳一定在那儿等着我，那里一定很有诗意，到那儿去，我一定能写许多许多首诗，写我的一生，一个天真、活泼和好思索的女孩子，有快活的、做过许多五彩缤纷的梦的童年和少年，也有感到寂寞和心事重重、想入非非的现在。将来怎么样呢？姝婷不知道。但姝婷想，痛苦和幸福都会有的，就像那天边的太阳似的，会落下，也会升起来。

不过，姝婷又想，我还不敢一个人到那片树林里去，一个人待在那里多害怕呀。我需要一个人陪我，这个人是谁呢？是妈妈吗？姝婷想，一定是妈妈。可现在姝婷发现自己已经长大了，需要自己飞了。

姝婷又想，我应该找一个能永远陪着我的人。他应该陪着我从那片树林的这头走到那头，从太阳升起的地方走到太阳落下去的地方。他应该陪我写诗，应该像我一样能写许多许多首诗，写关于太阳、月亮、芳草地上的小露珠和关于春天的诗，还有关于爱情的诗。这个人是谁呢？虽然我现在还不想要，但我想，反正得有这样一个人。他现在在哪呢？也许他住在大海的岸边，也许住在景色宜人、四季如春的江南小镇，也许住在山的那边。那煤矿的小矿工不是称我是飞到他们那的金凤凰吗？或许我也真能飞到他们那里落脚呢。啊，不管他在世界哪个角落，我都要守在这里或那片树林里，静静地等候他。我要告诉他，我不是一个整日只会敲着木鱼、守着香火过清苦孤独日子的小尼姑。

太阳落下去了，月亮等会儿就要出来。天空和大地已经合在一起，变得朦朦胧胧了。从变电站传来的变压器"嗡嗡"声，比白天的声音大多了，也清晰多了。姝婷知道这是由于周围的世界都沉寂下来的缘故。

现在，姝婷想，我该趁着天还没完全黑，沿着来时的那弯曲的小路回去了……晚上要好好睡一觉，明天一大早就要去值班室值班了。

# 西 服 的 自 述

张国伟

　　我是一件西服，纯黑色的，款式按人类的观点来看应该是女式的吧，我不高，款型也是瘦瘦小小收身的，我的家在衣柜里。有人可能要问了，我和别的西服有什么区别，有什么好拿出来介绍的。那我就要说区别可大了，首先我的其他同胞大部分时间是一直休息的，只有在关键场合才会被穿上，出去就是彰显身份和价值的象征。而我相对就比较可怜了，首先不是什么名牌，也不是什么有名设计师设计的，其次基本就没什么休息时间，经常晚上还要被穿出来，我就搞不懂了，同样是西服，差距咋就这么大呢？早知道，当初出厂的时候我就跳到别的发货车上去了，可是既然已经选择了，就不应该后悔，只有继续努力，我相信我会起到我应有的作用的。

　　相信归相信，可是身体却有点不争气，才出生两年多，我的耳朵已经有点背了，因为日日夜夜都一直在听监控机的报警声音，对我来说简直就像一直对着我耳朵念经一般，聒噪且不断重复，让我发疯，这时候我就比较佩服我的主人了，她也在经年累月地听，可是依然能稳定细致地处理各种问题，让我折服。我的主人经常一坐下就一直在工作，等再起来的时候已经是几个小时以后了，把我腰都快坐折了，仔细看看才发现，她把自己安排得好充实，常规监屏、处理事故、制定各种细则和完成各种各样的工作，竟然还在中

269

间的空闲时间抽空看书学习，简直和机器人一般。

记得有一次，我还在衣柜里睡着，突然她就冲了进来，快速把我换上就冲了出去，我迷迷糊糊发现窗户外面狂风大作，在他们的交谈中我知道了西咸有 6 级大风，外面狂风、暴雨、电闪、雷鸣交错，持续了近 5 个小时，我的耳朵感觉从进入调控大厅就一直充斥着各种告警语音与调控台的电话铃声，感觉整个人都是崩溃的，可是她，我的主人却一直握着电话不断地拨打，时而轻声细语，时而掷地有声，眼睛眨都不敢眨一下，生怕漏看了信息，延误了事故的抢修处理。面临着这繁杂凌乱的监控信息量，她没有慌乱，而是沉着冷静地带领着班员有条不紊地处理……到最后她的嗓子几乎已说不出话了，她揉了揉红肿的双眼，疲惫地靠着椅背，这时已然是第二天早晨交班时间了。听他们说昨晚有许多线路跳闸，接地线路无数，监控信号上万条，而她就仿佛医生一般，在这数万条信息中通过屏幕和鼠标为线路把脉听诊，捕捉像病毒的故障和异常信息，并及时治疗。

我的活动范围很有限，基本就是休息室、调控大厅、配餐间三点一线的生活，可是这次我却来到了外面，说起来，还要从 1 个多小时的电话说起，那时，我还在班里和主人一起紧张地工作，突然一个电话打来，主人只听了几句表情就有了变化，旁人可能不知道发生了什么事，但是我却把电话里的内容听了个清晰明了，原来是主人的女儿生病了，让妈妈来陪她，主人只犹豫了片刻就给女儿说自己在上班，等下班了回去陪她，然后让自己的老公去好好陪女儿，旁边的同事问什么事，她还强忍着说没事，其实我能感受到她的身体在发抖，在忍耐，在坚持！下班时她都没时间把我换下来就一路冲了回去，那也是我第一次见到了外面的世界，看到了她那可爱却发烧的女儿伸出的小手，听到了她对女儿的道歉声，感受到了丈夫体贴的拥抱！

　　我的身体还有许多问题，我的胳膊因为长时间在操作台上搭靠，已经开始脱线了，虽然洗得很干净，挂得也很笔挺，但是已经有些发光发白了。我的手腕和脚腕的袖口也有点破损了，这在我以前看来都是羞于见人的伤痕，可是现在我不这么想了，这都是我见证主人功劳与辛苦的丰碑。

　　又是一个傍晚，在工作结束后，主人来到了窗边，我看着下面万家灯火的璀璨，暗暗下定了决心，我的"西服生"也许永远也不会像其他西服般高大上了，但是我却找到了全新的生命价值，我将用我以后的时间来辅助主人，处理异常，解决事故，让万家灯火长明！

# 电力促发展　共筑新篇章

## 王昊辰

70 年前，百废待兴，刚刚建立的中华人民共和国可谓一穷二白；70 年后，世界第二大经济体，越发稳固的国际地位，时间是最忠实的记录者。"两弹一星"让中国挺直腰杆，从此不再受核威胁；改革开放让中国焕然一新，跻身世界强国；"一带一路"战略让中国一呼百应，奠定发展格局……以先辈的血汗乃至生命换来的现在，没有理由不去珍惜，也没有理由裹足不前。

电力是经济发展的晴雨表，电力的蓬勃发展成为经济发展的引擎。我国能源分布不均，能源富集区与集中用电区分离，于是有了西电东送。传统火电影响环境，制约可持续发展，于是新能源发电应运而生，伴随而来的是一个个技术壁垒被攻破。社会飞速发展，用电量激增，原有电压等级无法满足需求，于是有了电压等级最高、覆盖范围最广的特高压输电，走出了国门，成为中国名片。再到现在最新的"三型两网"，万物互联，发展更加高效、智能，每一步都是质的提升。

可以想象未来的电力系统，运用大数据分析电网薄弱环节，从而更好地规划能源布局；所有设备都纳入云系统，实时反映设备状态；线路运行状况实时反馈，如有故障可以第一时间定位故障点。一线班组有无人机、智能机器人、身体状态实时监测等先进设备及系统的辅助，可以更准确高效地处理故障现场，各类安全风险降到最低。先进技术带来的不仅是技术革新，更是理念与体系革新。

电力水平促进社会发展，社会发展也带来了新技术、新理念，反过来促进电力发展。随着国力不断提升，在可以预计的未来，电力发展必然会走上更高的台阶、更广阔的发展道路。

# 成 都 慢 生 活

李 霞

　　成都的天，灰蒙蒙、阴沉沉的，晨雾把成都的阳光锁上，时光的脚步慢了下来，缓缓地从露珠的小花上，悠悠扬扬地轻奏成都慢生活，充满着慵懒而缓慢的节奏。

　　大街上迎面走来的成都女子，身材娇小，脸庞白皙得叫人艳羡，从你身边轻盈着结伴而行，细细地窃窃私语着。不知不觉就到了成都宽窄巷，巷口站着两位穿着制服的年轻警察，上前询问："请问，宽窄巷里，哪个店做的小吃最有地方特色，东西最好吃呢？"两位警察轻声慢语地告诉我："每家店都有特色，就看个人喜好，你们慢慢转转，看到自己喜欢的店面风格，就可以了……"两位年轻的警察不急不缓，把宽窄巷的特点，描绘地细致清楚。顺着他们手指的方向望去，狭窄的古巷，早已聚集了四面八方的来客，我们随着人流，慢悠悠地行走在古巷里，感受现代与古典，快捷与静谧的成都慢生活。

　　久负盛名的杜甫草堂，文人雅士聚集的地方。进入草堂内，绿竹成荫，青砖、碧瓦、红墙，简朴的茅草屋坐落在碧绿的树林里，古典的园林建筑，散发出浓郁的古文化气息。远远地听到清脆的童音，在给游人讲解着杜甫草堂的由来，走进人群看时，一位系着红领巾的小学生，正在讲解着："在这个草堂里，杜甫先生写下了脍炙人口的《春夜喜雨》《茅屋为秋风所破歌》等诗篇，吟出了'安得广厦千万间，大庇天下寒士俱欢颜，风雨不动安如山'的千古绝唱……"顺着红墙行走约十米，有一个精致的院落，门额书写着"浣花祠"，顺着园林漫步，就能看到著名书法家沈尹默先生所书"花径"映入眼帘，郭沫若撰书的对联"花学红绸舞，径开锦里春"镶刻在门楹两旁，走进花径，便是正面影壁上用青花碎瓷镶嵌的"草堂"两个大字。沿着绿荫葱葱的蜿蜒小路，慢慢行走观看，一汪池塘，与周边的大树、石头、碧草、茅屋浑然一体，在池塘的绿树间，从山上飞流的泉水，轻奏着"田园小曲"，恍若走进了蓬莱仙境，世外桃源。

成都的慢生活，贯穿于成都的特色小吃，不容错过的就是那些巷子里、街道上、拐角处随处可见的老店，每家店门口都是满满地聚集了等待的食客，陈麻婆豆腐总店、龙抄手、夫妻肺片、赖汤圆等尤为出名，品种琳琅满目，个个都是经典，在这里可以大饱口福。空气中夹杂着油炸辣椒的香味，美食的气息弥漫在整个城市，诱惑来往客人的味蕾。成都的火锅，是最有特色的，滚汤沸腾的红油辣椒，像熔岩一样翻滚，食材慢慢与红油交融，最后轻轻放在嘴里，细细品味，让你回味无穷。成都的串串，也是别有一番风味，邀两三个朋友，在一个小阁楼里坐定，选红油锅，在用大长竹签串起来的琳琅满目的食材中，挑出自己喜欢的食材，放在滚烫的红油锅里，慢慢地吃着，悠悠地聊着，细细地嚼着，品味着不同的人生，让味蕾瞬间绽放陶醉般的诱惑。

人民公园清香的大碗茶，最能感受到成都人慢生活的心态与清闲。露天的茶社，布置得古朴典雅，满满当当的大遮阳伞，竹子做的圆桌、藤椅，围满了喝茶聊天的人们，两位师傅轻轻地穿梭于人群中，笑靥如花地招呼着来往的客人们，茶社大多坐着退休的老人，手抓扑克，玩着斗地主，搓着麻将，还有一些年轻人，三五个围坐在一起窃窃私语。还有一手端盖碗茶，一手提热水壶，懒散地躺在矮竹椅里闭目养神的优哉游哉的老茶客。这里没有都市的喧嚣，没有浮躁的身影，更多的是人们的一种清闲平淡的生活方式。茶叶的清香弥漫在冷暖适宜的空气里，放松身心，沉静心情，喝一碗好茶，聆听自我的心声，享受成都的淡定、轻松、惬意的慢生活。

春熙路是成都最具代表性、最繁华的商业步行街，这条环境优美的步行街，总会给你赏心悦目的感觉。繁华的街道，各种大屏的广告牌，充盈在高楼大厦间，街道两旁挤满了排列整齐的店面，年轻的店员在店面门口不停地吆喝着，随着音乐的节奏舞动着身躯，招呼着来往的行人。香港《大公报》说："城市掘金哪里去，春熙路；品味时尚哪里去，春熙路；打望美女哪里去，春熙路……哪里都不想去？还是可去春熙路。"

成都的慢生活，是一杯碗茶、一碗小面、一锅酸辣，一湾嫩绿、一组喷泉、一个公园。一群勤劳的人们，休闲、忙碌；一个适宜的环境，温润、清新；一个美丽的城市，特色、现代。成都的慢生活，是娴静的、有魔力的，宛若静坐在湖庭小憩的瑶池仙女，多想牵着她的手，走遍成都湿漉漉的街道，吃出成都浓浓的味道，品足成都深厚的文化底蕴，不由得，爱上了成都的慢生活。一个安然、惬意、悠慢而又自在的城市。

# 太 白 山 游 记

赵延红

10月2日，我与好友计划去爬太白山。

早晨7点准时出发，早在去西安的历史博物馆的时候就领教了十一期间游客之多，因此为了赶早排队，我们没来得及吃早餐，带着东西打车去火车站广场。果不然，人很多，我们排进去太白山的队伍中，很快身后又是长长一队。这里的青年人居多，他们聚在一起聊天说笑，部分游客，背上是超大的背包，背包外被一层薄的防雨布罩得严严实实，如此规模的背包平常很少看到，侧面卷着隔潮的垫子，还有水壶之类的出游必备物，宽松的加厚外套让他们看起来更加专业。看到他们，眼前情不自禁出现浪漫画面：帐篷搭起在太白之顶，欣赏落日、晚霞，吹着山风，就寝于雾里云里。而现实远远不止这些，在爬山的历程里，我才发现享受是需要付出很多代价的。

去太白山的班车游2在8点30分出发，一路高速，2小时后我们到达太白山脚下。从太白山脚下到下板寺，有40多公里的盘山路，如果步行恐怕得费很多时间，而下板寺距太白山顶还有700多米，时间和体力都不允许我们徒步上山，片刻考虑之后，我们迅速跳上另一辆园内中巴车。

中巴车蜿蜒盘旋而上，太白山逐渐向我们展示出她优雅清秀的容貌。不知走了多远多高，也在不经意间，山涧出现了一条溪流，流水清澈见底，伴随行车向上延伸，中巴车行至"铜墙铁壁"停下，游客纷纷下车去溪边嬉戏。久违了的溪水啊，我伸手尝试了一下，水冰凉透骨，猜想这水源定在那积雪之峰。就这样一条小溪竟吸引了我们的眼球，完全忘了去领略壁立千仞、面如刀削、气势磅礴、雄伟壮观的"铜墙铁壁"。车继续行驶，游者的眼却始终没有离开那条穿行于青山之间的溪流。"路转溪头忽见"，当我们还在感叹青山溪流时，一条如白链的瀑布，在高差约150米的山峰凌空飞舞，不禁想起"飞流直下三千尺，疑是银河落九天"的诗句，这就是莲花峰瀑布。车继续向上，美景层出不穷，翠绿与清溪溢满眼球，只恨人的视觉系统不够发达，否则可以收藏更多美景。行经一座小桥，车停下，远远看到"泼墨山"的字样，有趣的名字背后定然有一段奇闻逸事，带着疑惑看下去，"山以水致景，人以景而生情"，真真是一句哲理，入耳入心，相传唐代大诗人李白到此触景生情，卧石畅饮太白美酒，欲作诗抒情，岂料举目山水皆是景，诗到多时苦难吟，执笔飞砚入云端，留下千古泼墨痕，因此被称作"泼墨山"。顿时我豁然开朗，眼前浮现出诗仙李白卧石畅饮的豪迈风情。古之人尚且为美景倾倒，无言以抒，况我之辈！如果说从太白山脚下到"泼墨山"景区，所经历、看到的让我一路赞叹欣喜的话，那么到了"世外桃源"，我的心已完全沉浸其中，渡小桥，伴流水，尽情享受着古木参天，农家居舍的田园风光。

浑然不觉中，中巴车已到达终点海拔2800米的下板寺，而太白山依旧高高地矗立在我们面前，仰头看不到顶，这才是真正意义上的攀登太白山顶峰的起点站。没有丝毫懈怠，我与好友整装开始步行登山。沿着一条陡峭的登山路，穿越巴山冷杉景观林带，途经一条木桥小通道，爬上约 100 米的石阶，3 小时后，我们到达海拔3511 米的秦岭主峰太白山顶部。在此仰视——天如圆盖，举手可攀；俯瞰——大地如盘，纵横万千，故有"天圆地方"之称，在此有一脚踩南北，一水流两域（长江、黄河）之说。这里可观览到延绵壮阔秦岭山脉，高峰之巅白云触手可及，云海苍茫，时而山下云涌涛起，鼓荡而出，浓云密雾铺天盖地，汹涌澎湃，势不可遏，座座石峰眨眼全被吞吃进白茫茫的云海，云海坦荡无垠，露出云中的峰巅，犹如大海中之仙岛，清秀俊美。此情此景也不枉游人们的辛苦攀爬，而我与好友见此美景仍不能尽兴，不假思索地向更深更远处进发，而后来的结果证明我们的选择是值得的。

在太白山顶的最后一个接待站，饿了一天的我们才稍稍吃了些简单的食物，然后又继续行程。一边饱览变化莫测的云山雾海，一边行走在山脊小路，小径通幽，期盼更多的神话出现。下午 4 点多我们到达太白山保护区，接下来的路程与其说是旅游，其实更像是在探险。

保护区内的景观与其他地方大相径庭，这里的植被主要以高山灌丛草甸为主，绚丽多彩，色调分明。大多数游客只到达"天方地圆"，与我们同行的游客已经很少，悠闲地行走在 3500 多米的高山之巅，大声朗诵着诗句："松下问童子，言师采药去。只在此山中，云深不知处。""不识庐山真面目，只缘身在此山中。"我们幸福地如山中的白云，"从明天起做一个幸福的人，劈柴喂马周游世界，给每一座山每一条河流起一个好听的名字……我只愿面朝大海，春暖花开！"白云之上，回荡着我们的快乐。大约 1 小时后，我们来到太保区小文公保护站，买了门票，工作人员再三叮嘱我们要尽快赶路，必须在天黑之前到达大文公庙，那里有住宿的地方。

朝向大文公庙的路更加艰险漫长，据说这里是保存较为完整的第四纪冰川遗迹。一眼望去，石聚成河，完完全全是石的海洋，形态万千，奇异嶙峋，峡谷深邃。天渐渐暗下来，我们已无暇顾及周边的环境，两眼紧盯脚下的路，默默往前赶，偶然踩到虚盖的石块发出当当的响声。在夜幕降临之时，我们总算按预期的计划赶到了大文公庙，这里已经驻扎了前一天的游人，简易平房的外面搭着几顶帐篷，晚风呼啸而至。虽然看似凄凉，但在一天马不停蹄地行走之后，在如此高山能有住宿的地方，感觉异常的温暖。只有一张单人床，床板窄又薄，寒气直透全身，顾不得许多，我们抱头就睡……其实也睡不着，躺在床上尽量裹紧被子保持体温，恢复体力，明天我们还要走近 2 小时的路程去大爷海。

深夜从外面传来动听的歌声，居然还有陕北民歌，听到熟悉的乡音，顿时热上心头。又过了不知多长时间，迷迷糊糊听到有人喊："快起来看日出了！"睁开眼已是第二天，下了床，从外面回来的人蜷缩着身子直叫冷，我们却只穿件 T 恤和薄外套，就这样出去肯定会被冻僵，情急之下我裹了被子跑出去。面朝强劲的寒风，我几乎无法呼吸，冷风像针一样钻进被子刺痛着身体，乱发在空中狂舞，眼睛被寒风刺得直淌眼泪，只见灰云布满东方，在云彩的缝隙里，透出一抹亮光，那应该就是日出的前兆。我同几位游客执着地守候在一排低矮的石墙边，眼球舍不得离开半刻，生怕错过那辉煌瞬间。约半小时后，将近 7 点 20 分，天边仍是那一抹光亮，我不禁有些失望……

为了今天回到西安，我与好友继续赶路，到下一个也是最后一站，大爷海。

据游客说大爷海的风景很不错，到底是什么样的人间仙境呢？

顶着寒风，我们不敢停下脚步，似乎是在重复走着一样的路，爬着一样的山，面对的是一样的山石，对温暖祥和的境地的向往，激起了我们更多的斗志和勇气，寒冷的气候使得我们的脸失去知觉，双手冻得红肿，双脚发麻，这时才体验到高处不胜寒的感觉。而我们更坚定了去大爷海的信念，脚下的路还在延伸，2个多小时的跋涉后，在转过一个巨大的石峰，一片蓝色天池出现眼前。

在海拔3767米的高峰有这样一潭天池足以让人产生许多联想，可是对于我们两个——穿着单衣在寒风高崖间一路追随而来的人，面对这样的景象，所有期待中的神秘莫测的人间仙境一闪而过，留下的只有一番惆怅。我突然间明白了"高处何所有"的道理。站在"拔仙台"，迎风望去，苍茫景色尽收眼底，白云浩荡，孤傲群峰，还需要看到什么呢？

# 忆 我 的 父 亲

## ——大山深处的线路工毛铁夫

毛晓鹏

## （一）

大年二十八，晴，风力三级。秦岭。

白，世界是一片白色，天空也好，远山也好。阳光在炫目中带着一圈圈的光晕，融冰站的导线上、电杆上像棉被一样的积雪，在阳光的照射下发出像钻石般的色彩。

难得下了两天雪以后，有这么一个晴天。父亲穿着那身洗得发白的劳动布工作服（那衣服是母亲三天前来站上洗的），他打开站上的天气监测设备，录取着今天的气温、风力、环境干湿度等数据，雷锋帽裹着他的国字脸，紧锁的眉头，如同是 110 千伏的电线杆架中的交叉。我看出了他的焦虑。

在我的印象中，十年了，我童年的寒假基本都是在融冰站度过的。已经记不清这是第几次和母亲坐火车上山给他送吃的了。那天，我和母亲提了一篮子的挂面和鸡蛋，还有几本像砖头一样厚的工具书。我们还带来了 3 条大雁塔香烟和 5 斤猪肉，这些都是父亲单位领导慰问我们家的，母亲不舍得吃，原封不动地提到了站上。她用整整一天的时间翻洗了父亲所有的衣服和被褥。而我却犯了一个不小的错误：由于失误，将打水的水桶，掉在了井里。幸亏晚上，父母交谈了很晚。好像忘了这件事。

"唉！后天就是春节，天公不作美呀！"父亲的叹息打断了我。

"又要变天了吗？"我小心翼翼地问道，生怕打乱了他的思绪。

"看来，春节站上又要集中了，大家今年春节又不能在家过了。"父亲耸耸鼻子，"导线上的覆冰还得增厚"。"110千伏的电线杆支架"在他紧锁的眉间跳动着。

"太好了！看来今年的大年三十又能聚餐了！"我心中暗自庆幸，想到能吃上各样的美食，我心中荡起一阵渴望。

大年二十九，阴，风力四级。秦岭。

下午我独自一人在秦岭火车站的小卖部里买来了爆竹和窗花。我兴高采烈地张贴着窗花，看着一整盘的鞭炮，我盼望着，盼望着大年三十的夜晚早点到来。

大年三十，小雪，风力三级。秦岭。

融冰站的伯伯和叔叔们陆续地都来到了站上，雷叔叔已经开始准备晚上的饭菜了。尽管我不停地偷吃不知是谁带来的炸丸子、皮冻和虾片，但是对于我这个帮厨的小工，他还是比较满意的，还不停地夸奖我干活不错。

当夜空中忽明忽暗地闪烁着礼花的时刻，我和雷叔叔将李廷儒伯伯写的春联和大红福字贴在门上。桌子上摆满了各种美味。其实，我已经准备好了鞭炮，迎接父亲他们回来了。

当我用竹竿挑着鞭炮，亢奋的心情逐渐跌落为疲倦的时候，父亲他们才裹着风雪，带着满身的泥泞回到了融冰站。

霹雳啪啪的鞭炮声驱散了每个人的疲倦。热烈的气氛开始了，他们相互派送着不同品牌的香烟，围坐在桌前，满屋呛鼻的烟草味已经遮盖了整桌饭菜的香味。这些离开家人的男人们尽管嘴上都在埋怨老天不让人在家里过春节，但在每个人脸上会心的笑容里，在他们"师傅"和"兄弟"称呼中，让我感到男人其实是挺"违心"的。

这个孤零零的小站，屋内温暖如春，充满了年的味道。当他们还在高谈阔论时，我依靠在暖暖的火炕上，拥着已经失去了"中华肥皂味"的被褥里渐渐进入了梦乡。

正月初二，晴，风力二级。秦岭。

皑皑积雪没有挡住这群男人思家的脚步，他们在忙活了一天以后，陆续都坐火车离开了，小小的融冰站回归了寂静，像极了父亲离家后，母亲窗前的那盏台灯。

后来，我才知道，这群男人们抛妻弃子，来到融冰站，主要为宝成线宝凤段电力机车负荷输出线路进行带负荷融冰和检测等任务。昨天，他们又是巡线，又是融冰，遇到冰害的重点部位，还要进行人工除冰。这座地处秦岭火车站附近的融冰站从前期的设计、安装，到后期的应用实践，是父亲和他的同事们共同完成的。历时多年的运行和摸索，他们不止一次地杜绝了输电线路故障，避免了宝成铁路运输线路的停运。

## （二）

正月初三，雪，风力二级。秦岭。

当我睁开朦胧的双眼，父亲脸上挂着雪花，满身披挂着银白色的积雪进到了屋内，顿时掀起一阵寒意。"小子，睡醒了。都十一点了，你还不起床？"看到我慵懒的样子，父亲说道。

"爸，又下雪了。你每天早上出去这么早，干吗呢？"

"哦，我每天要巡线，还要到十几里外的监测站抄表。"父亲说。

"这么大的雪，巡的什么线？"我满脑子的问号。

"就是因为下雪，导线上结了冰，落了雪，才要巡线呀，线路出了故障，那就是大事了，火车都要停运的。"父亲脱掉蓝色的棉大衣，摘掉棉帽子，脱去满是泥泞和积雪的翻毛皮鞋，一边倒着洗脸水，一边回答我。

"那导线上结冰了，怎么办？"

"怎么办，凉拌！导线结了冰就进行融冰呗。如果冰结得厚了，那就很麻烦了，我们就要扛着绝缘杆去打冰，前两天为什么叫叔叔们上来呀，你以为，我是叫他们给你带好吃的，陪你过年呀。"父亲走到床边，拿起我的衣服，笑着说。

"这么冷的天，还要走十多里路，那比从咱家走到斗鸡，还远吗？"我接过父亲递过来的棉袄，穿在身上，脑海里计算着距离，"你不害怕吗？你遇到坏人怎么办？"一个新的问题在我脑海里产生了。

"怕什么？荒山野岭，哪里有人呀！除了偶尔能见到觅食的狼，连个人都见不到！"父亲满不在乎地说。

"狼！"本身就对狗恐惧的我，听到这个词，顿时有了精神，"你遇上狼，怎么办？"

"狼有什么可怕的，又不去惹它，怕什么？"父亲系着我的鞋带，低着头说，"狗怕蹲，狼怕戳。但是，遇上他们千万不能跑。你越跑，它越追。"

童话故事里，穷凶极恶的狼的形象，从我脑海里蹦了出来，太可怕了。我再也顾不上问问题了。

正月初四，晴，风力一级。秦岭。

"小伙子，今天，我领你出去转转，你不是想看看我们去哪里玩了吗？记得穿暖和点。"父亲进行完每天程式化的监测，跺跺脚上的积雪，满脸的兴奋对我说，"宝鸡市难得看到美丽的雪景。"

我背起这两天爱不释手的军事望远镜，带上像熊掌一样厚实的棉手套，像个将军一样。父亲则背上帆布挎包，军用水壶里灌满开水。我们出发了。

今天的天很蓝，满眼的积雪在阳光的照射下，向我发出诱惑。空气中偶尔飘过原野的清香。我们是沿着嘉陵江出发的，冬日的江水已经干涸，踏着薄薄的冰面，声音是如此悦耳。大自然真的很美，银装素裹，没过膝盖的积雪，已经掩盖住了他们每天一趟的脚步。

"爸，你骗人，这里都没有路，你们每天怎么走？"我问道。

"呵呵，儿子，每天的风像扫把，会把脚印掩盖住的。这条路，早就记在我的脑子里了。"父亲手持绝缘杆，他一边不时地观察天空中像手臂一样粗的导线，一边不时地进行观察、测量和记录。父亲并不修长的身躯在阳光的照射下，如同矗立在风雪中的 110 千伏电线杆，笑傲苍穹，擎起银线贯穿着山峦。

我忘记了寒冷，尽管我放肆地在雪地里翻滚，严厉的父亲并没有呵斥我。偶尔，提醒我哪里的雪地不能踩，那里积雪太厚，掩盖住了坑穴。

美，其实有时也是残酷的，欣赏美和体会美就真的不是一回事。一个多小时以后，我们爬上东河桥的小山，汗水浸透的内衣冰冷地刺痛着我，让我兴奋顿失。

"爸，还要走多久？真累！"我抱怨道。

"过了这座山，上去十八盘，就到监测站啦！千万别停下，雪地里一出汗，是会冻僵的！"父亲很轻松的口气里听不出疲倦，反倒是揶揄我说，"刚才不是挺高兴的，怎么？这才走了一半都不到，小子，要多锻炼哟。"

秦岭山口，十多里地的小山顶上，孤零零的一座小屋里，到处都是红色、绿色和黄色的按钮，各种仪表镶嵌在硕大的开关柜上，电流的吱吱声使我充满恐惧，父亲所说的摸不得的"电"这个怪兽仿佛充满其间，我坐在门口，"哼哼"地喘着粗气，嚼着冰冷、硌牙的馒头，喝一口能冰到脚底板的"开水"，心里想："这真的是早上烧开的水吗？""爸，你们每天上午出来，就是到这里来吗？"我向正在记录本上抄抄写写的父亲问道。

"是呀，天气不好时，每天两三趟也有。"父亲仿佛在嘲笑我刚才的狼狈。继续着手中的写写画画。

"我下次再也不来了，一点也不好玩！"我愤恨地扔掉手中的半个馒头。

"玩？这不是玩，这是在工作，你昨天不是还问我每天出去干什么吗？"父亲放下记录本，捡起馒头，擦掉上面的雪花和灰尘，严肃地说："小子，你缺乏锻炼的不仅仅是身体，还有意志力。"

终于，从无聊至极的雪地里回到站上，浑身疲惫，酸痛的双腿和怅然若失的心情在一晚上的高烧里无限膨胀，仿佛化学反应般生成了我心中的懊恼。我又一次失去了在这里待下去的耐心。"爸，我要回家，我想爷爷了！"

"回回都这样，一有委屈就想爷爷，你爷爷都把你惯坏了！"父亲生气地说。

"天天都吃土豆、萝卜、熬菜，天天吃挂面，又没有课外书，又没人和我玩。我想回家。"我提出客观的理由。

"那，那你初七回去吧！初七，雷叔叔把你带回去！不过，不能告诉你妈，说你发烧的事！"从父亲妥协、而后又叮嘱的口气里，我听出了我的这次的外出是他的预谋，只不过我的生病超出了他的设想。

正月初七，晴，风力一级。秦岭至宝鸡。

绿皮火车"哐当、哐当"经过了二十多个山洞，车厢里一会儿黑夜，一会儿白天，在我归心似箭的激动中，回到了宝鸡市。

走在喧闹的街道上，一串串明亮的路灯下，看到我忽长忽短的影子，我突然又想回到那个冰雪包裹的世界，回到那个坐落在山边的小站。我突然想到了父亲，想到了他眉间，那傲然挺立的，那架"110 千伏的电杆"。我突然间，好想再闻闻他满身烟草的味道。

## （三）

1979 年 6 月 26 日，晴，无风。家里。

明天就要期末考试了，考完试，我就小学毕业了，我此时此刻根本没有考虑明天的应用题和作文会是什么，我已经开始规划今年的暑假会有什么样的精彩。躺在被窝里，不是我不想睡觉，而是父亲写字台上那盏刺眼的台灯，好像明天考试的不是我，而是他。他已经写写画画的一个多月了，比我学习用具还要多的各类圆规、三角尺占据了大半个写字台。

"少抽点烟，早点睡吧。明天，孩子还要考试！"母亲放下手中的活，埋怨着，"就这么大个屋子，满屋都是烟味，把人当蚊子熏呀。"

"呵呵，你们先睡，这回设计图纸要得急，7 月还要去昆明出差，这些东西都得赶出来。"父亲"咳、咳、咳"的咳嗽声里充满了歉意。

"又要出差？"母亲敏锐地抓住了重点。

"……局里还没定派谁去，但这些资料是要准备好的。"父亲敷衍地回答道。

"那么，你要是去，能把小鹏带上吗？他考完试，放假在家，没人看，又要出去胡野……"

"好啦，再说吧，出差也是工作，哪能带孩子，你以为是旅游，胡闹！"父亲不耐烦地说。

"昆明！"我猛然从迷糊中来了精神，听说昆明有大象、孔雀，还有可以吃到饱的香蕉。

"要不半年不在家，回家啥心都不操。"或许感觉到我还没有睡着，母亲边掖着我的被角，边抱怨。

1979 年 7 月 12 日，雨，微风。昆明。

早知道，原来是这么无聊的假期，我还不如待在家里，美丽的孔雀待在动物园的笼子里，庞然的大象到底长什么样，只有天知道。招待所里，我已经被关押了三天了，无聊透顶，唯一一台黑白电视机，还只能看一个频道。除了吃饭，我见不到父亲一面。幸好，我吃到了梦寐以求的香蕉和菠萝。这还是西安设计院的高阿姨给我买的。

1979 年 7 月 16 日，阴有雨，风力一级。昆明至宝鸡。

终于坐上火车，可以回家了。度日如年的我，已经迫不及待地想回家了。

"这次昆明方面的领导很重视我们的课题项目，他们会安排我们第二次进行推广和应用。"高阿姨和几位叔叔同父亲在进行交流。

"我们宝鸡局领导也很重视这次交流，所以，局里安排我过来，协助昆明方面进行研讨，如果把成果推广开，在昆明进行实际应用，那就太好了。"父亲兴奋的表情，就像他听说母亲生下弟弟的时候一样。

"成都方面也和我们设计院进行了联系，也希望毛工过去讲讲课。"一位带着黑边眼镜的伯伯说。

"刘工，快别这么称呼，我就是一名工人。"父亲不好意思地说，"需要我做什么，我不会保留的。"

"快别这么说，毛工，你们融冰站从 1965 年开始采用三相短路的原理发展为带负荷融冰，历时这么多年的运行，一定积累了丰富的实践经验。尤其，为我国首条 330 千伏超高压线路防止冰害提供了大量的实验数据支撑。"另一个叔叔说。

"是呀，带负荷融冰与三相短路融冰比较，最大的优点不仅仅是节省大量的人力物力，而且，在融冰时不中断线路供电，不打乱供电系统的运行方式，这在全国也是首创。我们回去以后，也会报请国家能源部门对于你们的创造性技术成果予以认定的哟！"高阿姨说道。

"高工说得对！这次，高工带我们跨地区推广带负荷融冰技术，大家普遍地认为这项技术操作简单方便实用。而且，从你们的实验数据上来看，耗电量也很低。"眼镜伯伯说。

"我们经过长期的实践，不仅彻底解决了宝凤线 110 千伏的冰害，保证了宝成铁路大动脉的安全运行，而且我也接到宝鸡局领导的指示，要在 330 千伏超高压线路上进行推广和应用。"说到兴头上，父亲激动的脸庞上洋溢着会心的微笑。他眉间的"电线杆"也舒展开来。

# （四）

转眼间，懵懂的我已经 17 岁了，1989 年，命运是如此相同，我考入了父亲的母校——西安电力技校，在宝鸡发电厂办学点进行学习。不过，我所学的是热能动力专业，和父亲的专业相差甚远。

1990 年 5 月 13 日，晴，微风。宝鸡。

那是一个特殊的日子。周末，我从学校回来，家里像有什么大事：母亲忙里忙外，张罗了一桌子的菜，父亲兴高采烈地拿出过年才抽的红延安，过年才喝的西凤酒。家里来了一屋子的人，其中，也有我似曾相识的面孔。

"多年的媳妇熬成了婆！国家给咱们发了奖，今天，伙计们，好好喝！"父亲带着会心的笑，那个眉间的"高压线架"也仿佛挺了起来。他端起杯子敬了大家一杯酒："感谢伙计们，来，干了！"

"要说熬出头，还要敬嫂子一杯酒，这么多年，是嫂子维持这个家，支持我们的工作。"桌子上有人提议。

"我，我不会喝，你们喝。"母亲面红耳赤地说："要说辛苦，家家都一样，你们的付出得到了认可，我再给你们加几个菜。"

从来滴酒不沾的母亲那天也喝了酒。或许是酒精的作用，正在一边帮厨的我，发现母亲红红的脸庞上充满了兴奋，我的脑海里随着她不停地述说，渐渐浮现出曾经发生的事情……

那是 1982 年的冬天，父亲已经在融冰站待了两个多月了，五岁的弟弟夜间突发高烧，母亲怀抱着弟弟，领着我去渭滨医院给弟弟看病。我还记得，我们走在昏暗的街灯下，走了好远的路。深夜的医院里阴森森的，长长的走廊里，没有一个人。母亲忙着挂号、找医生，跑来跑去，红扑扑的脸上就像今天喝了酒的颜色。

"喝！吃菜！今天，我们一定要喝好！"不胜酒力的父亲已经喝多了，但还是不停地招呼大家。

当华灯初上，这顿饭在喝倒了一片的战果下结束了。我和母亲送走了客人，收拾着残局，父亲偎靠在沙发上，嘴里一个劲地给母亲道歉，一个劲地对着母亲说着感谢。我看到坚毅的父亲哭了，那个在我眼中坚强如铁的西北汉子竟然流下了眼泪。他眉宇间的"电线杆"仿佛也被融化了。这么多年过去了，我总感觉父亲当时流的不是眼泪，是酒，是他们用十几年辛勤的汗水和心血酿成的醇香的酒。

## （五）

在我的记忆里，春节、元旦我们家没有过团圆饭，父亲几乎没有在家里待过。

每年的 10 月以后，一遇到天气变化，父亲就立刻坐上火车奔赴融冰站。没有谁安排他，应该不应该去，天气的变化就是他出发的车票。

没有了父亲身上的烟草香味，家里总像缺点什么。尽管母亲用河南人的勤劳操持着这个家，她一边工作，一边照顾着七十多岁的爷爷，一边照顾我和弟弟的学习。

而父亲则和他的一帮称之为"伙计们"的男人们驻守在融冰站上。一到大雪季节里，恶劣的天气，就是张铁成、李廷如、王恒信、索纪茂、雷维斌、王建全等"伙计们"的集结号。他们翻山越岭，他们爬冰卧雪，他们手拿绝缘杆等工具，巡线、监测、打冰，他们十七年如一日地坚守在不到一亩地的秦岭融冰站，天寒地冻中唯一没有冷却的是他们的责任和担当。

融冰站的生活是枯燥、乏味的，是艰苦的。没有水源，他们自己打井；没有取暖设备，他们自己砌火墙，改火炕；生活物资匮乏，他们可以一个冬天只吃土豆、萝卜，坚守在那个偏僻的小站。

尽管许多年过去了，我记忆的深处始终抹不去那个童话般的冰雪世界。那里虽然没有童话里的王子和公主的爱情故事，也没有正义和邪恶的较量，但是那里有一群电力工人用敬业和坚守谱写的责任之歌。

## （六）

1992 年 9 月 2 日，晴，微风。宝鸡。

今天，我终于参加工作了，通过西安电力技校的学习，我被分配到宝鸡供电局上班。不过，我被组织分配在总务科的南区管道班上班，尽管我终于有了自己的工作岗位，但是，和我电厂的同学相比，我是失望的。下班回到家，父亲看到我失落的心情，和我进行了一次长谈。

"儿子，怎么啦？不开心吗？"他第一次递给我一根烟。

"分配的工作在后勤。我，我也想像你一样，干线路，去生产一线！"尽管我已经偷偷地开始抽烟了，但是当着父亲的面，我还是颤颤巍巍地点着了烟。

"你小子，真是翅膀长硬啦！能进供电局已经不错啦！"父亲抽着烟，"尽管是后勤，但是，也和你的专业对口呀！"

"我，我烧的是发电的锅炉，不是供暖气、供澡水的锅炉，更不是烧茶水的锅炉，你懂不懂？"我和他争辩道。

"后勤怎么啦？我现在也在后勤，我也在烧锅炉。不管从事哪个岗位，你都要记住，干好现在的工作，多学技术，技多不压身。"

父亲严肃地说，"另外，我还要告诉你，你小子干什么事都缺乏耐心，缺乏毅力。"

"爸，你那都是老黄历啦！"我失去了耐心，对父亲吼道，"我只想干主业，干大事，跟你说不成！"

"老黄历！你还要干大事！"父亲轻蔑地说，"我告诉你，不为利回，不为义疚。我这一辈子干不了大事，但是我坚持干一件事，而且还干成了一件事，我这辈子就很幸运了。干事情不在大与小，而在于你为此付出的多与少！"

"小子，我告诉你！要想干成大事，首先，要从眼前的小事干起，不要眼高手低，好高骛远！"

"好啦！别吵啦！吃饭！"母亲挂起了免战牌。

多少年来，我还能回忆起，父亲当时那种恨铁不成钢的神态。尽管他眉间的"电线杆"已经不再挺拔。

# （七）

2000 年 12 月 1 日，小雪，风力二级。宝鸡。

我已经成了家，尽管今天不是周末，我还是带着孩子看望父母，父亲由于心脏不好，身体大不如以前了。他满身的药味代替了浓郁的烟草味。

"爸，我告诉您一件事……"我唯唯诺诺地说。

"儿子，什么事吗？好事还是坏事？"父亲急切地问道。

"爸，我入党了。"我羞涩地说，"今天，组织上批准我成为一名正式的中国共产党党员。"

"这是好事呀，儿子，好样的！"父亲夸赞道，"伙计，给弄两个菜，咱们庆祝庆祝。"父亲向母亲吩咐说。

"从今后，你可不能骄傲呀！"父亲开心地说，"你小子就是缺乏毅力，一定要更加严格地要求自己。"父亲眉间的"电线杆"在兴奋地跳动着。

那天，父亲的精神特别好，母亲说，父亲好久没有说这么多的话了。

## （八）

2010 年 4 月 15 日，小雨，风力一级。宝鸡陆军第三医院。

那是一个我一生都铭记的日子，在我 37 岁的时候，我的父亲永远地离开了我，他永远地离开了我们。他在弥留之际，尽管他一句话也说不出来，但是，我从他的眼神里感受到深深的留恋……他拉着我的手时，眼神中的嘱托，在我心中留下了深深的自责和遗憾……

2015 年 11 月 12 日，阴，风力二级。宝鸡常羊山。

今天是农历的十月初一，在给父亲送去寒衣的时候，我带上了今年局里发给我的"金牌技术工人"的奖杯。

我把奖杯放在父亲的墓前，我宣读了我的获奖证书，我自豪地告诉父亲："爸，我今年 42 岁了，我虽然没有继承您的衣钵，但是，我已经找到了自己工作和生活中的那个位置，您不仅给了我生命，更言传身教地给予了我生存的意义。"

那个水晶做成的奖杯，晶莹剔透，像极了被冰雪覆盖的那个深山里的融冰站。

2018 年 1 月 3 日，雪，风力一级。宝鸡。

新的一年已悄然而至。在后勤服务岗位，我也工作了 25 年。当今冬的第一场雪纷纷扬扬地下起来时，我想起了父亲。

翻看着手中的相片，父亲一身劳动布的工作服，外面罩着蓝色的棉大衣，头上戴着雷锋帽，坚毅的国字脸充满自信和骄傲，眉间依稀还有"110千伏的电线杆支架"的身影，他身后是融冰站的设备区，这是一张黑白的工作照。

拿着照片，泪水渐渐模糊了我眼中父亲的身影，父亲已经离开我8年了。我深深地留恋他身上淡淡的烟草香味。

我个人觉得，父亲尽管已离我远去多年，但是父亲吃苦、认真、耐劳的精神或许正是我们宝鸡局老一辈工人的写照，正是他们质朴和担当的品质，成了我工作和学习的榜样。

春来草自青，秋来叶飘零。新的一年里，我想我更应该汲取这种精神，延续这种精神，发扬这种精神。如同330千伏线路上的铁塔，既然站在这里，就要擎起一种力量！

# 师恩如山　身为世范

吴　鹤

突然接到初中同学电话，被拉进初中班级的群里，二十多年的同学名字那么熟悉，人却几乎全部不认识了。但恩师王铁成老师一下子让我挂念起来，压抑多年想见老师的冲动一下子爆发了，以前总觉得愧对老师的栽培及期望，没脸走到老师面前，没勇气面对他那双期待与鼓励的眼睛。上大学的时候，每到教师节都想去见见老师，终于有一年按捺不住，在初春寒冬里去给老师拜年。

天气寒冷，有点飘雪，老师和师母住在户县南关中学的单身宿舍，没想到，王老师走亲戚去了，那会儿大家都没有电话，没法联系上，我站在操场边上等，在雪地里的操场上坐着等，望着学校门口的方向，期待着老师突然出现，那该多么欢喜啊！我在雪地上印脚印，来回踱步……好几个小时过去了，王老师还是没有回来，眼见天快黑了，感觉快冻僵了，只好和隔壁的老师说，点心放下了，告诉王老师我来过了。等回到家才想起来，没告诉隔壁老师我是谁……

后来辗转各地，工作生活忙碌，每到教师节就觉得惭愧，某一年，实在忍不住想念老师，提笔写了一篇文章，题目就是《怀念恩师》，主要写了王老师从四年级开始对我的数学启蒙，那时村里的学校初中部撤销了，老师没见我去新中学报到，担心我失学，托人捎话给我父母，又骑车从县城到我家，说我有出息、能学好，一定别失学，一定要上学。后来又托人求人，替父亲给我办理进入新学校的入学手续。如果没有王老师当年的无私介入，我的人生肯定会在还没有展开的时候就回到起点了，至关重要的求学机会就此失去，人生一定也会是另一般光景。《怀念恩师》的文章写得生涩，但是我还是一边写一边流泪，对老师的感恩、感激无法言表，没有王老师的关爱不会有我的一切。文章写好了投稿，《教师报》和《华山文学》相继刊登，也不知道王老师有没有看到。

一进同学群，我就立刻打听王老师的电话，知道他下午四点后没课，我便再也按捺不住，立刻赶到母校，我想一见到王老师，就给他一个大大的拥抱，告诉他，这么多年为什么总是没来见他，总是在一定阅历后，才能放下所谓的愧疚，面对自己的不完美，走到恩师面前来。

在新中学读书期间，老师的关爱从头到尾。退步了，"加油啊！"考好了，"你又骄傲了，谦虚，要谦虚，骄傲使人落后啊！"这是王老师对我最常用的提醒。快到学校门口了，到教室门口了，到老师办公室了，我问："请问王铁成老师在这个办公室吗？"门口坐的老师说："是啊。"我又问："那他在哪里？"话还没有问完，我定定地看着办公室唯一的老头子老师，再定定地看了几眼，我认出来了，是王老师！虽然老师胖了、老了，头发也快掉完了，但是鼻子和眼睛我还是认出来了。

我马上大步走进去，拉住老师的胳膊，就像小时候一样，"王老师，是我呀，您认得出来吗？"显然，我的热络有些过火，王老师吓了一跳，站了起来，怔怔地看了半天，问我是哪一届的？我把手机上的旧合影翻出来给他看，热络地指着多年前毕业照片上模糊的我，让老师认，老师看了半天，没认出来，看着我失望的表情，老师尴尬地安慰我说："二十七八年了，老师老了，上几届的都认不出来了，快退休的人了，老了，不中用了。"我只好作罢，谁让我变得又胖又有皱纹了呢。

我给老师指同学群里聚会的照片，告诉他这个是谁谁谁，那个是谁谁谁，一说同学的名字，老师几乎全知道，我叽叽喳喳地和老师说着旧事，兴高采烈地忘乎所以，仿佛回到了少年时代，半个多钟头后，我拿一张纸写下了自己的名字，担心老师还是认不出我，准备再写老师常常叫的小名，吴字还没写完，王老师脱口而出，"你是西宁！"几十年没外人叫的名字，老师叫得和父母一样亲切。

我翻出我丫头的照片，老师说："你丫头比你长得好。"我说："哪有，我小时候长得也漂亮啊。"王老师说："哪长得好，又黑又瘦，哪像现在变化这么大。"我哈哈大笑，说："现在白了，就是太胖了。"老师说："也高了，快三十年了，咋能不变呢。"从生分到活络，和小时候一样，就像时光并没有变化，我变回叛逆的青少年，老师还是当年刚参加工作的热血青年，把自己当成我们的兄长父母。老师小心地问："哦，现在你成年了，你当时是不是喜欢你们班的那个谁谁谁？""呵呵，怎么会，男生里我最讨厌那个谁谁谁了，我问他题，他总是怕我学得比他好，不给我讲，我发誓一定要比他学的好呢！我那会的确小，没长开，都怪您没陪我到高三，多观察几年……"

分别的时候到了，老师晚上还有课，饭也没时间和我吃，把我送出校门，叮嘱我开车小心，就像我从没有离开过他二十多年一样。回到家才想起，欠老师一个拥抱，忘了和老师照一张清晰的合影，唯一的毕业照都已经模糊得看不清脸了。但是关于老师的记忆，却从来没有褪色。王老师于我恩重如山，恩同再造，下一次，不久的未来，我一定要拥抱一下我敬爱的授业恩师。

# 游 陶 然 亭 记

吴 鹤

去北京的时候，行程很紧，但我还是挤出了一上午的时间，专门去陶然亭公园，我是一定要去拜祭高君宇和石评梅的。石评梅悼念高君宇的诗我看一次，泪就忍不住流一次，这不是用笔写成的诗行，是用生命蘸着心血写成的，很多年我都疼痛着他们的疼痛，因为他们的悲剧一次又一次地神伤。

陶然亭公园里熙熙攘攘，晨练的、走路的、练剑的、吊嗓子的人来来往往，很是喧嚣，这一对阳春白雪的情侣，在这里安卧，看着尘世间俗人俗事，热闹的市井以及穿梭的老少行者，会不会觉得很吵闹呀！革命者和诗人的墓前，没有特别的装饰，线条流畅简单的雕塑以一种高昂的姿态，烙着时代明显的印记。

他们的故事已经随着时光一点一点淹没，慢慢地从人们的纪念和谈论中淡去，我在想，他们都是异乡的孤魂，可能已经很久都不曾有人来拜祭了。高君宇高尚、热烈的痴情让人动容，石评梅纯真、执拗的近乎偏执的爱情观，似乎从一开始就很难得到理解。只是我懂得她封闭的心门再也难以打开的原因，我知道她为什么一直和悲伤、痛苦、愤怒结伴而行，是她纯真的、热烈的挚爱，在不顾一切地投入之后遭到背叛，自以为伟大、崇高、纯粹的不含一点杂质的爱情，其实一文不值！石评梅关于爱情的神话，被恶心的现实撕得粉碎，就像烟花，最灿烂的时候也就只是那么一瞬间。

正确的时间、正确的地点、错误的人，让她最宝贵的热情灰飞烟灭。高君宇的热情、美好、高尚，却也再一次以错误的时间，出现在她的身边，她得要多久，才能重新积聚能量，让美丽再次盛放！高君宇的痴情和执着，让才女的重生缓慢而温暖地酝酿着，若高君宇不死，故事的结局可能会在悲凉中看到几丝光亮，可是高君宇还是猝不及防地死了，死在追求革命真理未竟的路上，死在追求心上人未竟的路上，死在报效祖国未竟的路上。一段痛彻心扉的爱情故事，便永远地冻结在陶然亭里，冻结在北国冰天雪地的时光里，脆弱而敏感的才女，哪里能接受如此残酷的打击，一次爱情的背叛，已经让她体无完肤，爱人的伤逝，她如何能直起腰来呼吸？石评梅怎么能独自活下来呢？

站在他们的墓前，心里的悲伤，正翻腾得不能自抑，一阵微风吹来，树上飘落下几片绿中泛黄的叶子，墓前积落的灰尘漫天卷起，从眼前、从身边掠过，感觉伊人在说，烟花就只灿烂那么一瞬！

# 一个来自国网新人的内心独白

史梦佳

在这温暖的房间，我于是慢慢发现，

相聚其实就是一种缘，多值得纪念……

还在感慨着毕业，时光荏苒，转眼我已从学生成长为一名国家电网新人，乘风破浪、重新起航。看着拉起的"国网陕西省电力公司 2018 年新入职大学生集中培训"的横幅，思绪不禁回到数月前还在努力备考的时光。犹记得资格审查时才知道自己的考试科目不是管理类而是经济类，好在管理类与经济类差别不大，心里暗自松了口气，但也为自己的粗心感到有些后悔。来不及多想，拿出手机里早已下好的运筹学课本，走在路上便学习起来，一路公交，不敢放下，生怕耽误一点点时间。到了笔试那天，难免有些心虚，毕竟自己复习错了科目，但也尽量让自己放松，沉着应试。和众多找工作的毕业生一样，最紧张的莫过于等待结果，好在进入了面试，暗自欣喜，但也开始担心起来。面试那天，抽到幸运 6 号，一切顺利。顺理成章，终被录取，收到录取短信的我激动地发了条朋友圈，借用《甄嬛传》里的一句话："父亲母亲，我入选了。"

后来父亲告诉我，在我考试之前，他的同事问我打算找什么工作，父亲说我打算考国家电网，同事惊讶地跟他说："国家电网太难考啦，比公务员还难啊！"父亲告诉他我只是"打算"考（怕是父亲当时也心虚，担心我考不上吧）。现在回想起来，自己也是过五关斩六将的幸运儿呢，一个普通大学的研究生，考上了一个不普通的优秀企业。

都说机会往往留给有准备的人，这一点我深有体会。虽说我弄错了考试科目，但管理类和经济类专业科目只有一科有差别，其他科目我还算熟识，再加上"临阵磨枪"，5点起床，凌晨睡觉，马路、公交、地铁一处都不放过，终是成了成功入职的小幸运儿。

努力超越，追求卓越。转眼间，我已工作1月有余，对自己的未来清晰而又模糊。清晰的是这辈子我已认定成为一名国家电网人，不再改变；模糊的是我要学习的专业知识、考取的技能证书还有很多，不是因为目标模糊，而是因为不断学习的路本身就是未知的，需要我在工作中积极践行"两越"精神，不断向更高标准看齐，努力向更高目标迈进。

国家电网是一个灯光绚丽的大舞台，每个人在这个舞台上都有一个属于自己的位置。是独舞，还是群舞；是领舞，还是伴舞；是台上演员，还是幕后英雄？每个人都会有梦想，都希望能够在这个舞台上实现我们的梦想，我也不例外。在国家电网这个大舞台上，新来的员工并没有直接被安排去"伴舞"，而是由优秀的前辈带着你走向舞台中央。上至领导干部，下至普通员工，每一个人对我都是特别照顾，本想着大领导会像电视里演的那样，我们这种小员工也是没什么机会说话的，但我入职的第一天，我们部门的主任亲切地与我闲谈起来，聊到我的家乡、学校、专业等，我也慢慢地不那么紧张，吐露心声，坦言自己觉得能够进来公司是有多么幸运，也丝毫不掩饰自己的喜悦心情。办公室的"大姐大"帮我领取好办公用品，给我安排了一些我通过学习可以胜任的简单工作，还安排一位"小姐姐"手把手带我，"小姐姐"很是耐心，担心我记不住，一步一步给我在纸上列出，我很是感激，很开心可以在这个部门工作。说到我们部门，不得不说一下我们和蔼的副主任。副主任和我们坐在一个大办公室，总是叮嘱"大姐大"多教我一些东西，多关心我的工作是否有困难，"大姐大"告诉我有什么不懂的也可以直接问副主任，副主任的业务能力也是非常强的，于是我也时不时地去叨扰副主任。

这是我的第一份工作，我没有因为周一要上班而惆怅，也没有因为周五要放假而雀跃。我很开心，我喜欢忙碌的工作，而非无所事事；我喜欢挑战未知，而非一成不变；我喜欢认识新同事，而非在自己的圈子内默默无闻。热爱我的工作，这大概就是一个刚刚踏入社会的小青年的一点小幸运了吧。

最后，点名告白：我喜欢你们，国网陕西省电力公司建设分公司工程管理部的同事们。

# 特高压战线上的
# 继电保护"硬汉"

张骞

入职十年，从炎炎夏日到凛冽寒冬，从关中平原到黄土高原，他将热血献给岗位，用青春谱一曲无私奉献的赞歌，他默默无闻、话语不多，但讲起业务知识却倾囊相授，干起工作来细致精益。他就是国网陕西省电力公司检修公司变电检修中心副主任任博。

## 一句"好的"便是 10 天 10 夜

2019 年 5 月，750 千伏泾渭变内连日来热火朝天，三三两两的工作人员在设备区里紧张而有序地穿梭着，66 千伏站用变压器、750 千伏主变压器以及新建道泾双回线路启动投运在即，这对于每一个参与陕北至关中 750 千伏二通道工程及其配套工程建设的人而言都是期待而紧张的时刻，泾渭变作为亚洲最大的 750 千伏智能变电站，其启动投产是陕北二通道工程最为关键的一步。

"任博，你负责本次工程投运验收工作……"

"好的，没问题。"

任博一头扎进了泾渭变，连续 10 天 10 夜没踏出那片 146 亩地。

泾渭变现场情况复杂，牵涉范围广，即使工作人员们对于启动方案都已烂熟于心，具体操作中的各个步骤仍然进行得十分缓慢。

该阶段启动耗时近 10 个日夜，连续不断日夜颠倒的工作中，二次人员只能通过倒班来缓解过度疲劳，而这 10 个日夜中，任博竟一步也不曾离站，实在感到疲惫了，就在临时搭建的板房的桌子上趴一会儿，拉几把凳子拼出个"床"和衣眯一会。生硬的塑料凳子硬是把这个汉子的眼底硌出了淤血，加之休息不足，这个高大汉子终于修炼成了"国宝"，天天顶着个"熊猫眼"在设备区忙碌着。

"回酒店休息一会吧。"大家看不下去劝说着，可他却放心不下这里，摇摇头便忙去了。

在连续熬过几个通宵后，大家的思维活跃度都开始下降，工作中的反应都有些迟钝了，此刻，任博更是提着十二分的精力看护着这里，时刻保持着十二分的清醒。叮嘱大家一定要确认保护全部退出运行后才能修改定值，这并不是因为他天生比别人"能扛"，而是源于他铁一般顽强的意志力。

## 不哼不哈干该干的事

众所周知，二次运检工作是保障电网安全的重中之重，出差时间长，工作辛苦，工作中会遇到各种各样的困难。

检修公司所维护的超高压变电站大部分位于黄土高原北部，远离市区，自然环境恶劣，夏季暴晒，冬季严寒；同时高压站一次设备体积大，设备区占地广，验收及消缺工期紧迫，这使得二次运检工作往往是一场对智力和体力的双重考验。

然而，任博却始终不哼不哈地做着自己该做的事情。

曾几何时，任博的手臂肌腱受伤，做完手术并住院二十天后，医嘱明确告诫他必须好好静养，避免二次创伤，可他不顾家人的强烈反对，手上打着石膏悄悄回到工作岗位，加入宝鸡换流站年检工作中。

在工作中，他常常忘了自己手上打着石膏，一个微小的动作或触碰都会引起持续的疼痛，他强忍着病痛，坚持身体力行，亲自到现场安排工作，任何细节都不放过。从人员、工器具、材料准备入手，到全过程的检修、电极清洁、注水、水压试验、电气试验，他都一丝不苟地参与完成。他无私奉献的精神感动了身边的同事，更鼓舞了大家全身心投入工作。

遥想当年，750千伏洛川变电站突发直流接地故障，造成直流系统绝缘降低，时任变电检修中心二次专责的任博带领一名工作班成员迅速赶往洛川变。由于洛川变是在运站，为不影响设备正常运行，检修人员操作受限，只能采用"拉闸法"查找直流接地点，这导致工作进程十分缓慢。

时值陕北地区的寒冬，积雪没过了脚踝，刺骨的寒风似乎瞬间能冻住一切。

深夜的洛川变路灯照射范围有限，检修人员只能靠手电照明。任博在一片漆黑中带领二次人员挨个设备进行排查，汇控柜、端子箱、保护屏柜……一个不漏。时间转眼流逝，已至凌晨，任博的工服上落了厚厚一层积雪，但他依旧坚持集中精力工作。一夜下来大家的手脚都冻得僵硬，却依然没有找到故障点。

身处恶劣的工作环境下，又经过一夜的体力透支，大家都极度疲惫。此时，任博只休息了两个小时，便迅速收拾好心情，鼓励随行成员一同再度投入工作中，继续排查剩余设备。任博的工作热情深深感染了大家，似乎冰冷的积雪都被这热情融化。大家鼓起勇气，相互加油鼓劲儿："不找到故障点决不罢休"。功夫不负有心人，最终查明故障，此时已连续工作了48小时。

# 青年员工们的"博老师"

2018 年 12 月，陕北至关中二通道工程的验收工作正如火如荼地进行，750 千伏夏州变作为二通道工程至关重要的一站，验收时间紧且任务重。时值寒冬腊月，正是陕北地区一年中最冷的时候，大雪纷纷扬扬，刚建好的小室中还没有通空调，二次人员在工作时都冷得瑟瑟发抖，经过一整天的工作后更是筋疲力尽。

为提升新入职青年员工的工作技能，帮助他们快速成长，任博在劳累了一天后，并不急于休息，而是对青年员工进行技能培训。

夜晚的夏州变气温低至零下 20 摄氏度，任博从继电保护测试仪的原理讲起，手把手地教员工们如何进行保护单体功能校验，每项讲解完之后青年员工们自行练习。

由于他讲课思路清楚，解说动作规范，疑难困惑一讲就通，青年员工有什么问题都喜欢找他。而任博为了方便大家及时巩固所学知识，讲完课也不急着离开，就在旁边看着，及时解决问题，启发知识，指正错误操作。青年员工都亲切地称他"博老师"。

时间一点一滴过去，转眼就到了 11 点，再经过一个多小时的车程，回到酒店已是午夜，任博只能休息六个小时，就要再次投入繁忙的工作中。但是他从无半点怨言，总是希望把自己的知识传授给大家，能多教一分钟，是一分钟，能多教一个方法，是一个方法。

10 年的磨砺和锤炼，造就了一个又硬又铁的继电保护达人。此时此刻，他也许正在 750 千伏二通道的工作现场忙碌，也许正伏案桌前认真谋划下个现场的检修方案，也许正和他的兄弟战友们研究一张拿起来老长的二次图纸，也许……无论他在哪儿，都奋战在陕西超、特高压的二次检修战线上！

特高压战线上的继电保护"硬汉"

# 以诚为标 以信为尺

于樊雪

俗话说："人无信不立，国无信不强，企无信不兴"，随着经济全球化和我国市场经济的不断深化，我国信用体系建设正在全面展开。

诚信是一种道德。内诚于心，外诚与人，诚实守信是一个人立足社会的基础。诚信，是一种美德。以德服人，心悦诚服，诚实守信是一个国家强大的凝聚力。诚信，是一种制度规范。金诚所至，金石为开，诚实守信是一个企业兴盛的硬核条件。

我们要做到情感和理性的交融，认知与行动的统一，就是要把律己守信、以诚待人、言出必行、行之有效有机地统一起来。

## （一）

律己守信就是要克制自己、遵守信约。

90后的我们从小就被父母和老师们教育着要诚实守信、践行承诺，为此我们听着季布一诺千金的故事和歌颂雷锋同志的歌声长大。律己守信自然包括为了自己的梦想一路砥砺前行。

我来自国家级贫困县区——陕西省铜川市耀州区。那是一个贫瘠的小城市，每天饭后散步一小时就能够绕县城一整圈。那里的人们都很传统，总认为公务员、国家电网就是"铁饭碗"的代言词。

在这个讲究"金饭碗比铁饭碗更好"的时代里,父母仍让孩子们挤破头地加入各路考试大军,同时争先恐后地报着各种辅导班,企图让孩子在这场"翻身"大仗中胜利凯旋。

而我,是幸运的。

我的选择是国家电网,并不是因为别人嘴中"钱多事少的铁饭碗",也不完全因为父母的寄托,是因为深藏心中的那份儿时的梦想。

我在家里排行老二,我母亲生我的那年国家对计划生育查得很严格,所以我上学之前并没有出过几次门。家里是北方常见的两层平房,中间圈着一个小院子,大概有十三平方米。我每天行走最远的地方也仅限于从卧室到院子,那走街串巷的叫卖声、孩子们放学的嬉戏声、夏天躲在树上的蝉鸣声,都让我兴奋不已,可那高高的院墙和大铁门隔住了我对外界所有的想象。

抬起头、伸长脖子。

我的世界尽头就定格在院墙外远处的铁塔上。

小时候的梦想是站在铁塔上远眺,因为站得高才能看得更远。

我就读的高中是耀州区理科最好的高中——耀州中学。一进学校大门,迎面而来的是八个掷地有声的大字"学以至理,行以至诚"。这是我们的校训,也是当时大家每次进出校门都默念的话语。那时的理解是"学习的过程中一定要追求真理,做有价值的学问;做人上从不虚伪做作,一言一行、待人接物都诚实无私"。

大学里每年期末考试前的复习阶段,我脑海里都不止一次地闪现过"学以至理,行以至诚",懊悔平时没有苦读课本,直到考试前才临时抱佛脚。然而新的学期一开始便又浑浑噩噩、忙忙碌碌,最终也没能彻底将这句话贯穿始终。

以诚为标　以信为尺

这世间有很多道理年轻时候不明白，后来才越发觉得它们的重量。孔子说："盖有不知而作之者，我无是也。"

当我再次体会到这八个字的含义时，我已经成为了国家电网公司的一员。在省检公司对2018年新入职大学生培训期间的一次小组讨论会上，一位研究生学长提出了"五遥"（变电站"五遥"是指遥信、遥测、遥控、遥视以及遥脉），我一本正经地反驳他："兄弟，你是想说'三爻'（'三爻'是西安地铁2号线的一站，城南客运站近旁的地铁名）吧。"气氛突然有点冷，那一瞬间又让我想起了"学以至理，行以至诚"。

从那一天起，我清楚地意识到，相比于房子、车子，学习才是刚需。

从那一天起，我决定要做一个至诚、至理的人。

## （二）

以诚待人就是要待人真真诚诚、做事踏踏实实、为官清清白白。

朱熹在诗中有言："以诚待人者，人亦诚而应。"意思是说真诚地对待别人的人，别人也会真诚地对待他。相比于现在，还是学生时代的我们更容易收获友谊和真心。

有人说过这个世界上最美好的东西就是纯洁，纯洁的友情往往是不计回报，关键时候雪中送炭。我们处于在这个社会中，就要交朋处友待人处世。要想有良好的人际关系环境和纯洁的友情，首先就要靠我们自己的付出和真诚。真诚应该是晶莹透明的，真诚不该含有任何杂质。

每个人都希望得到别人的真诚相待，要想别人真诚待你，就应当首先主动真诚地去对待别人。你怎样待人，别人也会怎样待你。你与人为善、真诚待人，别人通常也会反过来如此待你。

有的人对真诚待人抱怀疑或否定态度，理由是：我真诚待人，人若不真诚待我，那我岂不是很傻、很吃亏么？我们要以一种平常的心态去看待事物，真诚也许今天让我们吃亏上当了，虚伪也许会让我们沾点光占到便宜，但是从长远发展的眼光来看，用今天的吃亏上当换回明天的辉煌和事业的巅峰，比得不偿失的鼠目寸光之人要强百倍不止。

两次培训期间，老师多次给我们进行心理建设，告诫我们的身份开始从学生转变为职工，随之而来的心态和处事方式方法都应该有所转变。同事之间坦诚相待，是每个职场人士都希望得到的。然而，却又并不是每一个人都能够做得到的。

真诚相待，一场职场间的友谊，才是真正成熟的友谊。

## （三）

言出必行是指一个人说了就必须要做到。

我现在工作于国网陕西省电力公司检修公司关中运维分部。

在进入检修公司以前，我并不了解变电运维是一份怎样的工作，入职还不满一年，我就从安康辗转到渭南再到洛川，等待我们的是说不清的前途未卜。在后来的日子里，我把此刻对变电运维工作的感受理解为对未来岁月的"难挨"。这里没有海底捞，没有麦当劳，没有奈雪和喜茶，有的只是一串又一串嗞嗞作响的设备和一年四季的绝缘长袖工作服以及脚下这双绝缘鞋。

三毛说过，一个人想成长总要经历那么一两件事。

比如：异乡工作。

以诚为标　以信为尺

我曾经工作的地方在渭南分部张村运维站变电运维二班，所辖两座 330 千伏变电站，分别是金州变和香溪变。其中金州变距离安康市区 18 公里，香溪变距离安康市区 90 公里。每天上班会从繁华的市中心出发，看着沿途景色渐渐变成荒野，内心会有种淡淡的失落感。

这种失落感来自曾经年少时对未来的各种幻想：霓虹闪烁的街景、纸醉金迷的生活、推杯换盏的席间，幻想之下满满地全被现实地失望充斥着。

省检公司培训时，心理专家卢老师讲过一句话："我的选择，我能负责！"

这句话在后来的日子里，时时刻刻在我脑子里回想。

最初到金州变，途经乡镇、偏远村庄、庄稼地，甚至是坟墓的时候想；第一次在变电站值夜班，看着山下烟花四起、霓虹闪烁的时候想；3 号主变停电综合检修前前后后跑来跑去，磕破了腿磨破了脚的时候想；因为不会拒绝又总想帮助别人，所以活儿越堆越多的时候想；夜深人静翻看朋友圈，看到别人滋润的小日子的时候想。

想我的选择是否正确？

想如果这条路注定默默无闻且坎坷重重，我还会不会坚持走下去？

想十年、二十年后的我该怎么评价此时此刻的我？

2018 年 7 月下旬，国网陕西省电力公司检修公司 2018 年新入职大学生培训中我的演讲赢得了满堂彩。

2018 年 8 月下旬，国网陕西省电力公司 2018 年新入职大学生培训中我的汇报总结赢得了第一名。

2018 年 12 月中旬，国网陕西省电力公司女工委组织的一场读书分享会上我的演讲获得了"最佳阅享奖"。

　　2018 年 12 月底至 2019 年 1 月初，由我撰写剧本并跟拍讲述共产党员突击队的微电影成功出片。

　　虽初涉职场，但我以一颗赤子之心去真诚地付出和感悟，是这一份份傲人的成绩让我收获了从学校到职场的第一份掌声和肯定。前程未卜的恍然间，点燃了我对未来学习的期许，我必须证明自己尚能不"泯然众人矣"！

　　日子就像白驹过隙，如今我参与变电运维工作也已有九个多月。每天看着天蓝蓝、杆白白的景色，内心也不再觉得失落，反倒滋生了一种远离喧嚣的向往。毕竟人生总有那么一段时光会充满不安，我尝试着学习、勇敢面对、砥砺前行。

　　现在的梦想是多学、多问、多积累，因为我相信只有厚积薄发才能支撑起我站得更高看得更远的初心，相信即便是小小的身材也能投射出巨大的身影。

　　前不久我读了一本书，是阿尔伯特·哈伯德所写的《把信送给加西亚》，这是一部关于忠诚、责任、执行力的管理书。内容大概是讲美国陆军有个年轻的中尉，叫安德鲁·罗文。在美西战争爆发的时候，他受命孤身一人穿过战区给未曾谋面的古巴将军加西亚送了一封密信，促使战争迅速取得胜利，从此一举成名。在送信的途中，他遭遇了常人难以忍受的困难，秉持着高效的执行力和出色的复命精神完成了任务。美国陆军司令给予他极高的评价："罗文出色的成绩，是军事战争史上最具冒险性和最勇敢的事迹。"

　　罗文的成功是偶然吗？是因为他知道自己会成功所以才拼命完成这项任务吗？

回答是否定的。

罗文的成功绝非偶然。从高中开始，我的老师一直在讲一句话："机会是留给有准备的人的。"如果不是罗文平时的刻苦训练，他不会如此完美地完成这项机遇和危险并存的任务。罗文不是神仙，自然他也不能算出他成名的时机。他当下想要完成任务的决心是真实存在的，是他为了那句"好的，上校"承诺背后的努力付出；是他作为一名军人恪尽职守、高效执行力、出色的复命精神的一种体现。

苏洵说过："为将之道，当先治心，泰山崩于前而色不改。"我们永远不知道下一秒迎接我们的是什么，就像罗文不知道下一秒会被万千读者追捧一样。所以，时时刻刻做优秀的自己，切切实实地做到言出必行。

行之有效是指办法或措施等实行起来有成效。

我本身是一个雷厉风行的人，虽然说我的性格会固执、生硬，有点不讨好，但在工作上，我并没有觉得雷厉风行有什么过错。曾经在大学的时候，我总觉得活儿不论大小，一个人总能干得完。所以学生办公室的灯总是彻夜常亮，我总是一个人在白天黑夜连轴转。老师喜欢我这样舍命忘我的工作状态，一个人撑起整个学院宣传的半边天；拍档喜欢看我一个人把活干完，他好能坐享其成；而我自己作为一个资深摩羯座的工作狂，一度沉浸在工作中无法自拔。

但我明白，这样的工作状态是不对的。所谓"众人拾柴火焰高"，社会需要的是合作意识、团队概念，而不是一个光杆司令。

都说"大学是个小社会，而社会是个大熔炉"。每个人的成长都要在这个大熔炉里锤炼一番，这个过程会很漫长，我们不可避免地会被名利、"潜规则"、金钱等诱惑高温加热熔炼，不可避免地渐渐融于社会，最后失去自我。

当我全副武装准备好工作时，我发现一切不太一样。

"麻雀虽小，五脏俱全。"当我看到某些前辈对待工作推推搡搡的态度和不急不忙的语气，我开始理解那句"眼下的基层工作越来越不容易出成绩"；当我亲身经历了一个工作返工好几遍只因为领导意见的不统一，才明白"上面一句话，底下跑断腿"的无奈；当我的新闻稿接到了两个完全相悖的修改意见时，才明白了什么叫"左右夹生"的两难。

每天忙忙碌碌的工作却看不到一丈十米的成绩，有可能兴冲冲地找前辈学习却被冷眼相待，恍惚之中我又回到了我的大学时代，那个只有学生干部才懂得夜有多长的夜晚；回到了"别人睡了，我醒着，别人醒了，我还没睡"的工作状态；又回到了每个月总有那么几天想摔手机的日子。

我清楚地知道工作不是让别人看起来你怎样，是要对得起自己的内心。但有时候真的不太懂工作上所谓的"各司其职"怎么就演变成了"互相推诿"？不明白简简单单的一份工作怎么就让琐碎的流程和冗长的手续变成了羁绊？

我是 2018 年新入职的大学生，我经历了身份和心态的转变，身体和心态也慢慢进入正轨，我是一个记忆力比较差的人，所以我的学习过程比较慢，进了三次设备区才能记住路怎么走。当记住了设备区的路，就开始记各种设备、编号和名称，以及各种间隔。师傅虽然一个劲地夸我聪明，但我自己内心清楚，我的优点仅仅在于腿跑得勤快。

　　我第一次亲眼看见倒闸操作是金州变 3 号主变停电综合检修工作，看着梯子上颤颤巍巍的站长、绝缘杆另一头帮助压高的运维人员、梯子两边扶梯子的强有力的双手和众人焦急的眼神，我莫名被这个团队所感动。恢复送电的时候正值小雨突至，大家依旧坚守在各自的岗位上，没有一个人离开。雨水顺着安全帽檐一滴一滴滴落下来，渐渐打湿我的肩膀、胸襟、衣领，但我无暇顾及。一直到成功送电工作结束，我挺起肩头才发现天已全黑，小雨也停了。一群人从设备区回办公楼的路上，我开始明白作为一名电力工人肩头的责任，我开始懂得变电人的坚守。

　　席慕容曾说过一句话："每一条走上来的路，都有他不得不那样跋涉的理由。每一条要走下去的路，都有他不得不那样选择的方向。"

　　我的选择毫无疑问是正确的。

　　我的选择是坚定不移地走下去。

　　即便不是每次努力都会伴随着鲜花和掌声，即便这注定是一条默默无闻且坎坷重重的道路，我仍会选择继续走下去。

　　尽管眼前的日子总是磕磕绊绊，但我相信通过虚心努力和锐意进取，能够迅速弥补自身不足，并发挥自身特长。

　　我希望在接下来的日子里，我能蜕变为一名合格的电力工人。我希望在以后的以后，我能将此时此刻的感悟告诉每一位新人，并且在他们迷茫不定的时候告诉他们，未来可期。

# 我与祖国共奋进

周纯玉

　　1949年10月1日的天安门城楼上，伟大领袖毛主席用庄严的声音向全世界宣布：中华人民共和国成立了！中国人民从此站了起来，到如今已经过去了七十个年头。一路走来，我们筚路蓝缕，在党中央几代领导集体的英明领导下，在数代中华儿女的努力奋斗下，我们用短短的七十年为人类社会上演了一场波澜壮阔的巨大变迁，我们将一个积贫积弱、满目疮痍、百废待兴的落后国家，建设成一个团结统一、繁荣富强、生机勃勃的新兴大国，不仅谱写了中华民族发展史上的光辉篇章，还造就了令世界瞩目的东方奇迹。

　　今天的中国已经成为世界第二大经济体，蛟龙下五洋，墨子探星空，高铁已成为世界名片，"一带一路"战略计划的实施和人类命运共同体的提出更是充分彰显中国的大国风度与担当，中国这条巨龙已然腾飞，正在向世界发出它的声音。

　　当然，国家的发展，是我们每个中华儿女义不容辞的职责，我们应该自觉肩负起中华民族伟大复兴的历史使命。遍观古今，有多少仁人志士以国家为己任，各出所学、各尽所知而不计回报。"读书不知接统绪，虽多无益也；为文不能关教事，虽工无益也；笃行不合于大义，虽仁无益也；立志不存于忧世，虽高无益也。"隋广义认为，将自身与国家命运融为一体，向来是我们中华民族的传统。个体的发展必须植根于国家，国家的发展同样需要每个个体的发展。

作为当代新青年，我们要把个人理想融入中华民族伟大复兴的崇高理想之中，以青春、用奋斗，努力为民族复兴铺路架桥，为祖国建设添砖加瓦，把个人成长与国家发展、民族复兴结合在一起。以爱国主义为精神内核，坚定人生的理想信念，勤奋学习，勇于创新，在努力实现自己人生价值的过程中为中国梦助力。

虽然我只是个普通人，是这个社会最平常的一分子；我很平凡，平凡得扔进人堆里都找不出来，但是我从来都不想甘于平凡。小时候，我曾受周恩来总理"为中华之崛起而读书"的影响，而在心里悄悄地埋下了一个好好学习、报效国家的梦。如今我大学毕业，学有所成，报效国家的梦想逐渐在我心中开花结果，我越来越渴望能够有机会让我一展宏图。在国家全面推进供给侧结构改革的伟大历史时刻，我作为一名基层员工，我也想为国家的发展、民族的复兴尽自己的一份力，虽然现在的我还存在很多不足，工作经验还不是很丰富，业务能力也有待于提高，但我有一颗努力学习、甘于奋斗的心，我相信在公司良好的工作氛围的熏陶下，在班组师傅的悉心教导下，我会早日成为一名优秀的员工，为公司的发展，为国家的兴旺，为民族的振兴尽自己的一份力量。

成功从来没有捷径，登上一座山峰，最快的方法就是不停地攀登。国家的发展是如此，对于个人而言亦是如此，"积土而为山，积水而为海"，没有日常一点一滴的积累，如何能够铸就未来的辉煌。世界是残酷的，幸福和美好的未来从来不会自己出现，不然世间哪还会有那么多奔波在外的人儿。但是世界又是公平的，每个勇毅而笃行的人都会在一段筚路蓝缕、手胼足胝的日子后得到成功的青睐，到达理想的彼岸。所以现在的我，唯有加倍努力。俗话说人生在勤，不索何获。如果不勤奋努力，又怎么能实现自身的价值，如何为祖国的建设添砖加瓦。

我们都知道，成功从来没有一帆风顺，在实现中华民族伟大复兴的中国梦的过程中，我们早已经做好面对一切风险和挑战的准备。作为当代的新青年，只要我们坚定信心、迎难而上，在生活中牢记伟大的历史使命，在工作中以饱满的热情努力奋斗，必能够与伟大祖国一起，赢得最终胜利。

"功崇惟志，业广惟勤。"崇高的成就必须树立远大的志向，伟大的业绩唯有勤奋才能创造。我们能够在中华人民共和国成立七十年间取得如此大的成就，与我们各行各业劳动者们的辛勤努力、不懈奋斗是分不开的。在祖国七十岁华诞来临之际，在全面建成小康社会的伟大历史节点，我们深感自己的肩头多了一份责任，多了一份使命。为了公司更好地发展，为了祖国的明天更加美好，让我们所有人携起手来，用辛勤与汗水，共建我们的大美中国！

# 光 明 的 礼 赞

王小侠

　　有的人在城市的钢筋水泥丛林中穿梭，为城市的建设添砖加瓦，用自己的行动做城市建设的美容师。有的人不管寒来暑往抛家舍业，他们的足迹踏遍祖国的大江南北、河流山川，做播撒光明的使者，他们是新时代最可爱的人。

　　我是陕西送变电工程有限公司的一名职工，亲眼目睹了这些光明使者每天的工作，说风餐露宿一点也不为过，几十上百米的高空作业比比皆是，遇到特殊情况，晚上还要挑灯夜战。不能按时吃饭，生活的地方没有信号……这些都是家常便饭。夏天一天工作12小时以上，冬天天没亮就要起床出发，他们用自己默默无闻的奉献和工匠精神为中华人民共和国成立七十周年献上一份厚礼，他们牢记着塔尖上的誓言，在祖国的四面八方祝福祖国繁荣富强。我作为一名国家电网的职工，有幸见证了七十年来电网的变化，改革开放四十年来中国电力事业的发展，特别是经过几代人的拼搏才有了今天的成绩，一种自豪感油然而生……

　　我们的上一代输变电工人可以说是爬冰卧雪、披荆斩棘，用他们的满腔豪情和热血书写了一代代的电力传奇。以前的电压等级比较低，施工条件恶劣，随着中国的日益强大，我们的施工条件也在逐步改善，电压等级逐步提升，高压输电成为可能。相比高压与超高压输电，特高压优点更为突出，我国已实现特高压输电工程大规模商业化应用，并在核心技术上基本实现全面国产化。尤其是"一带一路"伟大战略，让中国的清洁能源走向世界。

想起我小时候，农村电力经常出现匮乏的现象，整天限时停电，到了晚上就是一抹黑，甚至要用自制的"小煤油灯"上晚自习，每天晚上下了晚自习后黑灯瞎火地回家，洗也洗不干净，第二天上学来还是两个黑鼻孔，彼此互相取笑的情景，现在还历历在目。对比今天的变化，真是感慨万千。

就拿陕西送变电工程公司来讲，如今的辉煌是从以前的艰辛一步步走过来的。我们的前身只是成立于 1950 年 9 月 27 日原西北电业管理局旗下的一个线路队，到如今发展成为拥有在册职工 1400 余人的大型国有企业，其间有多少心酸，多少辉煌，在几代人的心中留下不可磨灭的印记。1950 年，陕西境内仅有 66 千伏输电线路 47 公里。面对电力严重不足的现状，在设备不足、人力紧缺的情况下，1951 年，线路队承建西北第一条 35 千伏线路西咸线。1957 年，承建全国第一条西户线。1959 年，跨越秦岭承建全国第一条电气化铁路宝成铁路 110 千伏供电线路。1969 年，参建全国第一条 330 千伏超高压刘天关线，获得"全国大庆式企业标兵"荣誉。1985 年跨出潼关，参加全国第一条±500 千伏输电线路葛上直流建设。1995 年至 1999 年，建成了 330 千伏延榆线、马汉线和榆神线，打通了陕西 330 千伏"电力南北大通道"，在当时被称为"延榆精神""马汉精神"，在 220 千伏青藏、川藏联网工程建设中，参战职工发扬"缺氧不缺斗志，艰苦不怕吃苦、海拔高追求更高"的精神，率先完成了施工任务，彰显了"电网建设主力军"作用。2008 年的抗冰抢险更是展现了陕送人大无畏的奉献精神。2011 年，建成世界最高电压等级智能变电站 750 千伏延安洛川变。2012 年，建成全国第一座330 千伏智能变电站西安新盛变。2015 年，750 千伏西安南输变电工程按期建成，关中 750 千伏环网建成，西安更好地发挥"丝绸之路经济带"新起点的引领带动作用。2017 年，建成四项世界第一的±1100 千伏的昌吉—古泉特高压工程。2019 年 5 月 13 日，国内规模最大的 750 千伏智能变电站—西安北（泾渭）750 千伏变电站顺利投运，标志着陕西省陕北至关中 750 千伏第二输电通道工程全部投入运行……

过去，遇架线工程需展放初级导引绳时，他们只能在二三十米高的铁塔上爬上爬下，有时还要翻山越岭、跨河涉水跨越各种障碍，不仅辛苦，还影响施工进度。经过几代人的拼搏，如今的施工早已经从以前的人拉肩扛变成了机械化施工，不管是巡线还是架线，用直升机放线早已经不是新鲜事儿了，有一种激光探测防外破仪器是一种最新科技的高性能双窗口探测器，由主固体激光发射装置、被动激光放大接收装置电路、不易老化的超长寿命的检测模块与模糊逻辑数码核心组成，防水外壳，具有探测距离远、灵敏度高、响应速度快等优点，可以在目标进入视线范围内做出快速响应，可胜任各种恶劣环境，应对极端温度的工作环境，快速地检查线路外破。特别是飞行放线机器人的发明，更使我们的野外架线施工得到了突飞猛进地发展，每当完成一项任务的时候，我们的工人就会喜不自胜。

习近平总书记在十九大报告中指出，发展是解决我国一切问题的基础和关键，发展必须是科学发展，必须坚定不移地贯彻创新、协调、绿色、开放、共享的发展理念。国家电网公司认真践行新发展理念，创造性地提出建设"三型两网"世界一流能源互联网企业的战略目标，核心是在坚强智能电网的基础上建设泛在电力物联网，打造枢纽型、平台型、共享型现代企业。瞄准"世界一流"，是加快打造具有全球竞争力的世界一流能源互联网企业的奋斗标杆和战略部署。国家电网的这一新战略将推动企业转型和电网升级，带动整个生态圈发展壮大，为培育新兴产业提供基础和条件。那么，怎么深刻理解"三型两网"呢？一是要持之以恒地建设运营好坚强智能电网；二是要实现电力系统各个环节万物互联、人机交互，打造状态全面感知、信息高效处理、应用便捷灵活的泛在电力物联网。要从发展理念、技术装备、核心能力上全面升级，需要公司管控方式、经营模式、组织体系全面变革等方面紧跟时代潮流，更需要从思想上加强认识，广大干部要从职工思想认识、能力素质、精神风貌全面提升等达到涅槃式的转变。广大党员要不忘初心，牢记使命，以"三亮三比"活动为载体，充分发挥共产党员的先锋模范作用。我们送变电的全体职工，更是信心百倍，为"三型两网"的建设发挥出自己应有的作用，在每一个重要的岗位上发挥着螺丝钉的作用。

# 讲讲我身边的电力人

陈　菲

　　华灯初上，领略着大唐不夜城的夜景之时；工作之余，和家人一起在电影院放松之时，你是否会想到，有一位默默奉献的人，他是千万电力人中的一员，是千万个他们在背后为您点亮家中灯火，点亮整座城。

　　张鸿，1989 年进入陕西送变电工程公司以来，一直是一位奋斗在一线的电力工人。在无数个电力抢修的第一线，有着他奋斗的身影，三十年来兢兢业业地付出，从未有任何怨言，在基层平凡的岗位上，书写着不平凡的人生。丰富的工作经验，让他练就过硬的本领和一双细致的眼睛，在工作中一直保持踏实的学习态度，与同事们探讨，共同进步。当有人来请教时，他从不吝啬，将技术、技巧全盘托出，对同辈热心，对后辈耐心，一直保持严谨细致的态度。

　　1997 年他在变电分公司上海工程项目部工作，首先在 220 千伏蕴藻浜变参加改建工作。试验上的活儿时续时断，张鸿等几个试验班人员毫无怨言地服从项目部的临时工作分配，推着手推车还氧气乙炔，拿起八磅锤矫正接地扁钢，操起镐头、铁锹开挖接地沟道，配合电焊工焊接电缆支架，甚至给厨师帮灶做过饭，样样工作都做得有板有眼、无悔无怨。

　　从 1998 年开始，上海项目部接到了大量的保护更换及全站自动化改造工作，有一天领导将一套图纸交给张鸿："你好好看一下这套图纸，两条 220 千伏线路保护的更换工作由你负责带人去干，运行站中工作，安全一定要保证，做好配合，有困难联系我，我知道你可以。"这又是一个全新的挑战，看着领导信任的眼神，听着他坚定的话语，张鸿硬着头皮，接下了图纸，在随后的现场勘查、工器具的准备、施工过渡方案制定、工作票办理、旧屏柜拆除、新屏柜安装、电缆敷设接线、和运行方及调试方的工作协调、包括所带施工的住宿吃饭等一个个或难或易的环节中，咬牙坚持下来，硬是没有再给领导摆困难、要帮助，安全顺利地完成了工作任务，也使他的工作能力得到了锻炼。事后他说："原来并没有我想象的那么难，但也没有他们说的那么容易。"就这样，泰和变保护改造更换、元江变全站自动化改造、泗泾变扩建二次安装、长春变保护更换，一个接一个的工程使得他褪去当初的颤巍和胆怯，变得自信和坚定。他在上海、浙江地区工作八年之久，跑过了三十二座 500 千伏及 220 千伏变电站。曾有一次，在大年三十前夕，上海西郊变三台主变中，有一台变压器故障失火，变压器油流进主电缆沟，二次电缆被引着，控制系统和一次设备因此停止工作，全站失压，导致上海印钞厂停电。抢修，历来讲究一个"快"字，张鸿立即带领其他同志进站抢修，大家一起合作，抽油、拆变压器、放电缆、进行二次电缆接线……最严峻的问题出现了：变电站由于年代久远，经过多次扩建和技术改造，图纸已经和实际情况有很大出入，必须靠自己一步步摸索。张鸿耐心谨慎地逐根核对接入，累了只能靠在墙上闭眼休息片刻，下一秒又要立刻投入工作，整整两天两夜，终于抢修完成。

2004 年，陕北地区基建工作量增大。他从上海调回陕西，一头扎进榆林大漠，一干又是六年。先是 110 千伏站的更换、技改，后是 330 千伏站的改建、扩建，最后是 330 千伏整站新建，他一直担任项目总工。工程材料预算、施工措施方案的编制，以及工程中和设计、甲方、监理、设备制造厂的沟通协调，施工现场的技术交底等，忙得焦头烂额，在 330 千伏东源变改扩建和 330 千伏靖边变新建工作中，由于工作点多，现场人员配备不足，他在完成本职工作外还兼职材料员、管理员、驾驶员的角色。每天从早到晚不得闲暇，他依然兢兢业业、无怨无悔。

常年在外的工作性质，使他顾不上照顾逐年老迈多病的老母，顾不上照顾年幼孩子的生活学习，亦无法陪在妻子的身边，替她分担生活的重担，但他依然无怨无悔。

2010 年应急抢修中心成立，张鸿负责应急抢修中心安全管理工作，他还是那样一如既往地认真工作：从员工每年的安全教育、工作现场的安全交底、安全工器具的配给和周期试验，到每月工作票的审核等，每个环节都一丝不苟。他常说：安全管理的最高境界，就是让每一个工作人员树立一个牢固的安全意识，这个意识是发自内心的，而且是无时不在的。有一句话叫作"把每一件简单的事做好就是不简单，把每一件平凡的事做好就是不平凡"，张鸿对待工作的态度，值得每一个人学习，他在岗位上创造出的成绩也许不是最优秀的，但一定是最坚固、最踏实的。正是千万个兢兢业业奋斗在一线的电力工人，几十年如一日细致入微的精心工作，为我们带来光明，他们坚持"你用电，我用心"的理念，换来了璀璨的不夜城。

# 谁持彩练当空舞

## ——输电一分司送电职工群体像

陆文娟

高尔基曾说:"我知道什么叫劳动,它是世界上一切欢乐和美好事情的源泉。"纵横全国的电力线路上,多少陕送职工无私奉献着,用充满智慧的双手托起条条银线,在平凡的工作中与祖国共奋进,点亮祖国的大好河山。

在陕送公司,一提起送电项目经理,大家都会竖起大拇指说:"能当送电项目的经理,都是真正的干家子"。他们都敢打善拼,敢于并且能够"啃骨头、打硬仗",在参建了几条甚至几十条线路工程后,逐步担当起项目负责人的角色,栉风沐雨,洒下了辛勤的汗水。

从开工的第一天起,他们便亲自带领班组成员进行线路复测,由于送电施工多在高原荒漠,地势沟壑纵横,往往看到一基基础近在眼前,但是需要翻丘绕沟一个多小时才能到达,对于项目经理来说,去往线路基础的每一条道路他们都了然于心。大家总能看见熟悉的身影出现在施工现场的一个个角落,风霜雨雪、烈日酷暑则是他们前行路上最美的风景。

作为工程项目负责人,他们整日奔波于业主、监理、外协队之间,心中还记挂着施工现场,从不放过施工过程中发现的每一个细微的安全、质量方面的问题。作为班组长，他们时刻提醒大家：安全是工程运行的命脉，质量是工程运行的先导，安全没有了，工程的优质建设也就无从谈起。

分公司施工班副班长们，配合项目经理、做好线路工程的调查，为工程的进展保驾护航：指挥现场的施工生产、协调施工人员、开展安全管理，组织施工人员开展岗前安全技术、质量管理培训……对待每一项工作，他们都一丝不苟、兢兢业业地奉献着。

在送电分公司，有这样一群人，他们勇当工程开展的排头兵，更是解决问题的主攻手，他们就是青苗协调员。他们一个村落一个村落地调查，务求准确，一项手续一项手续地办理，从不厌倦。面对严峻的形势，巨大的压力，从不懈怠，往往 24 小时没有固定的休息时间，一个电话就又踏上了奔波的行程。

一线的项目总工，是整个项目部的核心人物。他们白天跑现场，晚上做资料，每一天都安排得满满当当，为工程建设把守着最

重要的技术关口。他们还在非常有限的业余时间努力钻研科技创新，研究实用新型工器具，以提高施工生产效率。面对繁重的工作，他们舍小家为大家，毫无怨言，日复一日，年复一年。孩子的成长和性格发育问题成了与妻子之间电话沟通最多的话题。"将受命之日则忘其家，临军约束则忘其亲；援枹鼓之急，则忘其身。"轻描淡写的几句话，蕴含了多少内心的矛盾和渴望，只有我们陕送人自己才能体会。他们总说："干技术是辛苦的，可也是最有成就感的，看着按照自己的方案架设起来的线路，就会觉得一切的付出都是值得的。"

不论白天或夜晚，施工现场随处可以见到劳动者忘我工作的身姿。你看，材料员正为项目部进行材料预算，根据工期进行合理调

配，现场井然有序。"无论什么工作，我都要认认真真地完成。"一句普通的话语，就像他们的为人一样质朴。你看，安全员在作开工前的技术交底和详细部署，他们深知：安全、质量，是送电分公司发展的生命线。劳动过程虽然艰辛，但当所有的汗水浇灌出安全硕果时，当辛勤的付出得到质量达标的认可时，他们脸上绽放的笑容是如此动人……专注的神情、严谨的操作，留下最生动、最美丽的劳动剪影。

他们大胆探索、积极实践新技术；他们艰苦奋斗、迎接挑战；他们无私奉献、奋勇向前，愿做光明的使者照亮四方……他们，就是我们身边每一名普普通通的陕送职工，用自己的一言一行诠释着"我与祖国共奋进"！

谁持彩练当空舞——输电一分司送电职工群体像

# 我和祖国共奋进

## ——帮厨笔记

### 侯 莉

祖国的命运也就是每一个中国人的命运，祖国的发展与富强要靠我们每一个中华儿女的贡献与奋斗。我们应该时时想想我为祖国做些什么，而不是从祖国母亲那里索取些什么，热爱祖国绝不能只靠一句空话。作为一名国有企业的普通员工，一名年轻的共产党员，我一定要把热爱祖国的满腔热情落实到自己的日常实际工作中，爱岗敬业，求实奉献，为企业的发展、为企业的兴旺添砖加瓦，为企业取得好的经济效益尽心尽力，兢兢业业地工作，这就是爱国的具体表现。

工作和生活怎么配合，责任和兴趣怎样协调，如何才能充实而快乐地工作，怎样才能让生命有价值、有意义呢？在近期物业公司开展的"领导带头下基层，发扬实干勇担当"的活动中，我得到了充分的体验和感悟，每工作一段时间，心情就有略微的变化，特做了一篇笔记，在此和大家一起分享。

4月11日，公司开展"领导带头下基层，发扬实干勇担当"的活动，主要是让领导干部、机关人员转变工作作风，重实干，勇担当，深入基层，走上一线，查找问题，解决难题。一线员工很辛苦，我们参与到他们的工作当中，就是最好的关注和支持。我有厨艺基础，对餐饮又有兴趣，就自告奋勇到职工食堂去帮厨。

4月15日，拿到了健康证，又剪了指甲，终于可以开工了。今天帮厨做了包子和麻食，还尝了个他们炸好的麻叶，真好吃！但我不是来吃的，而是来帮忙的，所以要从最基础的做起，用心做出好看、精致的包子和饼子，让职工吃得放心、开心！

4月18日，大家中午来吃馄饨吧！我包了好多，因为我的面点制作水平只能包馄饨。今天还学了包南瓜豆沙饼和牛舌饼的手法，师傅们都不错，耐心地教给我，但想要手指变得灵动，得练一阵呢。做厨师真的很辛苦，一直忙碌着，也一直站着，才帮了几天，感觉已经快累趴下了，好想找个地方歇歇，忽然觉得我们这些天天坐在办公室的员工真是太幸福了！

4月24日，今天的工作不多，因为好多面点都是技术活，我做不了。本想帮着包麻团，师傅知道我水平，说我包得不均匀，下锅会炸开的。然后又帮着做芝麻油酥饼，面好软好软，看起来就很香。白糖饼勉强能做，买这个饼的人，应该喜欢甜食，以前在外面吃白糖饼，总觉得糖太少，所以就给每个饼子包了两大勺白糖，希望吃到的人甜蜜得又开心又过瘾。后来帮着包蒸饺，这个得到了认可。如今学会了简易鸡蛋饼和油泼蒜泥辣子的做法，晚上回家试试。

4月30日，在食堂干了半个多月，基本每天都去帮厨，中午就和他们一起吃饭，在大多数人的想象中，他们想吃什么就有什么，每天大鱼大肉的，可事实到底是不是这样呢？我来告诉大家。首先明确，吃的都是卖剩下的饭。每天中午12点45分才能开饭，也就两种饭，面条和米饭。第一次吃面条时，臊子卖完了，后厨就炒了一盘西红柿鸡蛋，可以拌面，也可以拌米饭，二楼炒菜剩了个底，只够几个人吃，我算是客人，先给我盛了些，说实话我吃得很委屈，我帮着做了那么多好吃的，怎么就给我吃这么难吃的菜和面！传说中的鸡鸭鱼肉在哪里呢？第二天改吃米饭，结果没吃饱，因为剩菜太少，得给其他人留一些，我不好意思多盛。第三天臊子终于剩了一点，拌着面好吃多了，可臊子就那么一点，我还是不好意思多盛，后面还有二十多个人等着吃呢，当然了，他们也可以吃油泼的，反正饿不着。第四天下雨，面都卖完了，只剩米饭和一点剩菜，就炒了盘粉条，我把米饭和粉条拌在一起，结果油多的一言难尽，大家都在一起坐着，我也不好意思倒掉，只能硬撑着吃完，吃得我是嘴上流油、心中流泪。所以，不要羡慕别人的美好，或许那只是瞬间而不是全部。

5月7日，今天跟了个早班，清晨6点半，面点的6位师傅们已经开始忙碌了，不多说，来了就先帮着干活。

5月16日，学了一段时间的面点制作，我依旧干不了，常常是一看就会、一做就废，这真不是一朝一夕就能掌握的，师傅们二三十年的功夫那可深厚得很呢。今包馄饨的时候，我说咱们的馄饨怎么包这么多肉啊？师傅说十元一碗，要对的起大家付的价钱，做的时候还要放鸡汤、鸡肉、鸡蛋皮呢。不错！看来我们职工餐厅的厨师们很敬业呀。说到敬业，不由要夸下两位副主管，刚才吃饭的时候才知道，他们的孩子过几天都要高考，我说他们得一起请假了，谁知道两个人异口同声地说不请假，因为正好是端午节放假，还有安全检查、封门、向监察室汇报等工作，我说你们安排其他人干吗，他们都说不敢，害怕万一有什么闪失，没法给公司交代。好有责任感啊！员工敬业、中层负责，领导管理有方，制度只有内化在心里，才会真正起到作用。不过我心中暗想，要换成我，应该早跑了吧！为啥我当不上领导干部呢？大概这就是差距吧。

5月21日，今天小试牛刀，帮着切早餐用的白萝卜丝，切了半个就不敢切了，心中还是比较胆怯，因为凉菜很讲究刀工，我切得粗细不均，不知道的还以为是师傅不用心呢。

5月23日，好累呀！没有一种工作可以轻松又自由，别人对我没要求，可我自己得对自己有要求呀！这周每天早上7点准时到餐厅，帮做凉菜，我还学会了非常提味的葱油、辣油的制法，7点45分就在大厅帮着服务员卖早点，早餐品种不少，而且个头都好大，第一天给职工卖热花卷，我都夹不住，好不容易夹出一个，夹子又粘在花卷上取不下来，手忙脚乱的，干了两天终于可以独当一面了，心中有了小小的成就感，工作也越来越有状态了。有条件的情况下，希望大家都可以换个喜欢的"频道"体验一下，这也是一种很好的积累，对生活的态度和标准，可能会有调整，有利于提升幸福感。

5月24日，职工过生日，公司都会按规定给本人发一份生日蛋糕卡作为祝福，而面点郑师傅过生日，除了蛋糕卡，还能吃到一碗大家一起帮做的长寿面，外加两个荷包蛋，我帮着擀了长寿面，大家都夸擀得专业，我觉得很温馨，其实吃什么并不重要，重要的是能让员工感受到企业的关怀和重视，感受到人与人之间的温暖和情义。郑师傅在餐厅干了30年，把青春年华奉献在面点师这个平凡的岗位上，要是不来帮厨，我真不知道有这么一位老师傅，企业提倡劳动精神、工匠精神，有这些精神的人们其实并不张扬，他们只是在默默无闻地奉献，没有阳光的辉煌，没有星光的闪耀，但多年日积月累、朴实辛勤地劳作，总有一天会被发现，会打动人心，当一种奉献精神在企业中有价值、有分量，能让我们心怀敬意、心怀感动的时候，它就有了生命和灵魂。

5 月 27 日，这周开始帮做热菜，其实只要能帮着切菜，我心里已经非常高兴了，大师傅们很厉害，那么大的锅翻炒得那叫一个漂亮，可两个大火炉却炙热难耐、轰轰作响，站了一会，热浪一波一波向我袭来，要是到了七八月，我不敢想……职工餐厅一直以来都是系统内领先的健康食堂，在这里工作以后才看到确实如此，我家厨房都没这么干净，而且为了确保卫生安全，每道菜都认真地清洗、分类、烹制，比如椒盐蘑菇和手撕包菜，这两个菜，外面的饭馆为了追求口感都是不洗的，我自己做也不洗，不然做出的没形也不脆，而餐厅却洗得干干净净，再通过大师傅精湛的手艺做出好吃的美味，看到这些细致的环节，心里很感动！

5 月 29 日，这次"下基层、勇担当"的活动是领导班子策划部署的重点工作，是公司的一项重要举措，具有深远意义，不能简单地理解为下基层锻炼、帮忙，它具有几方面深层次的意义：一是让大家在体验在不同岗位的同时，增强部门之间、员工之间的沟通和理解；二是让机关的员工要承担起自己的责任，要有感恩的心，不仅是对公司，更是对那些在平凡岗位上默默付出的人们，要心怀感激，感激会产生快乐，更有利于提升工作的效率；三是让大家了解基层工作的情况和困难，开展自我反思，转变工作作风，在今后的工作中，对基层的态度要有所转变，安排上要结合实际，为基层做好服务；四是在深入一线的同时，也要检查监督，查找问题，为公司领导班子的决策提供有价值的依据；五是要增强包括领导在内的所有员工的凝聚力，增强工作主动性，上下一心，团结一致，共同推动公司全面发展。

最后，深深感谢公司开展这个有意义、有价值的活动，给我们全体职工上了一次生动的实习课，作为在机关工作的职工，我深深地体会到，如果我们不优秀，那就是不合格，如果工作不主动，那就是不作为，因为我们比一线职工占有太多优势。一是有接触不同层面的优势，在机关工作，与领导和相关部门沟通协调的事宜比较多，因此得到的指导和获得的信息也会多些，很容易就把握住公司发展的思路，很容易明确工作的方向，而有些基层员工通常却无法得到这些消息；二是有学习成长的优势，机关工作时间有弹性，空闲时可以通过各方面的学习可以让自己眼界更宽、才干更强，素质更高，基层员工却不具备这种条件；三是基层员工收入不一定高，活儿却一定不少，技能不一定弱，地位却并不高，干的都是出力不讨好的工作，不容易看到希望，所以应该给他们更多的关心和帮助。部门的工作方式和员工的行为、表现，往往代表着管理层面的水平，前几天开会，领导讲的一句话让我一直记忆犹新，要有实力，不能只靠运气，要有技能，不能只靠嘴甜。俗话说人无远虑，必有近忧，公司用高瞻远瞩的眼光，对员工进行培养，增强职工的忧患意识，尤其是让领导干部、机关员工接地气、干实事，充分发扬了"四个干事"的实干精神。活动虽已结束，工作仍在继续，作为机关员工，我们更应该严于律己，加倍努力，把劳动精神、工匠精神作为心中的信仰，发挥好引领作用，协助基层开展好工作，共同推动公司"三型物业"的全面建设，为电力事业安全、优质发展而努力拼搏！

　　个人的命运与企业的命运和国家的命运密不可分，企业是个人才华施展的天地，是个人理想实现的平台，人人努力工作，企业才能兴旺发达，企业发展得好，个人才能有发展的空间，有强大的祖国做坚强后盾，企业和个人的发展才能有保障。如今，我们赶上了改革开放的年代，赶上了祖国走向富强的时代，就让我们都立足本职工作，为企业的经济繁荣，为我们伟大的社会主义祖国更加美好的明天，辛勤工作，努力奋斗，贡献出自己的全部力量，把一切都献给党和无比壮丽的共产主义伟大事业。

# 旅程中那些人　那些事

张　舜

时间是一把尺子，
丈量着生命的旅程；
岁月是一面镜子，
照看着世事的流转。
快乐、幸福、美满，
痛苦、悲伤、残缺，
是生命完美的记录，
也是生命璀璨的绽放……

题记

## 一位老棉农

九寨沟、黄龙、成都七日游顺利返程。还是去了些地方的，杜甫草堂、宽窄巷子、羌族山寨、若尔盖草原等。此行对我而言，最大的收获是一位让我自惭的老人，一位与我分享了六十九年光辉岁月的老人，一位至今也说不出名字、朴实谦逊、平凡而又伟大的老人。

故事发生在返程的 K5 列车上。

平日里坐火车，只是一个人写东西，时而望着窗外发呆。或许是老人孤独，或许是缘分，相差三四十岁的两人在同一面窗户下坐下来了。

起初，话题是从您从哪里来，到哪里去，您是哪里人，这样略有戒备的相互寒暄开始的。我看着老人，岁月在他脸上刻下了一切该有的痕迹，忠厚的脸庞，黝黑黑的皮肤，花白稀疏的头发。老人说自己原是徐州人，1963年跟随父母支援国家建设，一同走进了新疆建设兵团，种了一辈子棉花，当了一辈子的棉农。以前，我听媳妇说起过她们那里有很多人到新疆摘棉花的事。于是，话题一下子热烈了起来，老人的话匣子也打开了，言语中透着儒雅和严谨，眼神里透出自信和一番豪气。

采花人摘一公斤棉花一直是两元，日出而作，日落而息，一天不停地干也就一百公斤左右。以前，他们每年喊的口号是："真抓实干，采完过年。"很多时候，到过年都摘不完。2008年，兵团花了150万元从以色列引进了采棉机，机器一天能采几百亩地，大大减少了人工，提高了效率。我还是第一次听说采棉机，十分稀罕，听得津津有味。老人说："采棉前几日，棉花地里喷一次药，棉花叶便自动脱落了，只剩下棉桃。采棉机伸出手杆，卷着棉桃进入机器，一次脱壳，采棉率达到94%，不过棉絮纤维比人工采少了2毫米。"这时我才知道，老人是棉花专家，还为国家编撰过棉花标准的书，出访过以色列、加拿大、澳大利亚等十多个国家，现在还在做顾问，全国各地指导种植。说起技术革新，老人更是感慨良多，对我这个外行讲怎么覆膜育苗、深土滴灌、土壤元素自动检测等，咱们国家的棉花种植水平和世界先进比起来还差得远哩。老人说自己老了，跟不上时代了，现在人都出去打工了，天天和土地打交道的年轻人越来越少了。说到这里，老人望着窗外，沉思了起来。

时间在那一刻定格了，望着他坚毅的脸庞，棱角分明，雕塑一般。

火车在铁轨上疾驰。我，无言以对，沉默了……

# 一 位 老 神 父

青岛是美丽的。站在海边栈桥之上回望全城，散于山坡上的房子，五彩纷呈。圣弥爱尔大教堂两个高耸的顶尖，犹如绿树中一束明艳的火把花，十分抢眼。

走进教堂，宽敞的大厅如同一个旧式礼堂。前面有讲台，台顶拱顶上画着耶稣基督，张开双臂，身旁围绕着小天使，壁画色彩绚丽和谐。讲台上摆着些祭品之类，灯光通明。大厅中央是一排排长条椅，靠前面的几排跪板上有小棉垫，看来是常来的教徒，他们都有固定的座位。

我们在大厅里漫步，正欣赏教堂里的彩窗时身后出现了几个人。领头的是一位清癯老者，干净的灰色长衫，头发略微歇顶，一脸和善，他一边走，一边给后面几人讲解。凭长相、神态判断，我想这老者是教堂神父。我们便饶有兴致地听老人讲述一些鲜为人知的故事。

厅内靠近进门的地方有个大平台，神父指着说："这上面是唱诗班站的地方。"一根根高低不一的金色管子竖满了整个二楼平台，"这是管风琴，在亚洲是最大的了"，神父说。老者语气平和地讲起管风琴背后的故事：这架新琴是前两年才从德国重新订购安装的，当时教堂重新装修，新的管风琴也到了，想把这庞然大物弄上二楼平台可犯了难。经在德国查当时的资料才得知，在教堂一盏顶灯里藏着一个大挂钩和一套滑轮，这架新琴还是用百年前的滑轮运上去的。随行的几位游客不禁感叹德国人的严谨与智慧，历史的沧桑与轮回。

这座教堂的特殊之处是在厅前左侧有一个与地平齐的石棺，神父说里面是空的，原来这里埋的是创建这教堂的第一位主教。这教堂的前身是海边一间油纸铺顶的小屋，后改为一间瓦房，再后来1932年开始修这教堂，1934年完工，就是现在这个样子。

我们走出了教堂。仰头一看，眼前的圣弥爱尔大教堂，双峰并峙，峰顶上两个十字架在蓝天中撕挂着流云，渺渺然，肃穆庄重……